Collection : Histoires authentiques

Suivi éditorial : Didier Antonelli
ISBN-2-911218-24-8
EAN : 9782911218248

150, rue Aristide-Briand
92300 Levallois-Perret
Tél : 01 47 30 53 10
livres@altipresse.com

Jean-Pierre OTELLI

Erreurs de pilotage

Histoires authentiques

Éditions ALTIPRESSE

À ma mère, au ciel...

AVANT-PROPOS

Les pilotes font partie d'une élite dans le monde d'aujourd'hui... Ils effectuent un travail de haute technicité qui impose une remise en cause permanente. Rien ne leur est acquis définitivement. Régulièrement, ils subissent des tests en vol draconiens afin de vérifier leurs capacités. Tous les six mois, ils doivent passer une visite médicale sévère. Tout problème de santé peut les rendre inaptes et les clouer définitivement au sol.

Le métier est difficile, les heures de veille sont parfois longues et épuisantes...

Et pourtant, personne dans la profession ne se considère comme un surhomme ! Chacun a conscience de ses faiblesses. Les navigants font régulièrement des erreurs. L'auteur de ces lignes en a lui-même commis à de nombreuses reprises. La plupart du temps, ces fautes sont minimes et n'ont aucune répercussion sur la sécurité de l'avion et de ses passagers. Les procédures sont d'ailleurs conçues afin de limiter les conséquences de ces erreurs : travail en équipage, nombreuses vérifications répétitives, check-lists, entraînements constants, vigilance de tous les instants.

Pourtant, il serait malhonnête de se voiler la face... Si l'immense majorité des pilotes est composée de gens responsables qui font parfaitement leur métier, il y a, comme dans tous les groupes humains, des éléments « moins bons ».

Certains sont stressés, d'autres anxieux, maladroits, parfois distraits et comme on pourra le constater dans un récit qui suit, il est même arrivé qu'on rencontre un alcoolique aux commandes. Ce serait faire preuve d'un corporatisme nuisible que de vouloir nier ces faits.

Pour la plupart, les erreurs relatées dans cet ouvrage ont eu des conséquences dramatiques et l'un des meilleurs moyens de faire progresser la sécurité est de révéler la Vérité.

TROP VITE… TROP VITE !

23 septembre 1999.

L'avion est un Boeing 747-400 aux couleurs de la compagnie australienne Qantas Airways. Sur sa dérive, on peut apercevoir le logo qui est le symbole du pays : un grand kangourou stylisé. L'appareil, presque neuf, est équipé d'instruments de navigation ultra-modernes. C'est le *nec plus ultra* de ce que les ingénieurs sortent des usines de Seattle [1].

À bord se trouvent 391 passagers et 19 membres d'équipage.

Le commandant de bord a 49 ans et un carnet de vol bien gonflé. Avec 15 881 heures de vol, presque toutes effectuées sur des Boeing, l'homme connaît le Jumbo Jet sur le bout des doigts. D'ailleurs, il a la réputation d'être l'un des pilotes les plus expérimentés de la compagnie. Est-ce un hasard si, ce jour-là, le vol porte l'indicatif Qantas 001 ?

1. Ville où sont fabriqués les Boeing aux USA.

Le meilleur pilote ? Ce n'est peut-être pas tout à fait exact car, depuis quelques années, l'homme ne vole pas beaucoup. En effet, en plus de ses fonctions de navigant, il occupe également un poste important à la direction de la compagnie : « Responsable du département de la formation des opérations en vol [2] ». Ainsi, il est très souvent retenu par des réunions, des séminaires et d'autres occupations plus bureaucratiques qu'aéronautiques. Cette fonction l'accapare énormément.

En fait, bien qu'étant toujours pilote de ligne, le commandant du vol Qantas 001 passe trois fois moins d'heures dans un cockpit qu'un navigant normal.

À côté de lui se trouve le copilote, un jeune homme de 36 ans qui a un parcours professionnel totalement différent. Contrairement à son aîné, il n'est pas rentré dans la compagnie par « la grande porte ». Il a débuté dans un petit aéro-club australien. Puis, afin d'accumuler de l'expérience, il a fait des petits boulots comme pilote dans différentes compagnies régionales : des vols touristiques, de la photographie aérienne et du remorquage de banderoles... Ce n'est qu'après de longues années de galère qu'il a finalement été embauché par la prestigieuse compagnie nationale australienne.

On peut aisément imaginer les différences de mentalité qui séparent les deux hommes.

À gauche : un navigant chevronné occupant un poste important à la direction de la compagnie. Autoritaire et sûr de lui !

À droite : un petit jeune récemment engagé, très impressionné par l'aura de son illustre patron. Nul doute que cette hiérarchie importante a joué un rôle dans l'accident survenu ce 23 septembre 1999.

Les deux hommes ne sont pas seuls dans le poste de pilotage. Comme il s'agit d'un vol de longue durée, la réglementation exige qu'il y ait un troisième pilote à bord de l'avion. Celui-ci est

2. *Flight Operations Training Department.*

un ancien pilote militaire qui a longtemps volé au sein de la Royal Australian Air Force. Il est là pour permettre aux deux autres de se reposer de temps en temps. Et c'est ce qu'il a fait à plusieurs reprises depuis que le Boeing a décollé de Sydney. Maintenant que l'atterrissage en Thaïlande est proche, il est assis sur le *jump seat* juste derrière le commandant de bord et il observe ce qui se passe... Sans dire un mot. Il a 35 ans et la réputation d'être plutôt réservé. D'ailleurs, pendant tous les événements qui vont être décrits ci-après, il n'ouvrira pratiquement jamais la bouche. Ses seules paroles seront échangées avec son épouse qui est assise sur le second strapontin à ses côtés. Elle l'accompagne à titre exceptionnel pour cette rotation en Thaïlande. C'est la première fois que les trois hommes travaillent ensemble. En fait, ils ne se sont même jamais rencontrés avant ce vol. On pourrait s'en étonner, mais c'est souvent le cas dans les grandes compagnies aériennes qui comptent plusieurs milliers de navigants. Il y a tellement de pilotes qu'il n'est pas rare de partager un cockpit avec quelqu'un qu'on ne reverra plus jamais au cours de sa carrière.

Cela fait maintenant près de neuf heures que le Boeing 747 est en vol et il s'apprête à se poser à Bangkok. Le commandant n'a pas dormi depuis vingt et une heures. Le copilote depuis dix-neuf... C'est ce dernier qui est aux commandes... Le commandant s'occupe des communications radio avec le contrôle aérien.

Ce soir, la météo n'est pas très bonne à l'arrivée. De gros orages sont en train de se développer dans le golfe de Thaïlande. Par chance, l'aéroport de Bangkok est situé plus au nord et, pour le moment, les conditions y sont satisfaisantes. Rien en tout cas qui pourrait justifier un déroutement sur un autre terrain.

Pour le moment !

Il y a deux pistes parallèles à Bangkok. La 21 droite et la 21 gauche. Dans un premier temps, à **22 h 16 mn et 18 sec**, le contrôle aérien autorise le vol Qantas 001 à quitter le niveau de vol 350[3]. Il annonce à l'équipage qu'il va atterrir sur la piste 21 droite. C'est une piste très longue qui mesure 3 700 mètres. Elle est donc parfaitement adaptée aux avions gros-porteurs.

Mais à **22 h 19 mn et 46 sec**, le centre d'approche de Bangkok change d'avis. Du fait de l'importance du trafic, les contrôleurs demandent au 747, ainsi qu'à un Airbus de la Thaï Airways, d'atterrir sur la piste 21 gauche. Cette piste est plus courte que la précédente. Elle ne comporte que 3 150 mètres utilisables et, surtout, elle est recouverte d'un revêtement qui n'est pas rainuré. En cas de forte pluie, elle est donc beaucoup plus glissante. Le problème est parfaitement signalé dans la documentation que la compagnie Qantas fournit à ses pilotes. L'explication y est claire : « *Caution Bangkok runway slippery when wet*[4]. »

L'équipage est bien conscient que le changement de piste rendra l'atterrissage un peu plus délicat, mais il considère, à juste titre, qu'il n'y a là rien de dangereux. Un Boeing 747 peut parfaitement se poser sur une piste de 3 000 mètres. Il suffit d'utiliser la bonne configuration pour l'approche et pour l'atterrissage. Grâce à l'efficacité de ses volets, de l'*autobrake*[5] et de ses *reverses*[6], le Jumbo Jet peut s'arrêter aussi court que la plupart des avions de ligne.

À **22 h 22 mn 38 sec**, le copilote dirige un briefing dans lequel il souligne les différences de longueur entre les deux pistes 21 droite et 21 gauche. Après avoir examiné ses fiches, il explique que la pente d'approche de cette piste est légèrement plus

3. *35 000 pieds.*
4. *« Attention piste de Bangkok glissante quand elle est humide.*
5. *L'*autobrake *est un système de freinage automatique qui équipe tous les avions de ligne. Une fois que l'avion est sur la piste, le pilote n'a pas besoin de toucher aux pédales du frein. Le système de freinage s'enclenche seul. Suivant la puissance de freinage demandée avant l'atterrissage, l'avion s'arrête plus ou moins court. L'avantage de ce système est une meilleure efficacité et surtout un freinage parfaitement symétrique et uniforme qui évite de secouer les passagers. Une position* autobrake 3 *comme celle demandée par le commandant correspond à un freinage moyen. Juste avant que le commandant ne le demande, il était en position 2, soit un freinage faible compte tenu de la longueur de la piste 21 droite (3 700 mètres).*
6. *Systèmes d'inversion du flux des réacteurs qui permet de freiner l'avion après le toucher des roues.*

abrupte que la normale[7]. Il précise que, vu sa longueur un peu réduite, il leur faut prévoir de dégager par la dernière sortie, tout au bout de la piste au niveau du taxiway « Sierra ».

Personne n'est vraiment inquiet dans le cockpit. Tout semble simple...

Et pourtant, nous allons voir que, ce soir-là, les choses n'ont pas été aussi simples pour les deux hommes aux commandes.

22 h 25 mn et 38 sec : le contrôleur de Bangkok contacte l'Airbus qui précède le Boeing pour l'informer que les conditions météorologiques se dégradent sur l'aéroport. La pluie tombe maintenant fortement et la visibilité vient de chuter brutalement. On ne voit rien au-delà de 4 kilomètres. C'est un orage passager, mais qui semble assez violent.

Le commandant du 747 entend ce message qui ne lui est pas destiné et il marmonne « oui » à voix très basse à plusieurs reprises puis il donne des instructions à son copilote :

22 h 26 mn 53 sec (commandant) : *On va mettre l'autobrake en position 3. C'est mieux à cause de toute cette eau sur la piste.*

Quelques secondes plus tard, Bangkok appelle le 747 pour le mettre au courant des dégradations météo.

22 h 27 mn 33 sec (tour de Bangkok) : *Qantas 001, je vous signale que la visibilité est en train de descendre à 4 kilomètres.*

22 h 27 mn 40 sec (commandant) : *Bien reçu 001... la visi est de 4 kilomètres...*

Du coup, le copilote ose une suggestion à l'intention de son patron :

7. Elle fait 3,15 degrés.

22 h 27 mn 59 sec (copilote) : *Si ça ne se présente pas bien, on pourrait peut-être remettre les gaz et faire une attente dans le sud en attendant que ça passe.*

La proposition est formulée d'une voix mal assurée. Visiblement, le copilote ne souhaite pas que son attitude soit interprétée comme de la peur. Pour lui, ce n'est que de la prudence. Mais ses paroles tombent à plat. Le commandant de bord semble particulièrement confiant.

22 h 28 mn 12 sec (commandant) : *Aucun problème... 4 kilomètres, c'est parfait. C'est juste une averse passagère.*

Le ton est autoritaire et ne souffre aucune discussion ! Le copilote n'insiste pas...

En fait, sur ce point, le commandant n'a pas tort. Une averse n'a jamais empêché un avion d'atterrir.

Par ailleurs, 4 kilomètres de visibilité, c'est de la routine. Surtout à Bangkok où les orages sont fréquents et particulièrement violents.

En réalité, les problèmes commencent à se poser lorsque la visibilité tombe en dessous d'un kilomètre et demi. Dans ce cas, les instructions de la compagnie Qantas sont impératives : le commandant doit obligatoirement reprendre les commandes au copilote et poser l'avion lui-même.

Comme on est encore loin de ces valeurs, le copilote conserve le manche.

À **22 h 29 mn et 22 sec,** l'avion est stabilisé à une altitude de 13 000 pieds et la vitesse est réduite à 450 km/h.

C'est à cet instant que le commandant jette un coup d'œil sur le radar et qu'il y aperçoit une grosse tache rouge :

22 h 32 mn 43 sec (commandant) : *Regarde, le cunimb est là... juste au-dessus de l'aéroport.*

Le *captain* fait allusion à un orage qui semble particulièrement actif. Sous le cumulonimbus, il doit y avoir une violente averse et beaucoup de turbulence. Il faudra être prudent. Sur la fréquence, on entend d'ailleurs le contrôleur de Bangkok avertir l'Airbus de la compagnie Thaï Airways qu'il pleut très fortement sur le terrain.

À cet instant, le Boeing est encore à 70 kilomètres de la piste.

22 h 32 mn 50 sec (commandant) : *Dis-donc, c'est vraiment un gros, celui-là.*

C'est une remarque qui n'appelle aucune réponse de la part du copilote. Puis le silence revient... Malgré les difficultés imprévues qui s'annoncent, le commandant ne fait plus de commentaire sur la météo pendant les deux minutes qui suivent.

Pendant cette période, l'équipage effectue la check-list d'approche et décide de faire une approche semblable à ce qui se fait régulièrement à la compagnie, c'est-à-dire avec seulement 25 degrés de volets et des inverseurs de poussée en position « mini ». La vitesse d'approche sera de 154 nœuds [8].

22 h 34 mn 51 sec (contrôle de d'approche) : *Qantas 001, passez avec « Bangkok arrivals » sur 121.7.*

Suivant les instructions du contrôle, le commandant change donc de fréquence...

22 h 35 mn 07 sec (commandant) : *Bangkok, Qantas 001, bonsoir messieurs.*

22 h 35 mn 10 sec (Bangkok *arrivals*) : *Bonsoir 001, vous pouvez libérer 13 000 pieds pour 2 500 pieds vers la finale 21 gauche...*

8. 276 km/h.

Le 747 est alors autorisé à rejoindre le point BD V101 situé à 18 kilomètres dans l'axe de la piste.

22 h 36 mn 44 sec (contrôle de Bangkok s'adressant à l'Airbus du vol Thaï Airways) : *Thaï 414, je vous signale qu'il y a une très forte pluie en ce moment sur le terrain. La visibilité est de 4 kilomètres.*

L'Airbus de la Thaï se trouve à trois minutes et vingt secondes juste devant un autre avion de la Qantas[9] qui, lui-même, se trouve à trois minutes devant le 747.

Dans le poste de pilotage, une certaine anxiété monte imperceptiblement. Le nuage d'orage est vraiment énorme. C'est un monstre qui fait une tache bien marquée sur le radar. Nul doute qu'il dissimule des pièges qui peuvent se révéler terriblement dangereux. Grêle... foudre... pluie... et turbulences sont d'une telle violence qu'elles peuvent déformer ou briser la cellule d'un avion, même celle d'un Boeing 747 !

22 h 38 mn 44 sec (commandant) : *Il est vraiment gros, celui-là, hein ?*

Le nuage n'est pas le seul facteur qui gêne le commandant. Est-ce la météo ou le stress du moment, mais le copilote semble avoir soudain quelques problèmes de pilotage ?

22 h 39 mn 12 sec (commandant au copilote) : *Tu vas trop vite, hein... Sors les aérofreins.*

22 h 39 mn 20 sec (copilote) : *D'accord...*

Après avoir quitté 13 000 pieds, l'avion a accéléré considéra-

9. *Vol Qantas 15.*

blement. Il approche maintenant de Bangkok à la vitesse de 350 nœuds[10]. C'est beaucoup trop rapide pour évoluer dans l'espace qui délimite l'aéroport. En outre, du fait de la présence de l'orage, ils vont traverser des zones de turbulence. Il n'est jamais bon de passer trop vite quand ça « tabasse ».

Pourtant, malgré toute sa bonne volonté, le copilote ne parvient pas à ralentir le 747 qui déboule toujours à plus de 600 km/h.

Un peu agacé, le commandant réitère alors sa remarque.

22 h 39 mn 50 sec (commandant) : *Ralentis...*

22 h 39 mn 56 sec (copilote) : *Okay...*

22 h 41 mn 32 sec (commandant) : *Tu es toujours trop vite...*

22 h 41 mn 35 sec (copilote) : *Yes, sir...*

Mais le copilote ne maîtrise pas la vitesse de l'avion. Celle-ci descend péniblement à 300 nœuds[11], mais c'est encore beaucoup trop... En fait, s'il a bien conscience de sa maladresse, il répugne à réduire complètement les réacteurs. Il pense qu'il lui reste suffisamment de temps pour freiner avant l'atterrissage et qu'il parviendra à se stabiliser dans la phase finale de l'approche.

Du coup, le *captain* finit par laisser paraître une pointe d'énervement :

22 h 40 mn (commandant) : *Tu sors les AF*[12] *et tu ralentis...*

Le ton est ferme et, cette fois, le copilote s'exécute.

10. 630 km/h.
11. 556 km/h.
12. Aérofreins.

Finalement, quelques instants plus tard, la vitesse revient à des valeurs plus conformes à une approche. Elle descend à 250 nœuds [13].

Au même moment, l'Airbus qui précède le 747 atterrit sur la piste 21 gauche. C'est le vol Thaï 414... Son commandant signale à la tour qu'il ne voit pas grand-chose, car un véritable déluge s'abat sur son pare-brise. À son avis, la visibilité ne dépasse pas 750 mètres.

Malheureusement, l'équipage du 747 n'est pas sur la même fréquence et il n'entend pas ce message. Étrangement, le contrôleur de Bangkok ne prend pas la peine de l'avertir que les conditions météo se sont dégradées. C'est ennuyeux car, dans ce cas, le commandant aurait certainement appliqué les consignes lui recommandant de reprendre les commandes à son copilote puisque la visibilité est inférieure à 1 500 mètres.

Le seul qui soit au courant de ce changement météo, c'est le troisième pilote. Celui-ci a un casque radio sur les oreilles et il intercepte une conversation sur la fréquence interne de la compagnie. Deux agents discutent du mauvais temps et l'un d'eux affirme *« qu'il a rarement vu une pluie aussi forte à Bangkok »*. Hélas, contrairement à toute attente, le navigant ne transmet pas cette information à ses collègues. Il estime que leur charge de travail est déjà très intense et qu'il risque de les déranger.

Or, sur l'aéroport, les choses empirent de minute en minute. Les rafales de pluie sont si fortes que le vol Qantas 15 qui précède le 747 doit remettre les gaz alors qu'il est à une hauteur de 250 pieds [14].

Plus tard, le commandant de ce vol expliquera que, dans un premier temps, il a aperçu la piste normalement et puis soudain, au moment où il était sur le point de se poser, celle-ci a disparu.

13. 463 km/h.
14. 75 mètres.

Complètement noyée sous la pluie... Même le halo des balises lumineuses n'était plus visible.

La remise de gaz du vol Qantas 15 est une information très importante pour tous les avions en approche. Pourtant, encore une fois, l'équipage du 747 n'est pas sur la fréquence de la tour et il n'entend pas son collègue.

À 22 h 41 mn 29 sec, le copilote a enfin réussi à ralentir le 747 qui vole maintenant à 207 nœuds[15].

Dans le cockpit, le troisième pilote discute avec son épouse. Pour ne pas déranger ses deux collègues, il lui explique ce qui se passe à voix basse.

À 22 h 42 mn et 27 sec, le contrôleur de Bangkok demande à l'équipage de changer de fréquence pour passer avec la tour de contrôle. Si ce changement de fréquence avait eu lieu quelques secondes plus tôt, l'équipage aurait entendu le pilote du vol Qantas 15 annoncer qu'il n'avait pas réussi à se poser. Mais il ne l'entend pas et reste persuadé que tout s'est bien passé pour le collègue. Encore une fois, le contrôleur de Bangkok fait mal son travail.

C'est un élément d'information vital qui manque à l'équipage du 747. Cela n'excuse pas pour autant les erreurs qui vont être commises.

À 22 h 43 mn 59 sec, le Boeing 747 arrive à 2 000 pieds. Il est en longue finale pour la piste 21 gauche. Les volets sont braqués à 20 degrés. Le copilote demande la sortie du train d'atterrissage et décide de débrancher le pilote automatique afin d'effectuer le reste de la finale « à la main ».

22 h 44 mn 38 sec (copilote) : *On passe 1 600 pieds... L'outer marker en finale... Qantas 001.*

22 h 44 mn 53 sec (tour de Bangkok) : *Roger Qantas 001... Vous*

15. 387 km/h.

êtes autorisé à l'atterrissage piste 21 gauche. Attention... je vous signale que la piste est mouillée.... Heu... Je vous signale également que l'Airbus du vol Thaï 414 a annoncé qu'il n'avait pas eu de difficultés à freiner. Heu... le vent du 260 pour 11 nœuds.

Le message du contrôleur thaïlandais est louable. Il rassure évidemment l'équipage sur les conditions de l'atterrissage qui se prépare. Ce n'est pas pourtant vraiment ce qu'il faudrait faire car, encore une fois, l'homme oublie le principal : signaler que le Boeing 737 qui précédait le Jumbo n'a pas réussi à se poser...

À 22 h 45 mn 53 sec, la vitesse est de 163 nœuds [16]. L'équipage procède alors à la lecture de la check-list d'atterrissage. Les aérofreins sont armés... Le train d'atterrissage est sorti et les volets sont maintenant braqués à 25 degrés. Au cours du briefing, il a été décidé qu'une fois l'avion au sol seules les *reverses* en position « mini » seraient sollicitées.

C'est le copilote qui a proposé d'atterrir avec seulement 25 degrés de volets et le commandant a accepté sans sourciller. Étrange pour cet homme d'expérience de ne pas avoir remarqué que les conditions étaient plutôt en faveur d'un atterrissage avec 30 degrés de volets. Cela permettrait d'arriver un peu moins vite [17]. En fait, l'atterrissage avec seulement 25 degrés de volets est une habitude à la Qantas. D'ailleurs, depuis que le commandant vole sur 747, il n'a utilisé les volets 30 qu'une seule fois, le copilote seulement deux fois.

Sur ce point, l'équipage ne fait qu'appliquer les consignes de la compagnie qui sont de choisir le braquage des volets 25 en mettant seulement les *reverses* en position « mini ». Les raisons de cette consigne sont de basses considérations financières : le but de Qantas est en effet d'économiser du carburant. Car plus on braque les volets à l'atterrissage, plus il faut mettre de gaz

16. 303 km/h.
17. Le manuel de vol de l'avion prévoit que la vitesse est inférieure de 6 nœuds (11 km/h) en cas d'approche avec 30 degrés de volets.

pour garder le plan d'approche et donc plus les réacteurs sont gourmands.

Il en va de même pour les inverseurs de poussée. Ils consomment beaucoup en position « maxi » et la compagnie recommande donc à ses équipages de n'utiliser que la position « mini ». Économies ridicules et dangereuses. C'est un peu comme si la RATP demandait à ses chauffeurs d'éviter de freiner trop souvent pour ne pas user les plaquettes des autobus.

Ces consignes ne sont pas sans conséquences sur la distance d'atterrissage...

Par rapport aux volets 30, l'utilisation des volets 25 degrés rallonge de 6 % la distance d'arrêt du Boeing. Quant à l'utilisation des *reverses* en position « mini », elle rallonge encore de 20 % cette même distance.

Pour résumer la situation du Boeing 747, on peut dire que :
- le copilote a du mal à maîtriser la vitesse ;
- la visibilité en finale n'est pas bonne ;
- la piste est très mouillée ;
- l'équipage choisit une configuration d'approche qui n'est pas adaptée à une piste plus courte que prévu (volets 25 au lieu de volets 30) ;
- il choisit un freinage *reverse* peu efficace ;
- le système de freinage *autobrake* n'a pas été connecté sur le niveau de freinage maximum. Il est seulement en position 3 ;
- le vent est légèrement de travers, ce qui n'arrange pas les choses pour freiner l'avion ;
- la piste n'est pas rainurée et elle est glissante sous la pluie.

Quand on réalise qu'il s'agit d'arrêter un avion de plusieurs centaines de tonnes, on comprend que cela fait beaucoup de difficultés et d'erreurs accumulées.

À 22 h 45 mn et 32 sec (copilote d'une voix un peu désolée) : *Il ne veut pas ralentir !*

22 h 45 mn et 39 sec (commandant) : *C'est bien ce que je vois !*

Le ton du copilote est celui d'un élève qui cherche à minimiser une faute devant un professeur réputé pour sa sévérité. Car la vitesse qui était à 163 nœuds est remontée à 166 nœuds [18].

Nous avons vu que, pour l'atterrissage, il faudrait qu'elle soit à 154 nœuds [19]. Cette différence est d'autant plus importante qu'il s'agit d'un Jumbo Jet. Chaque kilomètre à l'heure supplémentaire représente une énergie considérable qu'il faudra absorber au moment du freinage.

L'avion est maintenant à 770 pieds. Il survole le petit village de Thanybury qui se trouve dans l'axe de la piste.

Le copilote ne parvient toujours pas à trouver la bonne vitesse. En fait, il a l'habitude de faire l'approche sur l'ILS [20] avec une certaine puissance. L'idéal à ses yeux est d'avoir 1.13 à l'EPR [21]. Or, il a déjà réduit à 1.09 et il répugne à diminuer encore la poussée. En cas de besoin de puissance, les réacteurs pourraient mettre du temps à repartir.

Ça ne se présente pas bien…

22 h 45 mn 47 sec (copilote) : *J'essaie d'avoir 154 nœuds.*

22 h 45 mn 58 sec (commandant) : *Okay… Okay… Ça va aller.*

Étrangement, le commandant semble soudain se désintéresser de cet excès de vitesse. Il est bien conscient qu'ils déboulent un peu trop vite vers la piste, mais il pense être dans les limites admises par la compagnie.

À cet instant, la vitesse est de 164 nœuds, soit 10 nœuds de plus que la vitesse prévue.

18. 307 km/h.
19. 275 km/h.
20. Instrument Landing System : système d'atterrissage aux instruments qui permet à un avion de se positionner en finale dans le plan et dans l'axe de la piste.
21. Engine Pressure Ratio.

Et puis soudain, la pluie se met à frapper le pare-brise. Pour le moment, la visibilité reste bonne, ce ne sont que quelques gouttes sans conséquence.

22 h 45 mn 59 sec (copilote) : *Je peux avoir les essuie-glaces ?*

D'un geste précis, le commandant bascule l'interrupteur au plafond et il le place en position « grande vitesse ». L'avion est maintenant à une hauteur de 350 pieds[22]. La piste est toute proche et l'équipage aperçoit les balises lumineuses qui éclairent la nuit. À part la vitesse qui est toujours trop forte, tout semble se présenter correctement.

Ça va changer d'un seul coup.

À 22 h 46 mn et 07 sec, le *cockpit voice recorder* enregistre une augmentation brutale du crépitement de la pluie sur le pare-brise. L'avion n'est plus qu'à 230 pieds. Sa vitesse est de 162 nœuds, ce qui est toujours trop fort[23].

Et puis soudain, il se produit le même phénomène qui a gêné le Boeing 737 précédent... Alors que le Jumbo Jet est tout proche de la piste, un véritable rideau de pluie lui barre la route. C'est un mur liquide. La visibilité diminue d'un seul coup. Malgré les essuie-glaces qui balaient le pare-brise à toute vitesse, l'équipage a du mal à apercevoir quelques vagues lueurs diffuses.

22 h 46 mn 08 sec (copilote) : *Jamais vu une pluie comme ça...*

22 h 46 mn 10 sec (second pilote derrière) : *Moi non plus...*

À cet instant, la vitesse de l'avion augmente encore, elle passe maintenant à 170 nœuds[24]. La visibilité diminue...

22. Environ 100 mètres.
23. 300 km/h.
24. 314 km/h.

C'est à **22 h 46 mn 12 sec** que le copilote commence à tirer imperceptiblement sur le manche.

Immédiatement, le Boeing 747 remonte au-dessus du plan d'approche idéal. En fait, le copilote est en train de regarder dehors et, comme il voit mal les balises lumineuses, il répugne à se laisser descendre dans l'obscurité. Sa réaction est instinctive : il tire sur le manche. Immédiatement, le commandant réagit :

22 h 46 mn 16 sec (commandant) : *Fais gaffe... Tu es trop haut maintenant.*

Au même moment, la voix de synthèse de la sonde altimétrique retentit dans le cockpit :

22 h 46 mn 16 sec (voix de synthèse de la sonde) : *100 pieds...*

22 h 46 mn 17 sec (commandant) : *Tu es sûr que ça te va ?*

La demande est formulée d'une voix plutôt calme et le commandant ne fait pas le moindre geste pour reprendre les commandes.

22 h 46 mn 17 sec (copilote) : *Ah... oui...*

La réponse est ambiguë. Les mots disent que « ça va » mais le ton reste indécis et laisse au contraire supposer que le copilote ne maîtrise pas la situation. Quoi qu'il en soit, le 747 est toujours trop rapide de près de 40 km/h [25]. Il est également trop haut par rapport à son plan d'approche normal [26] !

25. Boeing indique que pour chaque nœud supplémentaire par rapport à la vitesse de référence choisie la distance d'atterrissage augmentera de 30 mètres. Le 747 ayant 19 nœuds d'excédent, il s'arrêtera donc 570 mètres plus loin.

26. De même, le constructeur indique que chaque pied supplémentaire au-dessus de la pente idéale augmentera la distance d'atterrissage de 6 mètres. L'avion étant 32 pieds trop haut, cela fait donc 192 mètres encore à rajouter sur sa distance d'arrêt.

Et les maladresses commencent à s'accumuler. Alors que l'avion n'est plus qu'à 50 pieds du sol[27], le copilote tire encore sur le manche. En fait, il refuse la piste. Le nez du Boeing était à 3 degrés d'assiette... Il remonte à 3,6 degrés.

Du coup, le commandant intervient de nouveau.

22 h 46 mn 22 sec (commandant) : *Laisse-le descendre... Laisse-le descendre, merde... Allez... tu es en train d'arrondir !*

22 h 46 mn 24 sec (copilote) : *D'accord...*

Au même moment, le copilote réduit les gaz complètement. En fait, il commence son atterrissage. Ce serait bien s'il n'était pas 50 pieds trop haut et toujours beaucoup trop rapide...

Sans dire un mot, le commandant saisit alors le bouton de sélection de l'*autobrake*. Il était en position 3, il le place en position 4. Ce geste est révélateur. L'homme a déjà compris qu'il allait avoir du mal à freiner et qu'il lui faut mettre toutes les chances de son côté.

Et les secondes passent... L'avion ne touche pas la piste. Il est en vol au ras du sol et met beaucoup de temps pour descendre de 50 à 30 pieds... Puis il se stabilise à 20 pieds... Lorsqu'il arrive à 10 pieds[28] de hauteur, sa vitesse est encore de 290 km/h.

D'un seul coup, le commandant perd patience. D'une voix sèche, il intervient de nouveau.

22 h 46 mn 27 sec (commandant) : *Bon allez, tu remets les gaz...*

22 h 46 mn 29 sec (copilote) : *D'accord...*

C'est évidemment la seule solution... L'avion est toujours en vol, en train de « flotter » au ras de la piste avec une visibilité

27. Environ 15 mètres.
28. Environ 3 mètres.

quasi nulle. C'est une situation malsaine qui risque de dégénérer. La remise des gaz est donc la seule chose intelligente à faire. Contrairement à ce que les néophytes pourraient penser, « remettre les manettes en avant » n'a rien de honteux. Ce n'est absolument pas une faute, mais une procédure de sécurité... Il est toujours préférable de remettre les gaz plutôt que de planter un avion... Le 747 va faire un circuit prédéterminé autour de l'aérodrome et, dans quelques minutes, il va se présenter de nouveau en finale pour une autre tentative. D'ailleurs, l'avion qui le précédait a fait exactement la même chose.

Docilement, le copilote obéit donc à son commandant. Il saisit les quatre manettes des gaz et les repousse lentement vers l'avant. Il aurait pu utiliser la touche de remise de gaz du pilote automatique. Les manettes seraient reparties seules en avant et l'avion aurait repris la pente de montée sans aucune intervention humaine. Pour quelle raison le copilote n'a-t-il pas choisi cette méthode ? Il expliquera plus tard qu'il a senti intuitivement que la procédure « en manuel » serait plus rapide que celle de l'ordinateur. Sur ce point, le copilote a tort. Tous les tests montrent que, dans ce domaine, l'homme réagit beaucoup plus lentement que l'électronique. Et c'est justement ce qui arrive... Pendant le temps où le copilote repousse les manettes, l'avion se décide finalement à descendre et, à **22 h 46 mn et 30 sec**, il touche le sol... Ce contact avec la piste se produit 1 kilomètre après le début de la piste, ce qui est tout de même un peu long[29]. C'est un contact plutôt doux qui pourrait passer pour un atterrissage normal aux yeux des passagers. Il ne l'est pas pour un connaisseur. C'est le cas du chef de cabine lorsqu'il prend le micro pour annoncer l'atterrissage aux passagers.

22 h 46 mn et 30 sec (chef de cabine) : *Mesdames messieurs, bienvenue à Bangkok...*

29. La distance exacte est de 1 002 mètres.

Puis l'homme s'arrête de parler... Il a des milliers d'heures de vol et plus de vingt ans d'expérience dans la compagnie Qantas. Bien qu'il ne soit pas pilote, il a senti que quelque chose n'allait pas. De même, à l'arrière de l'avion en zone A, C et D, plusieurs hôtesses ont eu la même impression désagréable. Elles ne sauraient l'expliquer clairement, mais quelque chose ne va pas... Instantanément, par réflexe, elles adoptent la position de crash : la tête contre les genoux et les bras noués sous les cuisses... Cela ne dure qu'une fraction de seconde, mais certains passagers ont le temps de le remarquer et ils en restent stupéfaits.

C'est à cet instant précis que survient l'élément qui va faire basculer le cours des événements : la pluie se fait moins intense sur le pare-brise du cockpit et la visibilité s'améliore. En une fraction de seconde, le commandant parvient même à apercevoir l'extrémité de la piste devant lui. Tout cela lui donne l'impression que tout va bien... Dans son esprit, la situation change !

À partir de ce moment, tout s'accélère considérablement et le rapport d'enquête doit noter les temps en dixièmes de secondes.

Il est exactement **22 h 46 mn 30 sec et 1/10e.**

Alors que les réacteurs sont en train de repartir pour la remise de gaz, le commandant place sa main droite par-dessus celle du copilote et fait exactement le contraire de ce qu'il vient d'ordonner : il réduit les gaz.

Il a changé d'avis... Il a décidé de se poser !

Malheureusement, il s'y prend mal. Le copilote a lui-même la main gauche sur les manettes et c'est un obstacle. Au lieu de ramener les quatre manettes en arrière, le commandant en oublie une... Les réacteurs numéros 2, 3 et 4 sont remis au ralenti mais le numéro 1 continue à tourner plein gaz. Non seulement l'avion va trop vite, non seulement il a touché beaucoup trop loin sur une piste mouillée et glissante, mais, pour corser le tout, un des réacteurs continue à pousser [30]. En outre, le

30. Il s'agit du numéro 1 : le réacteur extérieur gauche.

commandant n'informe pas son second qu'il a changé d'avis. Pas un mot d'explication !

Pire… À cet instant, on ne sait plus qui pilote l'avion ! Bien que le commandant ait ramené trois manettes en arrière pour réduire la poussée, il n'a pas pour autant repris réellement les choses en main. Il aurait dû annoncer à voix haute : *« À moi les commandes… »* Il n'a rien dit !

Du coup, le copilote n'y comprend plus rien. En quelques secondes, son patron lui a donné un ordre et fait exactement le contraire. Il suit alors mollement sans savoir ce qu'il faut faire. Puis, comme le commandant ne fait rien, il comprend que c'est toujours lui qui pilote et qu'il doit atterrir.

Il annonce :

22 h 46 mn 31 sec et 9/10e (copilote) : *OK, on est posés.*

Et, de lui-même, il prend l'initiative de réduire le dernier réacteur que le commandant a oublié. Le mouvement est exécuté lentement. Presque discrètement, comme si le jeune pilote ne souhaitait pas faire remarquer à son chef que celui-ci vient de commettre une erreur.

Du coup, le commandant demande :

22 h 46 mn 32 sec et 0/10e (commandant) : *Okay… alors, tu l'as ?*

22 h 46 mn 32 sec 7/10e (copilote) : *Oui, je l'ai…*

À cet instant, le 747 est environ à la moitié de la piste et déboule à 160 nœuds[31]. Ce sont 300 tonnes lancées à pleine vitesse qui doivent être arrêtées par le freinage automatique. Et le système ne s'enclenche pas…

31. 296 km/h.

Rappelons que le Boeing est équipé d'un système *autobrake* qui s'active dès que les roues touchent le sol. Mais, pour éviter tout conflit, ce système se désactive de lui-même si une des manettes de gaz reste enfoncée plus de trois secondes après le toucher des roues. Et c'est évidemment ce qui se passe, puisque le réacteur numéro 1 n'a pas été réduit immédiatement. De même, le maintien de la poussée sur le réacteur numéro 1 pendant plus de trois secondes désactive automatiquement le déploiement des *spoilers*, ces aérofreins qui détruisent la portance et aident au freinage.

Sans freins ni aérofreins, l'avion continue donc sur sa lancée comme un obus... Le pire, c'est qu'aucun des membres de l'équipage ne se rend compte que l'*autobrake* n'est pas enclenché. Les deux hommes prennent donc tout leur temps, persuadés qu'il suffit d'attendre que l'ordinateur de bord freine à leur place.

À **22 h 46 mn 36 sec**, l'avion commence à dévier légèrement sur la gauche de la piste. À cet instant, la vitesse n'a pratiquement pas diminué. Elle est encore de 153 nœuds[32] et l'avion a parcouru 1 460 mètres depuis le seuil de la piste.

Le plus étonnant, c'est que l'équipage n'a pas encore commencé à freiner et qu'il n'a pas encore utilisé les inverseurs de poussée. La raison de cette négligence semble incroyable.

En fait, les deux hommes *oublient tout simplement de les enclencher !!!!!* Une erreur de plus. Ce n'est pas la dernière que l'équipage va commettre. Pour une raison inexpliquée, le copilote se crispe sur les commandes et conserve le manche franchement en arrière. Le nez du 747 reste donc en l'air et le train avant ne prend pas contact avec le sol. Or, lorsque la piste est mouillée, il est recommandé de poser la roulette de nez immédiatement après le toucher du train principal. Le fait de garder le nez en l'air augmente la portance, favorise l'aquaplaning et diminue l'action du freinage. C'est ce qui va se passer.

32. 283 km/h..

À 22 h 46 mn et 38 sec, l'avion est à 1 625 mètres du seuil de piste. Il déboule toujours aussi vite. Sa vitesse est encore de 283 km/h !

C'est seulement à cet instant que le copilote réalise que l'*autobrake* ne fonctionne pas et qu'il commence à appuyer sur les pédales de frein...

Et il ne se passe rien !

Inquiets, les deux hommes appuient alors simultanément de toutes leurs forces sur les freins... Toujours rien... En fait, emporté par sa vitesse, le Jumbo Jet est en aquaplaning et il ne décélère pratiquement pas. L'équipage ne comprend pas ! Pourtant, ce phénomène est parfaitement décrit dans les manuels d'utilisation de l'avion. Sur une piste mouillée, un Boeing 747 risque d'être victime d'aquaplaning dès que la vitesse est supérieure à 111 nœuds [33]. Or il est encore à 140 nœuds [34]. En clair, l'avion est un bolide lancé sur un mince « film d'eau » et, malgré les 300 tonnes de la machine, ses roues ne touchent pas le sol. Il faudrait impérativement poser le train avant pour empêcher le phénomène...

Or, c'est seulement onze secondes après que l'avion est au sol que le copilote relâche la traction sur le manche et laisse enfin descendre le train avant.

Onze secondes... Une éternité !

À 22 h 46 mn 41 sec le train avant prend enfin contact avec le sol et le freinage « manuel » devient efficace. Malheureusement, il est un peu tard. Le Boeing 747 a déjà parcouru 1 836 mètres de piste et sa vitesse est encore de 146 nœuds[35]. Il serait encore temps de remettre les gaz. Ce serait la bonne solution... Il reste encore 1 300 mètres de piste devant. L'avion est relativement léger. Étant donné la vitesse, il pourrait encore reprendre l'air.

En fait, les deux hommes n'y pensent pas. Ils n'ont plus

33. 205 km/h.
34. 260 km/h.
35. 270 km/h.

qu'une idée en tête : arrêter le mastodonte avant la fin de la piste.

Étrangement, à aucun moment, ils ne pensent à enclencher les inverseurs de poussée. Dès que les roues sont au sol, le système peut être activé pour freiner l'appareil. Un oubli incroyable certainement provoqué par la panique qui s'empare de l'équipage.

22 h 46 mn 43 sec (commandant) : *Bon sang... Qu'est-ce qui se passe ?*

Au même moment, l'avion se désaxe de 4 mètres vers la gauche, puis de 5 mètres vers la droite. Puis il revient de nouveau au centre. De toute évidence, le freinage « manuel[36] » des deux hommes n'a pas la précision de l'ordinateur.

Les pressions différentielles sur les pédales provoquent des écarts latéraux incontrôlés. La vitesse est de 133 nœuds[37] et l'avion a parcouru 2 133 mètres de piste.

Cette fois, l'extrémité de la piste arrive à toute allure. Il est évident que le 747 ne parviendra pas à s'arrêter à temps. Et maintenant, il est trop tard pour redécoller. L'équipage n'a rien d'autre à faire que d'appuyer de toutes ses forces sur les pédales des freins (il ne pense toujours pas à enclencher les inverseurs !).

Le dernier kilomètre est parcouru en une quinzaine de secondes.

À **22 h 47 mn et 02 sec**, l'avion franchit la bordure délimitant l'extrémité de la piste. La vitesse est encore de 96 nœuds[38]. Il reste encore quelques dizaines de mètres de ciment sur lesquels il est éventuellement possible de rouler normalement. Ensuite, c'est de l'herbe.

36. *Le mot « manuel » est utilisé ici en opposition au freinage automatique de l'*autobrake. *C'est la dénomination qu'on trouve dans la documentation technique du Boeing 747. En réalité, le freinage « manuel » se fait avec les pieds.*
37. *246 km/h.*
38. *178 km/h.*

En fait, la pluie a été si violente que c'est un véritable marécage de verdure noyé sous plusieurs centimètres d'eau...

À 22 h 47 mn et 04 sec (troisième copilote) : *Mon Dieu on va... On sort...*

Le choc est brutal lorsque les roues s'enfoncent dans la terre détrempée.

En cabine, les hôtesses comprennent immédiatement ce qui se passe. Elles se mettent à crier à l'intention des passagers :

– *Mettez la tête vers le bas. Restez la tête vers le bas... Pas de panique... Pas de panique !*

À cet instant, la vitesse est encore de 88 nœuds [39].

Le train avant s'enfonce profondément dans la boue et cette fois, le freinage est intense. C'est si violent que le *bogie* avant ne peut y résister. Il se replie vers l'arrière puis est arraché. Instantanément, le nez plonge vers le sol. L'avion ne s'arrête pas sur place pour autant. Il continue à foncer la queue en l'air, soulevant d'immenses gerbes d'eau.

Lorsque le train principal droit s'enfonce à son tour dans la boue, il ne résiste pas au couple de torsion. Il cède également. Du coup, les entrées d'air des réacteurs se retrouvent au niveau du sol. Ce sont alors des centaines de kilos de terre et d'eau qui sont aspirées dans les compresseurs...

Cela n'empêche pas l'avion de poursuivre sa course folle comme un 4 x 4 de compétition dans un rallye africain. L'aile droite racle le sol soulevant au passage des tonnes d'eau boueuse.

Dans la cabine, le bruit est terrible. Ça cogne de partout... Ce n'est qu'un vacarme ininterrompu de tôles froissées et de coups

39. 162 km/h.

sourds. Les portes des coffres à bagages s'ouvrent toutes ensemble, larguant leur contenu dans les allées. Les faux plafonds s'écroulent sur les passagers. Trois secondes après avoir quitté la piste, le 747 percute l'antenne de l'ILS située à 117 mètres au-delà de la piste. Mais ce nouvel impact ne l'arrête toujours pas. Il le déséquilibre simplement vers la droite.

Le mastodonte part alors en dérapage et il lui faut encore 103 mètres avant de s'immobiliser au bord de la petite route de service qui fait le tour de l'aéroport. À moins de 5 mètres d'une rangée d'arbres ! C'est brutalement le silence...

22 h 47 mn 11 sec : penché en avant dans une position inhabituelle, le copilote commence sa check-list pour couper les moteurs. Il ferme toutes les arrivées de carburant.

À **22 h 47 mn et 20 sec,** le contact général est interrompu. Les deux boîtes noires cessent d'enregistrer les paramètres. Les lumières s'éteignent dans la cabine et les passagers ne sont plus éclairés que par l'éclairage de secours qui matérialise les issues et le balisage lumineux au sol. Le plus étonnant, c'est que personne dans la tour de contrôle ne remarque que le 747 est sorti de la piste. Lorsque le contrôleur appelle l'avion, c'est pour lui adresser un message tout à fait banal.

22 h 47 mn 26 sec (tour de Bangkok) : *Qantas 001, vous me rappellerez quand vous aurez libéré la piste.*

22 h 47 mn 30 secs (copilote) : *Bangkok, Qantas 001, nous sommes sortis... de la piste et... heu... nous avons besoin d'assistance.*

Malheureusement, les antennes VHF du Jumbo ont été arrachées dans l'accident et son émission est très faible. Le contrôleur ne reçoit qu'un message incompréhensible.

Cela ne l'inquiète pas pour autant. Il est loin d'imaginer ce qui vient de se passer... Un véritable dialogue de sourds s'instaure alors entre les deux intervenants.

22 h 47 mn 37 sec (tour de Bangkok) : *Qantas 001, s'il vous plaît, vous me rappelez une fois la piste libérée.*

22 h 47 mn 46 sec (copilote) : *Je confirme… nous sommes sortis de la piste et… nous avons besoin d'assistance Qantas 001.*

22 h 48 mn (tour de Bangkok) : *Qantas 001, vous me recevez ?*

22 h 48 mn 30 sec (copilote) : *On vous reçoit, monsieur… mais on est sortis de la piste. On a besoin des moyens de secours…*

Pas de réponse…

Le contrôleur ne voit toujours pas l'avion sur le taxiway, mais il se dit qu'il n'y a rien d'anormal avec cette visibilité très faible.

Ce n'est qu'une minute plus tard qu'il apprend ce qui s'est passé par un intermédiaire : le chauffeur d'un véhicule de service circule dans les environs du seuil de la piste 03 et aperçoit par hasard le 747 sur le nez. Aussitôt, il appelle la tour sur sa fréquence propre pour signaler l'accident.

À **22 h 48 mn et 32 sec,** l'alarme est enfin déclenchée.

Aussitôt, les véhicules de secours foncent vers l'avion en coupant directement en dehors des pistes. Un bon moyen pour gagner du temps… C'est une mauvaise idée ! L'averse a été si violente que le sol est totalement détrempé. Les roues patinent… Les camions des pompiers tentent de faire demi-tour pour revenir sur les taxiways. Peine perdue, la plupart s'embourbent lamentablement.

À **22 h 53 mn 12 sec,** le commandant réussit enfin à rentrer en contact avec la tour. Il répète qu'il a besoin d'aide. On lui réplique que les véhicules sont déjà en route et qu'ils ne devraient pas tarder.

Le temps passe…

Dans l'avion, c'est l'angoisse mais il n'y a aucune scène de panique. Pourtant, les dégâts sont impressionnants. C'est même un véritable spectacle de désolation.... Un peu partout, les faux plafonds sont tombés sur les passagers laissant apparaître les tôles du fuselage.

On peut apercevoir des câbles et des dizaines de faisceaux électriques. Au-dessus des sièges, la plupart des écrans à cristaux liquides pendent tristement.

Au niveau de l'allée latérale gauche en zone « D », les plafonds obstruent carrément le passage et barrent l'accès à l'issue de secours.

Il y a plus inquiétant : au niveau des rangées 53 et 54, les passagers aperçoivent des étincelles qui jaillissent des fils électriques au plafond.

Étrangement, personne ne crie. Les gens restent assis à leur place dans un silence de mort. Certains avoueront plus tard qu'ils ont cru que l'avion allait prendre feu. Chacun guette l'apparition des premières flammes.

Mais rien ne se passe et tout le monde attend des instructions de la part de l'équipage.

Certains passagers prennent leur téléphone portable et commencent à appeler leur famille pour les mettre au courant de ce qui est arrivé.

Immédiatement, le personnel de cabine leur demande d'éteindre leur mobile.

D'autres passagers plus malins se disent qu'ils peuvent certainement tirer profit de la situation. Ils se lèvent discrètement, récupèrent appareils photos et caméscopes pour filmer les lieux. De telles images seront vendues à la presse ou serviront de preuves dans un futur procès contre la compagnie !

C'est toujours l'attente. Rien ne se passe... Tous les systèmes de communication de l'avion étant hors service, les hôtesses n'ont d'autres solutions que de crier à tue-tête pour se renseigner sur les éventuels blessés. Étant donné la taille imposante de la cabine du 747, les dialogues tournent parfois au burlesque :

– *Is everybody ok ?*

Certains passagers lèvent la main.

– *Yes...*

– *No...*

– *Yes...*

– *No...*

Il faut savoir que la compagnie Qantas n'équipe pas ses avions de mégaphone (la réglementation australienne ne l'impose pas) [40]. Cette vérification individuelle effectuée « de loin » prend du temps car la plupart de ceux qui répondent *« no »* ne sont pas blessés. Ils souhaitent avant tout qu'on leur permette de quitter l'avion au plus vite.

En réalité, tout le monde est sain et sauf. Les traumatismes ne sont que psychologiques...

Plus tard, beaucoup de passagers se plaindront d'avoir ressenti un profond sentiment d'abandon. Ils ne reçoivent aucune information sur ce qui s'est passé et personne ne leur fournit la moindre instruction sur la conduite à tenir. La seule chose dont ils sont certains, c'est qu'ils n'ont pas le droit d'utiliser leur téléphone portable pour prévenir leur famille. Pour le reste, il faut attendre !

En fait, les hôtesses elles-mêmes attendent des instructions qui ne viennent pas. À l'intérieur du cockpit, le commandant tente d'utiliser le *public adress* [41] pour demander à son chef de

40. *Pour éviter ce genre de problème, en Europe, au Canada et aux USA, l'emport de mégaphones est obligatoire à bord des avions de ligne (réglementation FAR 91.513 et 121.309).*

41. *Interphone permettant de faire des annonces aux passagers ou d'appeler un membre de l'équipage commercial.*

cabine de bien vouloir venir dans le poste de pilotage. Malheureusement, le système ne fonctionne pas davantage. L'écrasement du train d'atterrissage a endommagé la plupart des connexions électriques. Le patron n'a alors d'autre solution que de donner des instructions au troisième pilote :

– *Va faire un tour en bas et demande au chef de cabine de me faire un rapport sur les dégâts. Dis-moi s'il y a un risque d'incendie !*

Le temps passe... Autour de l'avion, rien ne bouge. Les véhicules de secours sont toujours plantés çà et là sur l'aéroport en train d'essayer de sortir de la boue. Dix minutes plus tard, le troisième pilote revient dans le poste de pilotage.

– *Ça va... Pas de trace d'incendie... Tout est sous contrôle. Il n'y a pas de panique.*

Puis le chef de cabine rentre à son tour dans le poste de pilotage.

– *On a de la chance... il n'y a pas de blessé parmi les passagers,* explique-t-il. *Il n'y a que des dégâts matériels. Les faux plafonds sont tombés à l'arrière et il n'y a plus rien qui tienne debout dans les galleys...*

Les explications techniques du chef de cabine durent un long moment. Le commandant hésite sur la conduite à tenir... Doit-il évacuer les passagers en utilisant les toboggans ? Ou doit-il les laisser à bord ?

Finalement, une hôtesse pénètre dans le poste de pilotage. Elle signale une légère odeur de brûlé du côté de la porte L3 au niveau de la rangée 46 [42]. Il y a même un peu de fumée. Certains

42. Cette porte est située au niveau des ailes.

passagers se plaignent d'avoir des irritations aux yeux. D'autres ont des difficultés à respirer. Quelques secondes plus tard, une autre hôtesse la rejoint dans le cockpit. Elle précise :

– C'est une forte odeur de brûlé...

Dans le poste de pilotage, le commandant ne prend toujours pas de décision. Il souhaite avoir des éclaircissements :

– Mettez-vous d'accord, c'est une légère odeur ou une forte odeur !!!

Pendant que l'on procède à ces subtilités linguistiques, le temps passe. Ce commandant qui s'est fait piéger dans une approche à grande vitesse, démontre maintenant qu'il est capable de réagir extrêmement lentement... Cela fait maintenant plus de vingt minutes que le crash a eu lieu et les passagers sont encore à bord. L'éclairage de secours fonctionne toujours. C'est une chance car la durée de fonctionnement des batteries est donnée pour un maximum de vingt minutes. Si on tarde trop longtemps, tout le monde sera dans le noir. Enfin, après avoir décidé qu'il s'agissait d'une « forte odeur » de brûlé, le commandant finit par prendre une décision « importante » :

– Vous allez ouvrir les portes R3 et L3 pour aérer la cabine.

Mais il ne donne toujours pas l'ordre de quitter l'avion.

Les avis divergent pour savoir si le commandant aurait dû ordonner une évacuation immédiate. Aucun texte officiel ne donne de directives précises à propos de cette procédure [43]. Rien

43. Les textes précisent de quelle manière les passagers peuvent être débarqués en utilisant les toboggans de secours (évacuation rapide ou de précaution), mais ils ne disent pas dans quel cas, ni à quel moment cette évacuation doit être ordonnée par le commandant. Celui-ci reste le seul juge de la conduite à tenir.

ne sera donc reproché au *captain* à ce sujet. Rappelons tout de même que le train d'atterrissage est arraché, l'avion gît dans la boue après avoir reçu des coups terribles, il y a eu des étincelles au niveau des plafonds, des passagers et deux hôtesses ont signalé une odeur de brûlé accompagnée de fumée... C'est beaucoup !

Que se serait-il passé si le feu avait pris quelques minutes après l'accident ? Nul doute que des scènes de panique seraient survenues avec tous les risques qu'elles comportent. Il semble étonnant que dans ces conditions le commandant ait décidé de garder ses passagers à bord. C'était son choix !

Au sol, les véhicules de secours finissent tout de même par atteindre les lieux du crash. Aussitôt, les pompiers tentent de rentrer en communication avec les occupants de l'appareil. Bien que le 747 soit planté sur le nez, le fuselage est trop haut pour permettre aux pompiers de monter à bord.

Nouvel épisode « burlesque » : malgré les gyrophares, l'équipage ne remarque pas la présence des sauveteurs. Les pompiers font de grands signes devant le pare-brise, mais cela ne sert à rien. Alors, on frappe sur la tôle de l'avion. Coups de poing, appels, cris... L'équipage ne répond pas !

Le responsable des secours au sol doit se résoudre à appeler la tour de contrôle sur son portable pour qu'on appelle le pilote par radio afin de le prévenir que les secours sont sur place ! Enfin, la tour réussit à contacter l'équipage. Le contrôleur explique :

– Faites sortir vos passagers ! Les sauveteurs sont au pied de l'avion...

Mais le commandant ne l'entend pas de cette oreille.

– Négatif... J'ordonnerai l'évacuation uniquement lorsque les bus seront arrivés. Je ne veux pas qu'ils restent sous la pluie...

C'est seulement à **23 h 09 mn**, soit vingt-deux minutes après l'atterrissage que les bus sont sur place. Alors, seulement, le commandant ordonne enfin l'évacuation « avec précaution » par les portes R2 et R4[44]. Il ne souhaite pas utiliser les portes de gauche parce qu'il n'y a pas de lumière de ce côté-là.

Les toboggans gonflables sont déployés.

Pourtant, encore une fois, les choses ne vont pas se dérouler aussi correctement qu'elles le devraient. La procédure prévoit que, lorsqu'une évacuation est décidée, les passagers laissent leurs bagages à main dans les coffres et quittent l'avion en glissant sur les toboggans de secours. Ce soir-là, la plupart des passagers refusent de laisser leurs bagages sur place. Ils sont fatigués et craignent de ne pas retrouver leurs affaires… Les hôtesses hésitent. Comme le commandant a demandé une évacuation « avec précaution », elles finissent par céder et autorisent les passagers à emporter leurs bagages à main. Spectacle aussi insolite que non réglementaire ; on voit donc des hommes et des femmes glisser le long des toboggans avec des valises sur le ventre. Certains lancent même carrément des sacs de plastique devant eux avant de se laisser glisser derrière. À l'intérieur, il y a des bouteilles d'alcool achetées au « duty-free » ! On imagine le danger que représente une bouteille brisée au pied d'un toboggan !

La plupart des passagers ne cachent pas leur soulagement de pouvoir enfin quitter l'avion après une aussi longue attente. Certains ont même des réactions étonnantes. Ainsi, un jeune homme d'allure sportive se paye le luxe d'effectuer un superbe saut périlleux en se jetant du haut du toboggan.

Quant à la sécurité, elle est parfois extrêmement limite. En arrivant au sol, un passager éberlué remarque que certaines personnes parmi les services d'assistance sont en train de fumer

44. *Les portes sont notées R pour celles de droite* (Right) *et L pour celles de gauche* (Left).

auprès de l'avion... Quand on sait qu'il reste encore quelques dizaines de tonnes de carburant dans des réservoirs en très mauvais état, cela ne semble pas très raisonnable !

Le bilan final fait état de quelques blessures superficielles, la plupart ayant été causées par la chute des faux plafonds. Les traumatismes les plus graves sont d'ordre moral puisque 15 passagers demandent l'assistance immédiate d'un psychologue.

Malgré beaucoup d'erreurs et de maladresses, le crash du vol Qantas 001 se termine donc plutôt bien... Pour la petite histoire, on signalera que parmi les hôtesses se trouvait une nouvelle venue à la compagnie. C'était son premier vol...

DÉBROUILLE-TOI TOUT SEUL !

28 décembre 1991.

Ils ne sont que trois à bord du BE 1900 de la compagnie Business Express... Un instructeur et deux pilotes stagiaires qui sont sur le point d'être promus commandants de bord. Tous les sièges en cabine sont vides. Aucun passager puisque ce soir l'appareil est une sorte de gros avion-école.

L'un des stagiaires est assis à la place gauche et il transpire abondamment. Car le moins que l'on puisse dire, c'est que l'instructeur à sa droite ne lui fait pas de cadeau. À tout instant, il exige des changements de trajectoires, simule des pannes et critique systématiquement tout ce que fait son élève. Fidèle à sa réputation d'examinateur le plus sévère de la compagnie, il ne tolère aucune erreur. La moindre hésitation est aussitôt sanctionnée par une remarque acerbe.

Comme c'est souvent le cas dans ce type de vols d'entraînement, le second commandant de bord stagiaire est assis derrière les deux hommes et observe ce qui se passe. Sans parler... Il se garde bien de faire la moindre remarque car il sait que dans une heure il changera de place avec son collègue... et ce sera son tour de souffrir.

Il fait nuit...

Il y a près de deux heures et demie que l'avion a décollé de l'aéroport Igor Sikorski de Bridgeport (Connecticut). Et depuis tout ce temps, il effectue des approches et des atterrissages sur différents terrains situés à l'est de New York [1]. Du fait de la situation géographique de la région, l'avion est presque en permanence au-dessus de l'océan Atlantique.

Vers 21 heures, le stagiaire aux commandes commence à montrer des signes de fatigue. Il souffle bruyamment, essuie les gouttes de sueur qui perlent sur son front et commet de plus en plus de fautes. Il a 28 ans et est titulaire d'une licence de pilote de ligne. Pourtant, avec seulement 2500 heures de vol, il n'est pas vraiment un pilote expérimenté. Nous verrons plus loin qu'il n'est pas non plus très doué...

Et l'instructeur ne se prive pas de lui faire savoir.

– *Bon Dieu... Applique-toi,* répète-t-il sans cesse d'une voix dure [2].

À mesure que les minutes passent, le travail devient de plus en plus pénible. C'est à **21 h 12 mn** que les choses deviennent vraiment critiques pour le stagiaire.

– *Tu vas maintenant faire une approche à Block Island,* ordonne l'instructeur.

Block Island est une petite île située dans l'Atlantique à 25 kilomètres au sud de l'État de Rhode Island. On y trouve une

1. *Bridgeport est situé à 80 kilomètres à l'est de New York.*
2. *Les paroles reportées dans ce texte sont exactement celles qui ont été enregistrées par le* cockpit voice recorder *de l'avion.*

piste orientée 10/28 dont l'approche est relativement simple puisqu'il n'y a aucun relief dans les environs (on est au-dessus de l'océan).

Trop simple peut-être au goût de l'instructeur. Du coup, afin de compliquer le travail de son stagiaire, il lui demande d'exécuter une percée au radio-compas. C'est une approche difficile parce qu'elle est imprécise et exige beaucoup de calculs mentaux de la part du pilote[3]. À la moindre erreur, il risque de manquer l'axe de la piste.

Et pourtant, l'instructeur doit penser que cette approche est encore trop facile pour son poulain car, à **21 h 13 mn,** il déclare :

– Je te mets le moteur droit en panne.

Et, joignant le geste à la parole, il ramène la manette des gaz sur plein réduit.

– *Débrouille-toi,* annonce-t-il sur un ton où l'on peut presque deviner un certain plaisir.

Vicieux le bonhomme ?

À partir de cet instant, l'avion vole sur un seul moteur. Il est donc plus difficile à maîtriser. Le pilote doit mettre du palonnier à fond pour compenser la dissymétrie et faire de multiples réglages pour stabiliser son appareil.

Et comme si cela ne suffisait pas, l'instructeur décide d'en rajouter une louche. Sans prévenir, il tire un *breaker* et coupe l'alimentation électrique de l'horizon artificiel...

Pour bien comprendre les conséquences de cette nouvelle panne, il faut apporter quelques précisions sur ce dernier instru-

3. De nos jours, la percée au radio-compas est de moins en moins pratiquée. Les avions sont équipés d'instruments beaucoup plus précis (ILS, GPS, etc.). Ce type de percée est cependant encore demandé par certains instructeurs-testeurs afin de vérifier les compétences du pilote.

ment. Lorsqu'il fait nuit ou que l'avion est dans les nuages, un pilote ne peut déterminer sa position dans l'espace à l'aide de ses seules sensations physiques. Le cerveau humain n'est pas assez perfectionné... Privé de références extérieures, le pilote va se trouver rapidement confronté à un phénomène de désorientation spatiale. Impossible pour lui de savoir si l'appareil est en montée, en virage ou en vol rectiligne. L'avion peut même passer sur le dos sans qu'il s'en rende compte... C'est l'horizon artificiel qui va lui fournir les indications indispensables. C'est donc un instrument vital.

Et c'est justement cet instrument que l'instructeur vient de mettre volontairement hors service.

Pour compenser cette défaillance, le stagiaire doit regarder un autre instrument beaucoup plus rudimentaire : la « bille aiguille ». Moins lisible et plus petite, la bille-aiguille demande un effort important pour être interprétée.

Pour cette nouvelle panne, l'instructeur s'est montré une nouvelle fois un peu tordu dans sa façon d'agir. Au lieu de dissimuler l'horizon artificiel en panne sous un cache, il l'a laissé bien en évidence sous les yeux du stagiaire.

Et l'instrument continue à donner de fausses indications qui troublent le pilote.

Pour résumer la situation, on peut dire que l'élève est fatigué... il doit effectuer une approche qui exige beaucoup de calculs mentaux... il doit travailler avec un tableau de bord incomplet et trompeur[4]... quant à son avion, il ne vole que sur un seul moteur. Tout cela fait beaucoup pour un seul homme !

Les conversations qui suivent ont été enregistrées quelques minutes avant l'accident par le *cockpit voice recorder*. Elles montrent à quel point la tension monte rapidement dans le cockpit sans que l'instructeur en ait conscience et sans qu'il manifeste la moindre pitié pour son élève.

4. Entraînement appelé « panneau partiel ».

À 21 h 20 min et 04 sec, le stagiaire commence à se plaindre des conditions dans lesquelles l'instructeur le fait travailler. C'est surtout la panne de l'horizon artificiel qui le gêne. Nous l'avons vu, l'instrument se trouve au centre du tableau de bord. Juste devant ses yeux... Et c'est un véritable piège pour lui.

La voix du stagiaire semble particulièrement lasse :

– *Ce serait tout de même plus facile pour moi si vous mettiez quelque chose pour cacher ce truc...*

– *Je sais,* réplique l'instructeur laconiquement.

Mais il ne fait aucun geste pour aider son stagiaire qui galère péniblement.

– *C'est difficile de l'ignorer, vous savez. C'est très difficile.*

– *Ouais...*

– *J'essaie de l'ignorer, mais c'est pas facile.*

Pendant les minutes qui suivent, tout montre que le commandant stagiaire est complètement dépassé par les événements. Les enquêteurs diront plus tard qu'il est « derrière » l'avion. Il subit les événements au moment où ils surviennent. Exactement le contraire de ce qui doit se faire. Un pilote doit toujours être en avance sur ce qui va se passer dans son poste de pilotage.

Les minutes passent... Après avoir souffert un maximum, le stagiaire parvient tout de même à se mettre dans l'axe de la piste.

Il est alors **21 h 25 mn.** À ce moment, la météo est très bonne dans la région de New York. Malgré la nuit et l'absence de lune, la visibilité dépasse 32 kilomètres et le vent souffle de l'ouest à 12 nœuds. Les balises lumineuses de l'île sont en vue. L'avion descend sur son plan d'approche[5]. En apercevant les lumières de la piste, le stagiaire doit commencer à respirer. Dans un instant, il sera au sol.

Avec un peu de chance, son tortionnaire va lui proposer de dégager sur le taxiway et ils reviendront lentement jusqu'au point d'attente.

Cela lui fera quelques minutes de répit… Après tout, cela fait près de trois heures qu'il travaille comme un forçat et il a droit à un certain répit. Peut-être même iront-ils jusqu'au parking de l'aéroport pour procéder à une permutation avec son collègue de derrière ?

Ce ne sera pas le cas…

Au moment où les roues sont sur le point de toucher la piste, l'instructeur se tourne vers l'élève et annonce d'une voix autoritaire :

– Tu remets les gaz… on en refait un autre.

À cet instant, on entend distinctement le stagiaire soupirer. Son rêve de pouvoir se reposer quelques secondes vient de s'évanouir. Il repousse les deux manettes de gaz vers l'avant et l'avion repart pour une nouvelle approche.

Nul doute qu'à cet instant il éprouve une fatigue physique intense.

Quant au moral, il ne doit pas être bien brillant non plus. Car, pendant la montée, l'instructeur se paye une nouvelle séance de torture en procédant au débriefing de ce qui vient de se passer.

À **21 h 32 mn et 13 sec**, il déclare d'une voix glaciale :

– Il faut que tu sois plus concentré. C'est pas bon du tout…

5. Ce vol d'entraînement est effectué en VFR de nuit et l'équipage n'a donc pas déposé de plan de vol. L'avion est malgré tout suivi par deux radars : celui de Boston Center et le Terminal Radar Approach Control de Providence (Rhode Island). Il affiche 1200 comme code transpondeur VFR.

D'une voix mal à l'aise, le commandant stagiaire se contente de répondre :

– D'ac... cord.

Et les réprimandes tombent de plus belle :

– Tu n'étais pas dans l'avion... Je me demande à quoi tu pensais pendant qu'on était en éloignement ! [6]

– Ouais, j'ai oublié de virer vers mon cap. Euh... Ce que je veux dire, c'est que je savais que je devais aller vers la balise mais... euh que j'ai seulement oublié de virer sur mon cap.

Une nouvelle fois, l'instructeur marmonne d'une voix glaciale :

– Ouais...

– Je savais où j'étais mais...

Le malheureux n'a pas le temps de tenter de se justifier que son voisin l'interrompt d'un air excédé.

– D'accord, d'accord...

– Pour le panneau partiel, ça fait... heu... des années que je n'en ai pas fait... J'étais un peu paumé...

La remarque est ponctuée par un ricanement :

– Ça, j'avais remarqué.

6. *Le circuit d'approche se compose d'un hippodrome au cours duquel l'avion est d'abord en éloignement avant d'être en rapprochement dans l'axe de la piste. En fonction du trafic, un avion peut être obligé d'exécuter plusieurs hippodromes.*

À 21 h 32 mn et 43 sec, le stagiaire murmure d'une voix lamentable :

– Ouais, je pense que j'étais complètement désorienté…

On l'aura compris, la fatigue n'explique pas tout : le stagiaire est loin d'être brillant... Les enquêteurs apprendront plus tard qu'il s'était confié à son collègue assis derrière lui. Conscient de ses faiblesses, il lui avait demandé à plusieurs reprises de l'aider à réviser ses procédures. Il avait peur d'être recalé à son test. Et puis surtout, il éprouvait une angoisse très forte de perdre ses moyens devant cet instructeur réputé pour sa sévérité… Un instructeur qui a pourtant exactement le même âge que son stagiaire (28 ans) et qui dispose d'une expérience à peine plus importante. Il a tout juste 5 680 heures de vol.

Plus tard, les enquêteurs souligneront la légèreté de la compagnie Business Express qui a nommé un jeune pilote dans une fonction aussi importante[7].

Alors que l'avion atteint son altitude dans le *stack*[8], l'instructeur décide qu'il est temps de recommencer à faire travailler son élève... Il saisit la manette des gaz du moteur droit et la ramène en arrière :

– Panne moteur… Tu vas me faire une percée VOR sur la piste 28[9].

Une percée VOR est un peu moins difficile qu'une percée au radio-compas. Mais ce n'est tout de même pas une approche très précise. Et puis nous l'avons vu, le stagiaire est dans un état lamentable. Il n'a pas le temps de se demander quelle autre

7. Celui-ci en avait même parlé à ses parents pour décrire le désarroi étonnant de ce futur commandant de bord.
8. Circuit d'attente avant de commencer la nouvelle approche.
9. La percée VOR est un peu plus précise que la précédente. Cela ne l'empêche pas d'être de moins en moins utilisée de nos jours.

panne va survenir que l'instructeur tire une nouvelle fois le *breaker* qui condamne l'horizon artificiel :

– Tu es en panneau partiel, débrouille-toi ! Et ce n'est pas la peine de regarder de mon côté.

Cette dernière remarque montre à quel point le gars est méfiant. Pour éviter que l'élève ne « triche » en regardant en biais sur l'horizon artificiel de droite, il a réduit l'intensité de l'éclairage au minimum. Après l'accident, d'autres stagiaires révéleront que c'était une manie chez lui que de diminuer l'éclairage pour empêcher tout regard vers la droite.

Malin et un peu tordu !!!

De toute évidence, l'instructeur fait du zèle...

Plus tard, les enquêteurs jugeront ce type d'entraînement avec plusieurs pannes absolument inutile. Il n'est d'ailleurs pas prévu dans le manuel d'opération de la compagnie. Celui-ci précise que, « pendant les entraînements, on évitera de procéder à des pannes multiples simultanées. Il sera plus pédagogique de les faire travailler successivement ». La raison en est simple : tous les systèmes d'un avion étant redondants et ayant des sources d'énergie différentes, la probabilité que toutes ces pannes surviennent en même temps est infime.

En outre, et c'est le comble, en cas de panne d'un horizon artificiel, la procédure prévoit que le commandant de bord doit utiliser le second instrument qui se trouve à la place droite. Celui-là même que l'instructeur se donne tant de mal à dissimuler en diminuant l'éclairage ambiant.

En fait, on l'aura compris, l'instructeur prend un malin plaisir à faire souffrir ses victimes. On pourrait admettre une certaine sévérité de la part de cet examinateur, mais son excès de zèle est inadmissible.

Tout cela pourrait ressembler au mauvais bizutage d'une grande école. Malheureusement, le pilote d'aujourd'hui est particulièrement vulnérable et les conséquences de ce petit jeu vont se révéler dramatiques.

Il est **21 h 44 mn.**

C'est à partir de maintenant que le stagiaire va véritablement rentrer dans un état de désarroi effrayant. De toute évidence, il ne sait plus où il est. Il se bat avec l'avion pour le maintenir en vol sur le moteur gauche, mais il ne parvient pas à se concentrer suffisamment pour surveiller tous ses instruments. Il a du mal à stabiliser son avion en vol rectiligne horizontal. Ça monte, ça descend, ça part en virage... En bref, c'est pitoyable.

Voici les paroles exactes qui ont été prononcées dans le poste de pilotage pendant les deux dernières minutes qui ont précédé le drame :

21 h 45 mn 30 sec (commandant stagiaire) : *Euh, s'il vous plaît. Vous me confirmez à quelle altitude, je dois, euh... je peux descendre. Jusqu'à maintenant...*

21 h 45 mn 32 sec (instructeur) : *Euh, eh bien... tu stabilises à 2 000 pieds.*

C'est la première fois que l'instructeur consent à aider quelque peu son élève. Ce sera la dernière...

À cet instant, l'aiguille de l'indicateur VOR commence à bouger. C'est le signe que l'avion arrive dans l'axe de la piste. Aussitôt, le stagiaire en fait l'annonce à haute voix, histoire de faire remarquer qu'il a quand même réussi à faire quelque chose de correct :

21 h 46 mn 06 sec (commandant stagiaire) : *L'aiguille arrive...*

21 h 46 mn 14 sec (commandant stagiaire) : *C'est juste que euh... Je crois que je suis un peu près. Je suis à 10 milles nautiques... Enfin je ne sais...*

Difficile de comprendre les paroles du jeune commandant de bord. On croit comprendre qu'il cherche seulement à se justifier d'être un peu trop loin de la piste. L'avion est toujours aussi instable. L'instructeur semble à peine l'écouter. Il murmure vaguement :

21 h 46 mn 17 sec (instructeur) : *Ouais...*

21 h 46 mn 19 sec (commandant stagiaire) : *Euh... J'aurais dû m'en rendre compte.*

21 h 46 mn 27 sec (commandant stagiaire) : *À quelle altitude est-ce que je peux descendre ?*

21 h 46 mn 29 sec (instructeur) : *À quelle altitude tu peux descendre lorsque tu es stabilisé en rapprochement ?*

Lorsqu'un avion effectue une approche vers un aérodrome, il doit respecter impérativement certaines altitudes de sécurité qui sont définies dans les cartes d'approche [10]. Or, le stagiaire est tellement stressé qu'il ne se rappelle même plus jusqu'où il peut descendre sans risque [11]. Au lieu de répondre à cette question vitale, l'instructeur vient simplement de lui poser à son tour la même question. Pourquoi cette réponse ambiguë ? Peut-être parce qu'il suit le travail de son élève un peu distraitement et qu'il n'en sait rien lui-même[12]. Et justement, au même moment, une alarme sonore retentit pour indiquer que l'avion est en train de passer en dessous de l'altitude de sécurité.

10. *Ces documents sont édités par la société Jeppesen et mis à jour régulièrement : changements de fréquences, constructions de bâtiments ou d'antennes, etc.*
11. *Ces altitudes sont calculées afin d'éviter de percuter les reliefs situés dans les environs de l'aérodrome. Il est impératif de respecter scrupuleusement ces paramètres. Toute descente non contrôlée est considérée comme une faute extrêmement grave.*
12. *L'avion est actuellement en approche au-dessus de l'océan et il n'y a donc quasiment aucun obstacle dangereux dans le secteur. C'est certainement la raison pour laquelle l'instructeur est si décontracté.*

21 h 46 mn 34 sec (commandant stagiaire) : *Oh merde...*

La voix est désolée. On devine que l'homme est complètement dépassé par les événements. Il est au bord de la panique. L'avion est toujours aussi instable.

À cet instant, la seule réaction qui serait raisonnable pour un instructeur sensé serait de remettre le moteur gauche en route, stabiliser l'appareil et remettre l'horizon artificiel en marche pour que l'élève puisse reprendre ses esprits.

Il n'en fait rien...

Rappelons qu'à cet instant l'avion vole en pleine nuit au-dessus de l'océan Atlantique. Sur un seul moteur, sa vitesse est faible. Elle est de l'ordre de 360 km/h.

21 h 46 mn 35 sec (instructeur d'une voix agacée) : *Corrige une chose à la fois. Tu es dans une mauvaise situation alors corrige une chose en premier. Et après, tu fais le reste !*

Malheureusement, ce que l'instructeur ne semble pas avoir compris, c'est que le stagiaire est victime de désorientation spatiale. Il ne sait plus où il est. L'avion se balance de droite à gauche. Il monte et descend avec une amplitude de plus en plus grande.

Le pilote tire et pousse un peu au hasard sur le manche.

Sans rien contrôler.

Et l'instructeur ne fait rien pour l'aider. En quelques secondes, la situation va empirer. L'avion s'incline à gauche, puis à droite très fortement. Il est à une altitude de 1 900 pieds au-dessus du niveau de la mer...

Et une fois de plus, la critique fuse :

21 h 46 mn 39 sec (instructeur) : *C'est nul !*

21 h 46 mn 40 sec (commandant stagiaire) : *Ouh là là...*

À cet instant, le seul qui a conscience que les choses vont très mal, c'est le stagiaire lui-même... Il ne contrôle plus rien.

21 h 46 mn 42 sec (commandant stagiaire) : *Reprenez les commandes !*

La voix est angoissée, c'est un véritable appel au secours lancé à l'intention de l'instructeur. Presque une supplique. Dans son désarroi, l'élève a compris qu'il va à la catastrophe.

La réponse tombe immédiatement aussi dure que stupide :

21 h 46 mn 42 sec (instructeur) : *Non, c'est toi qui pilotes !*

Incroyable, l'avion est en train de rentrer dans une position inusuelle et le gars qui est censé être le plus chevronné vient de refuser de reprendre les commandes !

Est-ce une volonté de prouver encore davantage au stagiaire qu'il est mauvais ? Cherche-t-il à l'humilier au maximum pour le décourager définitivement ? Est-ce une forme de sadisme destinée à montrer sa supériorité ?

À cet instant, l'avion vole au cap 236. Son inclinaison à droite s'amplifie. En quelques secondes, elle passe de 26 à 50 degrés. Le roulis marque un léger temps d'arrêt puis augmente de nouveau jusqu'à atteindre 75 degrés... 82 degrés...

Cela signifie que l'avion est pratiquement sur la tranche. Instinctivement, le stagiaire fait ce que font tous les débutants lorsqu'ils sont en situation de désorientation spatiale. Il tire sur le manche.

C'est justement ce qu'il ne faut pas faire car cela aggrave les choses. Le facteur de charge augmente rapidement. Il passe de 1,7 g à 2,5 g. Les occupants ont brusquement l'impression d'être tassés sur leur siège.

Et c'est certainement cette sensation de lourdeur inhabituelle qui fait enfin réagir l'instructeur :

21 h 46 mn 44 sec (instructeur) : *Attention à l'inclinaison !!!*

C'est plus un reproche qu'un avertissement devant un danger imminent. Car malgré la position incroyable de l'avion, l'imbécile ne reprend pas les commandes pour autant. L'appareil plonge vers la mer en virage engagé...

L'inclinaison augmente encore. Elle est de 98 degrés. L'avion est pratiquement sur le dos et son taux de chute atteint 6 800 pieds par minute.

Quant à la vitesse, elle approche 450 km/h.

21 h 46 mn 45 sec (instructeur) : *Réduis les gaz !!*

Là encore, ce ne sont que des paroles sans action. Que se passe-t-il à cet instant dans la tête de cet homme ? Comment imaginer qu'il ne se rende pas compte que l'avion est en train de rentrer dans une configuration terriblement dangereuse ? Pas une seule fois, il ne posera les mains sur le manche pour tenter de redresser l'avion...

Juste des reproches. C'est incompréhensible.

21 h 46 mn 46 sec (instructeur) : *Mais merde... qu'est-ce que tu fabriques ?*

L'élève ne répond pas... Il est tétanisé sur les commandes pour tenter de faire face à toutes les difficultés qui l'assaillent. Et tout va trop vite. À cet instant, le klaxon d'alarme du train d'atterrissage retentit dans le poste de pilotage.

21 h 46 mn 47 sec (instructeur) : *D'accord.*

Difficile d'interpréter ce dernier mot. Est-ce un signe que l'instructeur a compris qu'il est trop tard pour rattraper ses erreurs et qu'il accepte son destin ?

Le stagiaire a-t-il fait un geste qui lui paraît aller dans le bon sens pour rattraper la situation ?

Qu'importe… Il est trop tard.

À 21 h 46 mn et 49 sec, l'avion percute les eaux noires de l'océan Atlantique. Au moment où il touche, il est quasiment en vol sur le dos. Il est pulvérisé dans le choc et l'enregistrement s'arrête.

Il s'abîme à 16 kilomètres en mer à l'est de Block Island. Malgré la rapidité du déclenchement des secours, on ne retrouvera jamais les corps des trois hommes. Seul le *cockpit voice recorder* sera récupéré par 40 mètres de profondeur.

La responsabilité de ce crash incombera entièrement à l'instructeur. L'enquête conclura qu'il s'est retrouvé lui-même en totale désorientation spatiale et que c'est certainement la raison pour laquelle il n'a pas repris les commandes à son stagiaire. Les mots seront très sévères pour qualifier son attitude et son manque de réaction :

« Lenteur d'analyse tout à fait incroyable… Capacité de réaction très faible… Il n'a pas réussi à prendre les bonnes décisions dans une situation de crise. En outre, il a fait preuve d'une sévérité excessive et inutile alors que lui-même connaissait très mal les procédures en vigueur lors des vols qu'il était censé diriger. »

24 HEURES SANS DORMIR...

18 avril 1993.

Ces événements se déroulent à Cuba au-dessus de la base aéronavale américaine de Guantanamo... Cet endroit, autrefois inconnu du grand public, est devenu célèbre en 2002 lorsque le Pentagone a décidé d'y transférer les Talibans capturés en Afghanistan.

Louée par les États-Unis en 1903, la base avait pour but, à l'origine, « de préserver l'indépendance de Cuba et de protéger le peuple cubain et son gouvernement[1]...» Ironie de l'histoire, après l'arrivée au pouvoir de Fidel Castro, les Américains sont devenus des ennemis irréductibles. En 1962, la troisième guerre

1. *Article 7 de la Constitution de la république de Cuba promulguée le 20 mai 1902. Le traité de location des lieux a été ensuite reconduit le 29 mai 1934 sans limitation de date, ce qui revient à donner aux États-Unis un bail perpétuel sur Guantanamo. Sans être propriétaires des lieux, les USA en ont donc la jouissance éternelle et ils considèrent ouvertement que Guantanamo est territoire américain.*

mondiale a même failli éclater lorsque des avions espions U2 ont découvert que les Soviétiques installaient des missiles nucléaires sur l'île... À quelques centaines de milles de la Floride... Pendant quelques jours, le monde a retenu son souffle, pourtant même dans ces moments dramatiques, le « bail » n'a jamais été rompu entre les deux partenaires qui ont toujours respecté cet étonnant traité « d'amitié et de protection ». En fait, les États-Unis ont toujours payé leur loyer avec ponctualité et Cuba n'a jamais refusé la manne de dollars des capitalistes détestés.

La base de Guantanamo est située sur la pointe orientale de Cuba. Elle comprend une superficie de 10 000 hectares de terres, bordées au sud par 10 000 hectares supplémentaires pris sur la mer des Caraïbes. Le total de la surface louée par les Américains correspond sensiblement à un rectangle de 20 kilomètres sur 10.

L'accès par la route étant impossible pour des raisons politiques évidentes, seules les voies maritimes et aériennes permettent de ravitailler les militaires de l'Oncle Sam. La base comprend donc un port et surtout une piste qui permet l'atterrissage des avions gros-porteurs. Orientée est/ouest [2], cette piste est parallèle au rivage de Guantanamo Bay.

L'histoire retiendra que, depuis le début du « bail », des centaines de travailleurs cubains ont travaillé chez les Américains. Et même pendant les périodes de crise, les installations militaires ont continué à fonctionner normalement. Seuls les avions en approche ont été soumis à des restrictions sévères. Ils n'ont évidemment pas le droit de pénétrer dans l'espace aérien cubain. En outre, ils doivent rester dans des couloirs bien définis pendant les phases d'atterrissage et de décollage.

C'est dans ces conditions que le 18 avril 1993, un DC 8 cargo effectue son approche sur la base. C'est un avion de la compagnie Kalitta International [3] affrété par American International

2. *Orientation magnétique des pistes 10 et 28 soit 100 et 280 degrés.*
3. *Il est immatriculé aux États-Unis N 818CK. Son numéro de série est 46127/510. Il a été construit par McDonnell Douglas en 1969.*

Airways. Son numéro de vol est AIA Flight 808. Bien que ce soit un appareil civil, il transporte du matériel militaire composé essentiellement de pièces détachées pour des véhicules de l'US Navy[4].

Il est **16 h 40 mn...**

L'avion arrive de Norfolk d'où il a décollé deux heures et demie plus tôt. Pour l'équipage, ce n'est pas le premier vol de la journée, loin de là ! En fait, les trois hommes aux commandes sont partis la veille au soir de Dallas avec un chargement de composants électroniques. Et la nuit n'a été pour eux qu'un marathon épuisant à travers les États-Unis. Arrivés au Texas, ils déchargent leur avion, et prennent livraison d'une nouvelle cargaison de matériel informatique... Puis ils vont à St Louis, Missouri... Même scénario : déchargement et chargement avant de partir pour Detroit où ils changent d'avion. Deux heures d'attente sur le parking et ils redécollent à destination d'Atlanta en Georgie.

C'est là qu'ils atterrissent finalement au petit matin...

On peut imaginer la fatigue des trois hommes : des heures de vol... des milliers de kilomètres à travers les USA... des plans de vol... des briefings météo... des calculs de centrage... et puis ces attentes interminables entre chaque vol à boire du café pour tenir le coup...

Alors que les trois navigants posent le pied dans l'aéroport d'Atlanta, ils croient que leur travail est terminé. Ils n'ont plus qu'à prendre un taxi pour rejoindre leur hôtel : une bonne douche et ils dormiront toute la journée.

Ce n'est pas vraiment ce qui les attend !

Ils sont à peine sortis du DC 8 que la direction des opérations de la compagnie les appelle : un Boeing 727 d'American International Airways est tombé en panne à Norfolk. Il ne peut assurer le vol prévu sur Cuba. L'équipage doit prendre le relais.

4. La compagnie a signé un contrat avec le ministère de la Défense.

Dans un premier temps, on demande aux trois hommes de rejoindre d'urgence la Virginie à vide... Les instructions suivront. L'équipage hésite. Cette demande est à la limite de la législation du travail [5]. Ils ont déjà fait beaucoup d'heures de vol pendant la nuit... S'ils cèdent, ils arriveront à Cuba complètement épuisés. Le problème, c'est que s'ils refusent, ils vont s'attirer les foudres de leur hiérarchie. Car les dirigeants de la compagnie ont la réputation de ne pas apprécier les employés récalcitrants. Après quelques minutes de discussion, les trois hommes décident d'accepter. C'est le copilote qui résume la situation : « Mieux vaut être crevé que viré. » L'équipage retourne donc à l'avion pour se préparer.

Mais il faut attendre que le déchargement soit complètement terminé. Cela prend du temps...

Nouveaux séjours devant la machine à café !

À **11 heures**, les navigants s'installent une fois de plus aux commandes et repartent pour la Virginie.

Une heure de vol...

Une fois là-bas, il leur faut encore attendre. Les manutentionnaires n'ont pas terminé de décharger l'avion en panne. Lorsque c'est fait, il faut transférer la cargaison dans leur appareil. Encore près de trois heures perdues... Pas vraiment le temps de se reposer : le commandant de bord doit préparer un nouveau plan de vol pour Guantanamo. Il faut également surveiller le chargement de la soute, vérifier la météo. Encore quelques tasses de café pour garder les yeux ouverts !

Finalement, le DC 8 redécolle de Norfolk à **14 h 13 mn** à destination de Cuba... On peut imaginer l'état d'épuisement des trois hommes après toutes ces heures sans sommeil.

5. *D'après la réglementation FAR Part 121.505 qui régit les vols intérieurs aux USA, un pilote ne peut être en vol plus de 8 heures (ou être en service plus de 16 heures) pendant une période de 24 heures consécutives. En revanche, lors des vols internationaux qui sont régis par la FAR part 121.521, un pilote peut être en vol jusqu'à 12 heures pendant une période de 24 heures consécutives. L'équipage du DC 8 ayant effectué des vols intérieurs aux USA et se préparant à partir pour un vol vers Cuba, la compagnie peut jouer sur l'ambiguïté des deux réglementations.*

Il est **14 h 35 mn** lorsque le commandant de bord stabilise son avion à 33 000 pieds. Cela fait exactement vingt et une heures qu'il n'a pas dormi...

Le pire, c'est qu'il sait déjà qu'il ne pourra pas se glisser dans des draps avant de longues heures car l'avion ne doit pas rester à Guantanamo. Sitôt le déchargement terminé, il faudra encore effectuer le vol de retour jusqu'à Atlanta... L'équipage n'ose pas faire le calcul !

– *J'en ai vraiment ras le bol,* murmure-t-il à plusieurs reprises à l'attention de ses deux subordonnés.

Le vol jusqu'à Cuba se déroule sans incident. La météo est très bonne sur la route. Le pilote automatique est branché et les trois hommes s'efforcent de trouver un sujet de conversation pour ne pas céder à la fatigue. Dans l'enregistrement de la boîte noire, on les entend parler de pêche mais visiblement le cœur n'y est pas. Les descriptions de leurs prouesses pour attraper des truites sont ponctuées de longs silences pendant lesquels on a l'impression que tout le monde s'endort.

Vers **16 h 35 mn,** le DC 8 approche de Guantanamo. Pour le commandant, il est temps de faire un briefing sur la manière dont ils vont conduire l'approche. Aucun des trois navigants ne s'est encore jamais posé sur cette base.

Le pilote sort alors une fiche de percée et expose les principales difficultés de l'approche. Ce n'est pas facile ! L'arrivée sur l'enclave de Cuba présente des caractéristiques uniques dans les annales du transport aérien. En effet, du fait des contraintes politiques, l'équipage doit respecter certaines trajectoires avec la plus grande précision : il ne faut jamais pénétrer à l'intérieur de l'espace cubain car les risques y sont importants. En cas d'erreur, les castristes vont se déchaîner dans un battage médiatique insupportable pour dénoncer la violation de leur espace aérien. Ils seraient même capables de tirer sur l'appareil.

La procédure imposée par les contrôleurs militaires américains est donc très stricte. Il faut faire une approche « à vue ». C'est-à-dire en suivant des repères au sol : routes, miradors, châteaux d'eau, etc. Le lecteur a bien lu ! Les avions de ligne se posant à Guantanamo n'utilisent pas les balises radioélectriques habituelles. Pas de VOR, pas de radio-compas ou d'ILS, l'approche doit être faite en regardant dehors. En clair, le pilote doit trouver la piste en repérant un phare allumé sur le rivage, puis virer à la verticale pour passer en étape de base et trouver la piste. Du fait des dimensions réduites de la base, ces manœuvres doivent être effectuées avec des virages très serrés.

C'est le commandant de bord qui pilote l'avion ce jour-là. Le copilote s'occupe des communications radio avec le contrôle.

À 16 h 34 mn et 49 sec, le DC 8 est en contact avec le contrôleur radar de Guantanamo. Celui-ci confirme les instructions d'approche : pour éviter tout problème avec les Cubains, le pilote doit se débrouiller « en visuel ».

Dans un premier temps, il doit longer la côte sans approcher à moins de 12 milles nautiques[6]. Le DC 8 est le seul appareil dans le secteur et il n'y a donc pas de risques d'embouteillages à l'approche.

Au sol, le vent souffle du sud pour une dizaine de nœuds, ce qui signifie qu'il est plein travers[7]. C'est la piste 10[8] qui est en service, mais, du fait du vent de travers, le pilote peut choisir n'importe laquelle des deux pistes. À condition, évidemment, que le contrôleur soit d'accord.

16 h 35 mn et 01 sec (commandant) : *On va prendre la 28.*

16 h 35 mn et 07 sec (copilote) : *D'accord, je vais lui demander.*

6. 21 kilomètres. À cette distance, il se trouve en dehors de l'espace aérien cubain.
7. C'est très logiquement une brise de mer qui souffle vers la terre pendant la journée. Ce détail aura de l'importance par la suite.
8. Face à l'est.

Puis soudain, le commandant réfléchit et semble modifier quelque peu sa décision :

16 h 41 mn et 53 sec (commandant) : *On devrait faire une approche sur la piste 10 et se poser en 28. Ça nous permettrait de jeter un coup d'œil sur les environs... Oui, pourquoi on ferait pas ça... Juste pour voir comment elle est ! On leur dit qu'on fait une approche sur la piste 10 et si on rate notre coup, on remet les gaz et on revient pour la 28.*

En clair, le commandant souhaite d'abord faire un passage de reconnaissance au-dessus de la base. Ensuite, il envisage de faire un virage serré de 180 degrés pour revenir atterrir dans le sens contraire. Plutôt inhabituelle comme approche ! Elle pourrait convenir à un petit avion de tourisme sur un terrain d'aéro-club, mais elle est plus inattendue pour un appareil de 110 tonnes. En fait, le commandant ne sait pas vraiment comment s'y prendre. Il faut rappeler qu'il arrive dans une région qu'il ne connaît pas et dans un environnement hostile. Habitué à se fier à des instruments de navigation particulièrement précis, il a du mal à visualiser la trajectoire qui lui permettra d'amener son avion au sol sans risquer de passer chez les Cubains.

16 h 42 mn (copilote au commandant) : *D'accord, je vais demander à la tour.*

16 h 42 mn et 5 sec (copilote à la tour) : *AIA 808, nous allons nous présenter pour la piste 10.*

16 h 42 mn et 9 sec (contrôleur de Guantanamo) : *Roger AIA 808. Est-ce que vous souhaitez rentrer dans le circuit par la droite ou par la gauche ?*

La question est surprenante. Il est bien évident que d'après sa position au-dessus de la mer, le DC 8 ne peut pénétrer dans le circuit que par la droite. S'il le faisait par la gauche, cela l'obligerait à survoler le territoire cubain, avec toutes les conséquences que l'on sait. Pourtant, fatigue oblige, les trois hommes doivent s'entretenir quelques instants avant de répondre.

16 h 42 mn et 14 sec (commandant) : *Ils disent... heu... circuit à droite... euh... dans la fiche de... C'est tout ce qu'ils disent.*

L'explication est longue à venir...

16 h 42 mn et 20 sec (copilote pour le commandant) : *C'est à droite. Je suis sûr... Euh, c'est ce que j'ai vu... parce que de l'autre côté, il y a une colline là-bas. Ça pourrait te causer des problèmes dans la perception de la profondeur.*

16 h 42 mn et 24 sec (commandant) : *D'accord, on va par la droite. Demande quelle est la météo sur le terrain ?*

16 h 42 mn et 35 sec (copilote) : *J'appelle la tour.*

Aussitôt le copilote change de fréquence et contacte la tour de Guantanamo Bay.

16 h 42 mn et 26 sec (copilote) : *Bonjour monsieur... ici IAI 808. Est-ce qu'on pourrait avoir la dernière météo de chez vous ?*

16 h 42 mn et 37 sec (contrôleur de Guantanamo) : *Bonjour 808... la dernière de chez nous : on a quelques nuages épars à 10 000 pieds et une visibilité supérieure à 10 kilomètres.*

À cet instant du récit, il faut apporter une précision importante : le contrôleur qui vient de répondre sur la fréquence est un jeune stagiaire. Il est seul dans la grande cage de verre. On lui a confié la responsabilité de la tour de contrôle parce qu'il n'y a qu'un avion en approche et qu'il fait beau. Mais il ne connaît pas bien tous les éléments de la base de Guantanamo. Pas de chance pour l'équipage du DC 8 car le stagiaire ne va pas être en mesure de lui communiquer une information capitale...

L'approche vers la base aéronavale se poursuit. Le DC 8 perd de l'altitude. Alors qu'il approche de 10 000 pieds, le contrôleur rappelle pour fournir les derniers paramètres de l'atterrissage.

16 h 46 mn et 07 sec (contrôleur de Guantanamo) : *Je vous confirme que c'est la piste 10 en service, le vent est du 220 degrés pour 7 nœuds... Le QNH 29.97...*[9] *Rappelez-moi en passant le point « Alpha ».*

16 h 46 mn et 17 sec (copilote) : *IAI 808... Bien reçu... Euh, est-ce que vous pourriez nous confirmer où se trouve le point « Alpha » ?*

Nouveau problème... Le contrôleur vient de leur demander de trouver visuellement un repère au sol. Or, ce point « Alpha » ne figure sur aucune carte d'approche IFR. Comment l'équipage pourrait-il le trouver ? Il faudrait disposer immédiatement d'une carte de navigation VFR au 500 000e. Il n'y en a pas à bord de l'avion ! Et même s'il y en avait une, il n'est pas certain que les pilotes trouveraient immédiatement le point demandé. Pas facile de réagir vite quand on n'a pas dormi depuis autant d'heures.

Il y a quelques secondes de silence sur la fréquence comme si le contrôleur cherchait ses mots pour expliquer la position de ce point.

9. 29,97 pouces de mercure. Pression atmosphérique ramenée au niveau de la mer. Ce paramètre sert à caler les altimètres pour l'atterrissage. Les Américains utilisent le pouce de mercure comme unité de pression alors que les Européens utilisent l'hectopascal.

16 h 46 mn et 45 sec (contrôleur) : *Heu... Heu... C'est un point situé à l'est. Il doit être marqué « Echo » sur votre carte. Enfin, ça dépend de vos cartes.*

Un peu vague l'explication, pourtant l'équipage semble s'en satisfaire.

16 h 47 mn (contrôleur) : *IAI 808, on a bien reçu.*

Personne ne reparlera plus du point « Alpha » jusqu'au dénouement.

16 h 47 mn et 12 sec (contrôleur) : *Euh... IAI 808... Est-ce que vous ne préféreriez pas prendre la piste 28 ?*

La proposition du stagiaire n'est pas dénuée de bon sens. L'avion arrive de l'est, il semble donc logique qu'il se pose directement face à l'ouest en se présentant en longue finale pour la piste 28. Cela permettrait de gagner du temps. En fait, nous l'avons vu, c'est justement l'intention du commandant de se poser en 28, mais il ne semble pas avoir envie de l'annoncer tout de suite au contrôleur. Il veut avant tout faire un passage de repérage dans l'autre sens. Pourquoi tant de mystères ?

16 h 47 mn et 25 sec (commandant à l'intention de son second) : *Tu lui dis qu'on garde la 10...*

16 h 47 mn et 30 sec (copilote retransmettant les instructions) : *Euh, non, on va d'abord essayer la 10 en premier.*

À cet instant, le DC 8 se trouve à une soixantaine de kilomètres de l'aérodrome. Il est au-dessus de la mer, en dehors des eaux territoriales cubaines. Dans le poste de pilotage, ce n'est pas encore le stress de l'approche.

Calmement, le commandant demande à son copilote de lui lire la check-list préparatoire. La vitesse est réduite, les pompes sont mises en pression, les volets et les becs de bords d'attaque sont sortis. Quelques secondes plus tard, tous les paramètres sont affichés.

Les minutes passent... Personne ne prononce plus une parole. Seuls quelques ordres indispensables au pilotage de l'avion retentissent dans le cockpit. Un observateur attentif pourrait remarquer à quel point la fatigue est palpable chez les acteurs de ce drame.

16 h 52 mn et 03 sec (contrôleur de Guantanamo) : *IAI 808, je vous rappelle que l'espace aérien cubain commence à trois quarts de miles* [10] *à l'ouest de la piste. Vous devez absolument rester à l'intérieur du secteur limité par un phare à éclats.*

16 h 52 mn et 17 sec (copilote) : *Roger, nous allons essayer de trouver ce phare à éclats...*

À partir de maintenant, l'avion va devoir longer la côte vers l'ouest tout en restant soigneusement sur la mer. Puis, au moment où l'équipage apercevra le phare, il devra virer par la droite afin de rentrer dans la branche du circuit appelée « étape de base ». La piste se trouvera alors sur sa droite et il lui faudra faire un nouveau virage à droite pour se mettre dans l'axe d'atterrissage.

C'est au cours de cette dernière phase d'approche que le pilote doit être particulièrement vigilant. Surtout ne pas dépasser le phare car il délimite la frontière cubaine. La manœuvre est d'autant plus délicate que la distance restante pour stabiliser l'avion en finale est très courte. En général, un

10. Environ 1,2 kilomètre (le contrôleur parle en unité routière « satute miles » qui vaut 1,609 km).

avion de ligne se met dans l'axe de la piste une dizaine de kilomètres avant d'atterrir. Cela laisse du temps à l'équipage pour soigner son plan de descente et rester aligné. À Guantanamo, les avions ne disposent que d'un kilomètre pour s'aligner. C'est peu. Le DC 8 est un gros avion. Autant faire évoluer un semi-remorque dans une ruelle encombrée.

En outre, il y a un problème imprévu... Le phare à éclats est monté sur le sommet d'un mirador au bord du rivage. En temps normal, il n'est déjà pas très facile à apercevoir mais aujourd'hui, c'est carrément impossible car il ne fonctionne pas.

Il est en panne !

Et le pire, c'est que le contrôleur stagiaire ne le sait pas. Il y a bien un superviseur qui est au courant du problème, mais celui-ci est en train de discuter au pied de la tour de contrôle. Et il n'a pas jugé utile d'en informer son stagiaire.

Pendant ce temps-là, dans le poste de pilotage, les trois hommes écarquillent les yeux pour tenter d'apercevoir les éclats d'un phare hors service. Comme si cela ne suffisait pas, le commandant est assis à gauche dans le cockpit. Comment pourrait-il voir un repère qui se trouve sur la droite de l'avion ?

S'il ne le voit pas, il ne vire pas... Et s'il ne vire pas, il pénètre chez les Cubains ! Pour compliquer les choses, il a placé l'avion un peu trop près de la côte... Sans doute par crainte de ne pas apercevoir le phare, mais cela va l'obliger à serrer son virage encore plus fort.

Et c'est justement ce que redoute le copilote :

16 h 52 mn et 25 sec (copilote) : *Si j'étais toi, je me laisserais un peu de marge pour pouvoir continuer tout droit pendant l'étape de base. Il vaudrait mieux garder un peu de distance sur l'eau... parce que tu vas devoir virer serré.*

16 h 52 mn et 37 sec (commandant) : *C'est bon comme ça. Ouais... C'est bon comme ça... Je vais serrer le virage... Sors le train.*

Étrange approche où rien n'est précis et où l'équipage doit se diriger un peu au hasard. Pas vraiment ce qu'on a l'habitude de voir en aéronautique. Et les choses vont aller de mal en pis...

16 h 52 mn et 45 sec (commandant) : *J'ai du mal à me repérer. Tu vois la piste ?*

16 h 52 mn et 48 sec (copilote) : *Je crois que c'est les bâtiments de la base juste là-bas, mais je ne vois pas la piste.*

En fait, l'avion est en train de longer la bande d'atterrissage par le travers et celle-ci n'est pas très visible.

Du coup, le pilote va commencer son virage un peu au hasard sans rien apercevoir.

À partir de cet instant, le DC 8 a le cap vers la côte pour rentrer en étape de base. Il est à 90 degrés de la piste et c'est maintenant que les choses vont se compliquer.

Préoccupé par la recherche du repère, le pilote va négliger certains paramètres vitaux.

C'est au niveau de la vitesse de son avion qu'il va commettre des erreurs :

16 h 52 mn et 57 sec (commandant) : *Les volets 50 degrés.*

16 h 53 mn et 28 sec (commandant) : *Où il est ce phare ?*

16 h 53 mn et 29 sec (mécanicien navigant) : *Juste là-bas !*

C'est le mécanicien navigant qui semble l'avoir aperçu. Difficile de savoir si c'est vraiment le bon repère où s'il confond avec un autre mirador car il y en a plusieurs sur la plage et aucune lumière ne vient le confirmer.

16 h 53 mn et 31 sec (commandant) : *Où ça ?*

16 h 53 mn et 33 sec (copilote un peu énervé) : *Juste à l'intérieur, là. Juste à l'intérieur, là...*

Peu à peu, l'ambiance dans le cockpit devient surréaliste. Difficile d'imaginer qu'on est dans un avion de ligne. On se croirait dans une grosse berline… Le chauffeur est perdu et tous les membres de la famille donnent leur avis pour indiquer la rue à prendre.

Du coup, le pilotage du DC 8 devient fantaisiste.

16 h 53 mn et 35 sec (mécanicien navigant) : *Tu sais que ta vitesse n'est pas bonne, là ?*

Mais le commandant ne semble pas entendre l'avertissement de son ingénieur mécanicien. Obnubilé par la recherche du phare, il commence à s'énerver :

16 h 53 mn et 37 sec (commandant) : *Où est ce putain de phare ?*

16 h 53 mn et 37 sec (copilote) : *Juste-là en dessous !*

16 h 53 mn et 41 sec (commandant) : *Je ne le vois toujours pas…*

16 h 53 mn et 42 sec (mécanicien navigant) : *Bordel, on va jamais y arriver.*

Fatigue… Énervement… La tension vient brusquement de monter d'un cran dans le poste de pilotage. Visiblement, tout le monde est en train de stresser. Ce ne sont pas les conditions idéales pour débuter une approche complexe.

Le mécanicien navigant est certain d'avoir aperçu le repère, le copilote aussi et ils ne comprennent pas que leur patron ne l'ait pas encore vu. C'est d'autant plus important que la frontière est maintenant toute proche. Poussé par le vent du sud, l'avion avance vite. Il va falloir entamer le virage serré par la droite pour ne pas rendre visite aux Cubains.

16 h 53 mn et 45 sec (commandant) : *Mais où tu le vois ce phare ?*

16 h 53 mn et 48 sec (copilote) : *Mais là... Juste-là.*

16 h 53 mn et 57 sec (commandant) : *Bon sang Tom... Où est le phare ?*

À ce moment, le copilote remarque lui aussi que la vitesse est faible [11] et qu'il va falloir balancer l'avion d'un seul coup à droite pour le mettre dans l'axe. La manœuvre doit lui paraître tangente car il ne peut s'empêcher de manifester son inquiétude :

16 h 53 mn et 57 sec (copilote) : *Tu penses vraiment que tu vas pouvoir te poser comme ça ?*

16 h 53 mn et 58 sec (commandant) : *Ouais...*

On comprend bien qu'à mesure que les secondes passent, le doute envahit le copilote. Il est évident que le commandant n'a pas aperçu le repère et qu'il ne sait pas vraiment où il est.

Au sol, des dizaines d'yeux observent l'approche un peu erratique de l'avion. Côté cubain, c'est la routine. Quelques militaires zélés suivent l'arrivée à la jumelle. Ils ont pour consignes de noter systématiquement le type de l'appareil, le nom de la compagnie et son immatriculation. Dans le cas du DC 8, l'immatriculation N 814CK est écrite sous la dérive en lettres de très

11. *Poussé par le vent du sud, l'avion a une vitesse forte par rapport au sol, mais sa vitesse indiquée par rapport à la masse d'air est faible.*

petites dimensions et il est probable que les observateurs ne pourront pas la voir.

Sur la base américaine, une vingtaine de témoins au sol assistent à l'approche. Les connaisseurs comprennent vite que le gars là-haut a des difficultés. Parmi ceux-ci, se trouve l'équipage d'un Hercules C-130 de l'US Navy. Le gros avion de transport militaire est garé sur le parking.

Intrigués par la manœuvre audacieuse de l'arrivant, les navigants lèvent les yeux. L'un des pilotes se souvient même avoir murmuré que le type était « plutôt gonflé » de serrer son virage de cette manière.

Alors que le DC 8 est à une hauteur d'environ 1 000 pieds [12], il se dit même que c'est la première fois qu'il voit un avion de cette taille prendre une inclinaison aussi forte. Puis, il réalise que le type est en train de rater l'axe de la piste. C'est pour cette raison qu'il serre encore davantage son virage. Le vent du sud ne lui facilite pas la tâche puisqu'il accentue encore la tendance à dépasser l'axe. Alors que l'avion arrive à 600 pieds [13], son inclinaison atteint 50 degrés...

Certains au sol ricanent ouvertement : c'est sûrement la première fois que le gars vient à Guantanamo...

Et justement, dans le poste de pilotage, les gouttes de sueur commencent à perler. En effet, le commandant est obligé d'incliner l'avion toujours plus pour ne pas pénétrer l'espace cubain. Or, un DC 8 n'est pas un avion de voltige. C'est un appareil de près de 110 tonnes qui a beaucoup de mal à évoluer dans un espace d'un kilomètre de côté.

Ça devient très chaud !

On peut résumer la situation ainsi : devant l'avion, c'est Cuba... À gauche, c'est Cuba... À droite, il y a la piste américaine, mais elle est très proche... Beaucoup trop proche... Pour

12. 300 mètres.
13. 200 mètres.

s'y poser, il faut perdre de la hauteur et réussir à se mettre dans l'axe du premier coup. C'est loin d'être gagné.

16 h 54 mn (commandant) : *Si j'arrive à voir le phare...*

16 h 54 mn et 01 sec (copilote) : *Tu es à 500 pieds... Tu as l'air bien placé.*

500 pieds ! C'est à peine 150 mètres. Pas très haut pour contrôler un virage aussi serré et pour en sortir dans l'axe... Les choses vont être d'autant plus difficiles que l'avion est maintenant en train « d'overshooter » la piste. En clair, le pilote a viré trop tard et il va dépasser l'axe. Une erreur classique que commettent tous les élèves pilotes lors de leurs premiers tours de piste. Pourtant, le commandant semble avoir confiance en lui.

Il a tort...

16 h 54 mn et 06 sec (mécanicien navigant) : *Fais gaffe... Surveille ta vitesse.*

À cet instant, l'indicateur de vitesse commence à chuter. La vitesse d'approche devrait être de 147 nœuds[14]. Il est en réalité de 139 nœuds[15]. C'est beaucoup trop faible[16]. Au même moment, l'avertisseur de décrochage commence à retentir dans le cockpit. Klaxon d'alarme lugubre qui devrait inciter le commandant à rendre la main. L'avion est lourd... Sa vitesse est faible.

Il est maintenant incliné à 55 degrés et le facteur de charge augmente. Il faudrait relâcher la traction sur le manche. Remettre les ailes horizontales. Le problème, c'est que si le

14. 272 km/h.
15. 257 km/h.
16 À cet instant, le DC 8 est incliné à 55 degrés. Le facteur de charge qui est fonction de l'inclinaison monte alors à 1,7 g. Dans ces conditions, la vitesse de décrochage augmente jusqu'à 143 nœuds. Comme l'avion n'est qu'à 139 nœuds, il décroche.

pilote fait ça, il va rentrer dans la zone interdite. La fatigue, la nuit blanche et les heures de vol faussent complètement son jugement. Il veut absolument réussir à se mettre en finale du premier coup. Il veut se poser à tout prix. Il semble avoir oublié qu'il avait parlé de faire un simple passage de reconnaissance.

16 h 54 mn et 10 sec (mécanicien navigant) : *Gaffe... Avertisseur de décrochage. Gaffe !!!*

16 h 54 mn et 11 sec (commandant) : *Ça va, je le tiens.*

16 h 54 mn et 12 sec (copilote un peu inquiet) : *Avertisseur de décrochage.*

Aucun doute à cet instant, le virage est très mal engagé. L'avion est sur le point de décrocher. La portance devient insuffisante. Ça va mal... Il n'y a plus qu'une solution : redresser les ailes et pénétrer en territoire cubain.

16 h 54 mn et 12 sec (mécanicien navigant d'une voix aiguë) : *Avertisseur de décrochage...*

Malgré les difficultés évidentes, le commandant est persuadé qu'il va réussir à se mettre dans l'axe. Alors qu'il lui faudrait redresser l'avion, il augmente encore l'inclinaison qui atteint cette fois 60 degrés.

À 200 pieds [17] du sol !

Et comme l'avion refuse de se mettre dans l'axe de la piste, le pilote veut l'y pousser de force en mettant le pied à droite pour braquer la gouverne de direction. Le résultat est que l'appareil vole maintenant avec une dissymétrie importante. C'est fortement déconseillé surtout lorsque la vitesse est faible.

17. 60 mètres.

Au sol, l'équipage du C 130 voit nettement le nez du DC 8 se braquer vers la droite. À cet instant, ils frémissent en voyant cet énorme appareil incliné à 60 degrés si près du sol. Il est évident que le pilote ne parviendra pas à se remettre dans l'axe de la piste. Il est trop déporté sur la gauche.

Mi-amusé, mi-effrayé, le « maître-chargeur » du C 130 ne peut retenir une plaisanterie :

– Ce type là-haut doit remettre les gaz ou autrement il va atterrir sur le parking.

16 h 54 mn et 13 sec (commandant) : *Je le tiens... Les gaz réduits.*

En fait, l'homme ne tient rien du tout... Il tente de ramener les ailes à l'horizontale, mais l'avion est toujours en forte dissymétrie. À la seconde même où il demande de réduire les gaz, on entend le copilote hurler :

16 h 54 mn et 13 sec (copilote) : *Puissance max... Puissance max...*

Les 110 tonnes de métal s'enfoncent vers le sol. L'avion n'a pas assez de vitesse. Il est en train de décrocher. Le vibreur de manche se déclenche pour inciter le pilote à « rendre la main ». À cet instant, la vitesse est à seulement 136 nœuds. Il faut diminuer l'incidence qui est trop forte.

Comme on pouvait s'y attendre, c'est l'aile droite qui vibre la première...

Elle est sur le point de décrocher. En fait, c'est un véritable départ de vrille qui se prépare.

Les enquêteurs ont établi qu'à cet instant précis le commandant de bord dispose encore de cinq petites secondes pour rétablir la situation.

Il faudrait ramener les ailes à l'horizontale et pousser sur le manche.

L'homme ne réagit pas.

Les cinq secondes passent en un éclair. Et il est trop tard… Malgré les quatre réacteurs qui hurlent à pleine puissance, la vitesse continue à chuter. D'un seul coup, l'aile droite s'enfonce et le DC 8 se retrouve sur la tranche.

La panique submerge l'équipage.

16 h 54 mn et 15 sec (cri non identifiable) : *Merde… Attention, il s'en va… Il s'en va…*

16 h 54 mn et 16 sec (non identifiable) : *Oh non !*

16 h 54 mn et 17 sec : dans le poste de pilotage, c'est brusquement une cacophonie de cris et de hurlements de terreur. L'aile droite vient de toucher le sol. Elle se brise comme du verre.

L'avion s'écrase au nord de l'axe de la piste. La boule de feu est énorme... Des flammes jaillissent de partout. De manière étonnante, l'appareil se brise nettement en deux au niveau du premier tronçon juste derrière le cockpit. La partie comprenant le poste de pilotage est projetée loin sur l'avant.

À 16 h 54 mn et 20 sec, l'enregistrement du *cockpit voice recorder* s'arrête.

Les énormes camions de pompiers de l'US Navy arrivent sur les lieux moins de deux minutes après le crash. Le carburant a mis le feu à la végétation alentour et tout le secteur est en flammes. C'est l'enfer…

Le nez de l'avion se trouve à 427 mètres du seuil de la piste. Il a été cisaillé net et gît en position inversée… D'instinct, les sauveteurs dirigent leurs puissantes lances d'incendie vers ce morceau de ferraille déformé et parviennent à éteindre rapidement les flammes.

Lorsqu'ils examinent les débris quelques instants plus tard, ils ont une surprise de taille : les trois hommes d'équipage sont à l'intérieur. Ils sont encore attachés à leur siège et *ils sont vivants.*

Malgré de graves blessures, ils survivront tous les trois.

Les enquêteurs n'auront aucune difficulté à déterminer les causes de la catastrophe. Les trois hommes étaient dans un état de fatigue tel qu'ils étaient incapables de raisonner sainement. C'est surtout le commandant de bord qui présentait des signes réels d'épuisement. L'enquête révélera qu'il avait travaillé pendant exactement 23 h 30 avant que l'accident ne survienne. Pire, on découvrira que les deux nuits précédentes, il était également aux commandes de son avion et qu'il n'avait dormi que six heures au cours de l'après-midi du 17 avril.

Le plus incroyable, c'est que si le DC 8 s'était posé normalement à Cuba, l'équipage serait reparti pour Atlanta sitôt la cargaison déchargée[18]. À leur atterrissage final en Georgie, le commandant aurait été en service pendant plus de *27 heures consécutives.*

Aberrant !

Plusieurs pilotes témoignèrent que ce n'était pas la première fois que la compagnie leur demandait d'effectuer autant d'heures de vol sans se reposer.

Les trois hommes aux commandes du DC 8 étaient très expérimentés, le commandant de bord totalisait à lui seul plus de 20 000 heures de vol. L'avion était en parfait état. Seuls les hommes n'étaient pas vraiment en état de piloter.

18. *Pour contourner la réglementation de la durée du temps de travail, la compagnie avait prévu de ramener l'avion aux USA en s'abritant derrière la réglementation Part 91. L'avion revenant à vide, il n'était pas considéré comme un vol commercial. C'était un vol de « convoyage ». Dans ce cas, l'équipage n'était soumis à aucune limite de temps de travail. Et le « compteur des heures de vol était remis à zéro. »*

LE PILOTE FAIT UN TONNEAU

Tous les pilotes doivent subir régulièrement des tests en vol afin de vérifier leur aptitude aux commandes. Aux États-Unis, ces tests sont appelés « Competency/Proficiency Checks ». *Ils ont généralement lieu tous les six mois et sont incontournables pour proroger la licence de l'intéressé*[1]. *Aucun navigant ne subit ces examens avec plaisir car il y a toujours un risque de se voir recalé et de se retrouver au chômage.*

Pour des raisons bien compréhensibles, ces vols sont réalisés sur le type d'avion utilisé par le pilote. En outre, bien souvent, il n'y a aucun passager à bord. Heureusement, car dans le cas décrit ci-après, les choses ont plutôt mal tourné.

1. Selon le type et la qualification, ces tests sont valables six mois, un an ou deux ans.

28 avril 1994.

L'avion est un Beechcraft C 99 « Airliner » appartenant à GP Express. C'est un gros biturbopropulseur utilisé par les compagnies aériennes régionales. Le décollage a lieu à partir de l'aéroport de Grand Island dans le Nebraska. Le pilote qui doit subir l'examen a été convoqué à 23 heures pour un vol qui doit s'effectuer de nuit. Le mot « convoqué » est d'ailleurs un bien grand mot car, ce soir-là, l'examinateur est un de ses meilleurs amis. Les deux hommes travaillent dans la même compagnie aérienne, ils sortent souvent ensemble, ils ont des loisirs communs et leurs femmes sont également des amies de longue date.

D'un point de vue professionnel, ils sont tous les deux parfaitement notés et ont la réputation de faire partie des meilleurs pilotes de GP Express. D'ailleurs, leur profil de carrière est étonnamment semblable.

Celui qui doit être testé ce soir a 29 ans. Il est pilote de ligne et possède une qualification d'instructeur sur Beechcraft C 99 et BE 1900. L'examinateur a 28 ans, il est également pilote de ligne et possède une qualification d'instructeur sur Beechcraft C 99 et BE 1900.

Leurs parcours professionnels sont si semblables qu'il est fort probable qu'un jour prochain les rôles seront inversés. Ce sera au tour du pilote de contrôler le « testeur » assis aujourd'hui à la place droite.

Échanges de bons procédés et retour d'ascenseur !

En temps normal, un test comprend des exercices précis. Ceux-ci sont répertoriés dans un programme officiel que le testeur emmène dans l'avion. Dans son rapport final, il doit préciser quelles questions ont été posées au pilote et quelles notes ont été attribuées. Il doit conclure son rapport par une observation sur les qualités et les défauts du candidat. Ainsi, six mois plus tôt, au cours du dernier « check » concernant son ami, le testeur a écrit : « *Excellent pilote, très compétent, très calme, possédant une connaissance tout à fait exceptionnelle des systèmes.* »

Difficile de faire mieux !

Pour ce soir, il est bien évident que le testeur n'a aucune intention de martyriser son copain. Il va donc recommencer ce qu'il a fait la dernière fois et attendra d'être au sol pour rédiger un rapport particulièrement favorable.

L'avion décolle de Grand Island à **23 h 40 mn**… L'équipage n'a pas déposé de plan de vol. Il en a parfaitement le droit puisque ce vol n'est pas commercial et que les conditions météorologiques sont excellentes.

Une fois en l'air, le pilote doit simplement vérifier avec les contrôleurs de Minneapolis que ceux-ci ont un bon contact radar avec l'avion.

Ensuite, il peut se déplacer librement dans la région sans être astreint à suivre une route précise, ni même à signaler sa position.

L'atmosphère est plutôt « cool » dans le poste de pilotage du C-99. Rien à voir avec ce qui se passe généralement au cours de ce genre de test. Aucune angoisse…

Le pilote n'est pas tendu. Pourquoi le serait-il ? Son ami ne lui demande rien. Pas de questions techniques, pas de manœuvres de sécurité particulières, aucun piège pour vérifier ses connaissances des systèmes de l'avion. Il peut piloter à sa guise et prendre le cap de son choix.

D'ailleurs, à peine les roues ont-elles quitté le sol que la conversation s'oriente sur… la beauté du paysage dans la nuit. Il est vrai que la visibilité est exceptionnelle ce soir-là. On aperçoit distinctement les lumières scintillantes de la ville d'Hastings située à 40 kilomètres vers le sud. C'est superbe.

Et puis il y a ce gigantesque ruban de lumière qui s'étire sur plus de 150 kilomètres entre Grand Island et Hastings… C'est la ligne droite interminable de l'Highway 80 avec les phares des voitures qui rentrent en direction de Lincoln.

– C'est marrant, il y a encore du monde sur la route à cette heure, lance le pilote d'une voix étonnée.

– Ouais, ils vont sûrement faire la fête...

C'est le testeur qui a répondu d'une voix lointaine. Il est probable que l'homme a la tête appuyée contre la glace latérale du cockpit et qu'il regarde lui aussi les lumières scintiller dans l'obscurité. Il y a une étrange tonalité dans sa voix. On croirait y deviner une certaine mélancolie. En fait, les deux hommes vont devoir passer une heure en vol. Que vont-ils faire pendant tout ce temps puisqu'il est hors de question de travailler réellement ? Pourquoi se fatigueraient-ils ?

Ils sont les seuls employés de la compagnie à être encore « au boulot » à cette heure tardive. Le dernier vol commercial de GP Express s'est posé il y a plus d'une heure et, comme d'habitude, tous les bureaux ont fermé leur porte sitôt le dernier passager débarqué.

Tout est maintenant désert dans l'aérogare. Dans trois quarts d'heure, lorsque les deux hommes atterriront, il n'y aura plus un seul mécanicien pour les recevoir au parking. Ils n'auront qu'à laisser l'avion au pied du terminal et rentreront chez eux sans rencontrer âme qui vive.

Alors que le C-99 atteint une hauteur de 2 000 pieds [2], le pilote décide de se stabiliser en croisière. Ce n'est pas très haut, mais il n'y a pas d'obstacles dans la région. Le Nebraska n'est qu'une immense plaine sans la moindre colline.

Un léger virage à droite, un autre à gauche... Le pilote hésite... Visiblement, il ne sait pas quoi faire de son temps. Alors, il regarde de nouveau le paysage qui défile sous les ailes. Dans le lointain, vers l'est, on devine maintenant une lueur diffuse. C'est Lincoln, la capitale de l'État. C'est par là que

2. 600 mètres.

convergent des dizaines de routes et de voies ferrées. Vues du ciel, on dirait une gigantesque toile d'araignée lumineuse.

Pour résumer la situation, il n'y a pas trois minutes que le C-99 a décollé et les occupants de l'appareil commencent à se dire qu'il va falloir trouver quelque chose pour tuer le temps pendant une heure.

Que faire ?

Le pilote va alors faire preuve d'une imagination étonnante... Pour commencer, il se connecte sur la fréquence d'une station de radio locale diffusant de la musique *« country »*. En quelques secondes, l'ambiance change radicalement dans le cockpit. On se croirait soudain dans un bar branché de Lincoln. Les navigants se mettent à frapper dans leurs mains pour accompagner le chanteur qui gratte son banjo sur la fréquence. On imagine la réaction de passagers s'ils voyaient les deux hommes aux commandes en train de se distraire de cette manière !

Puis la chanson se termine et l'animateur annonce qu'il va diffuser un morceau des années 1980. Pas vraiment un tube ! La mélodie est beaucoup plus langoureuse et, du coup, l'ambiance chute brutalement dans le poste de pilotage.

– *Je n'aime pas celle-là,* annonce le pilote en baissant sensiblement le volume de la « sono ».

– *You're right... This is shit !*

La radio continue à diffuser de la musique en sourdine mais on l'entend moins. Il y a alors comme un vide dans le cockpit et les deux hommes cherchent à s'occuper autrement. Encore une fois, c'est le pilote censé passer l'examen qui va prendre les choses en main et proposer une nouvelle forme de divertissement.

Pour bien comprendre ce qui va alors se passer dans le cockpit, il faut écouter la bande du *cockpit voice recorder* qui a immortalisé les dernières minutes du vol. Rappelons qu'au cours de cet « examen », c'est normalement le testeur qui décide des exercices à réaliser en vol. Nous allons voir qu'en réalité, il est totalement passif. C'est le pilote aux commandes qui prend la direction des opérations.

Inoubliable !

23 h 45 mn et 21 sec (pilote) : *Dis-moi, on pourrait peut-être sortir du programme officiel de ce soir ?*

23 h 45 mn et 22 sec (examinateur) : *Si tu veux.*

23 h 45 mn et 51 sec (pilote) : *Et si on se faisait des « 8 paresseux » en C-99 ?*

Le « 8 paresseux » est une manœuvre de perfectionnement pour les jeunes pilotes. C'est une succession de virages effectués en montée puis en descente. L'avion décrit lentement une trajectoire qui ressemble au chiffre « 8 » (d'où son nom). C'est un travail de pilotage relativement simple que l'on peut effectuer sur la plupart des avions légers. Pas vraiment impressionnant, le « 8 paresseux » demande pourtant une certaine coordination aux commandes. Les élèves pilotes l'apprennent parfois au cours de leur formation, mais, la plupart du temps, les instructeurs le négligent car ils ne lui trouvent pas vraiment d'intérêt. C'est juste un exercice d'entraînement qu'on n'utilise jamais en vol commercial. Il y a une raison simple à cela : ça ne sert à rien... personne n'a jamais besoin de faire un « 8 » avec un avion de ligne. De toutes les façons, il faut incliner fortement l'appareil et les passagers ne le supporteraient pas.

En outre, c'est une manœuvre qui s'exécute de jour, jamais de nuit. Bien évidemment, le *« lazy eight »* n'est pas prévu au programme du *« Proficiency Check »* de ce soir. Qu'importe ? Le pilote décide d'improviser et il se lance dans une évolution qui laisse le testeur bien silencieux. L'avion décrit la trajectoire en forme de « 8 » puis revient en ligne droite.

Apparemment, le gars doit être satisfait de ce qu'il vient de faire car il recommence immédiatement : une seconde fois, puis une troisième...

Pendant les manœuvres, les moteurs du C-99 sont sollicités au maximum et cela se remarque... Malgré la nuit, certains témoins au sol entendent les turbopropulseurs rugir sous les efforts. Certains voient même les feux de position aux bouts des ailes monter et descendre, attestant que l'avion effectue des évolutions plutôt inhabituelles. Pendant trois minutes, le pilote exécute une série de « 8 paresseux » comme s'il cherchait à se dégourdir avant de passer à des choses plus sérieuses.

Car, apparemment, il a d'autres idées en tête :

23 h 49 mn et 16 sec (pilote) : *Tu sais, c'est comme un rêve de voir la terre tourner dans tous les sens puis revenir à sa place...*

Le pilote vient de parler de « terre qui tourne dans tous les sens ». En fait, il est en train de proposer carrément à son testeur de voir ce que cela donne lorsque l'on fait passer l'avion *sur le dos.*

Le lecteur a bien lu... Cette fois, on change totalement de registre. Le « 8 paresseux » était une banale manœuvre de perfectionnement, il en va tout autrement du vol « inversé ». Il s'agit d'une figure de voltige. Elle est réservée à certains types d'avions de sport conçus spécialement pour résister aux « g ». Ce sont des appareils très solides, dotés de moteurs surpuissants et de commandes extrêmement nerveuses. Des Formules 1 de l'air... La plupart de ces machines sont des monoplaces, parfois des biplaces, mais ce ne sont jamais des avions de transport de passagers. En outre, les pilotes doivent être attachés avec des harnais d'épaules spéciaux adaptés à l'acrobatie. Le C-99 est équipé de ceintures à enrouleurs, il y a un bar à bord, des bouteilles, des toilettes. Pas vraiment ce qu'il faut pour la voltige ! La proposition du pilote est démente...

N'importe quel navigant raisonnable la repousserait avec fermeté. Pourtant, loin d'être effrayé, le testeur veut en savoir plus.

En fait, il croit un peu naïvement que son ami est un expert en voltige.

23 h 49 mn et 31 sec (examinateur) : *Comment est-ce qu'on pourrait faire ?*

23 h 49 mn et 33 sec (pilote) : *En faisant exactement ce qu'on vient de faire, mais en continuant l'action sur le manche beaucoup plus longtemps.*

En quelques mots, le pilote vient d'expliquer qu'il suffit de commencer la figure comme un « 8 paresseux » puis de poursuivre les actions sur les commandes plus longtemps pour que le C-99 se retrouve sur le dos.

23 h 49 mn et 36 sec (examinateur) : *Tu as déjà fait ça ?*

23 h 49 mn et 37 sec (pilote) : *Non...*

23 h 49 mn et 39 sec (examinateur) : *Moi non plus... Je n'ai même jamais fait de tonneau avec un avion.*

23 h 49 mn et 42 sec (pilote) : *Tu n'as jamais fait de tonneaux avec un avion ???*

23 h 49 mn et 43 sec (examinateur) : *Négatif...*

23 h 49 mn et 45 sec (pilote) : *Eh ben merde alors... Jamais fait de tonneaux avec un C-99 !!!*

Cette fois, la conversation est en train de prendre une tournure délirante. Comment un pilote peut-il se vanter devant un collègue d'avoir fait des tonneaux [3] avec un petit avion de ligne ? Vantardise ? Même si c'était le cas, ce serait déjà un manque de professionnalisme de parler de cette manière. Le pilote ressemble à un adolescent qui cherche à épater un copain sur ses exploits en rollers. Le pire, c'est que ça marche ! Le testeur est ébahi par le discours. C'est d'autant plus facile qu'il n'a aucune expérience acrobatique.

Étrange situation où le candidat a totalement pris l'ascendant sur son examinateur.

23 h 49 mn et 51 sec (examinateur) : *Et tu l'as fait dans un 402 [4] ?*

23 h 49 mn et 52 sec (pilote) : *Non, je l'ai fait sur des Cessna 152 et des 172. C'était quand je donnais des leçons d'instruction et que je savais que c'était l'heure de terminer. Mais tu sais, ces avions sont de vrais veaux. Ça ne tourne pas bien du tout... On faisait des tonneaux aux ailerons [5], mais on avait l'impression de faire ça à coup de manivelles. Ça tournait plutôt difficilement. Le tonneau barriqué, c'est beaucoup plus facile sur... euh... Ils n'ont pas un capot assez long pour faire de beaux tonneaux barriqués. Le 172 n'est pas trop mauvais...*

Le pilote vient d'expliquer que lorsqu'il était instructeur sur des petits avions-école, il faisait régulièrement des tonneaux avec ses élèves. Quel bel exploit que de montrer des évolutions

3. *Un tonneau est une rotation de l'avion autour de son axe de roulis. Elle est comparable au mouvement que fait une voiture qui passe sur le toit. Il existe de nombreuses sortes de tonneaux : tonneaux sur axe, barriqués, à facettes, lents, super lents, verticaux, etc. L'auteur de cet ouvrage est instructeur de voltige et considère que les tonneaux font partie des figures les plus difficiles à réaliser correctement.*
4. *Cessna 402. Un bimoteur utilisé par les compagnies régionales.*
5. *Un tonneau « aux ailerons » amène l'avion sous facteurs de charge négatifs. Il est aberrant de se vanter d'avoir réalisé cette figure sur un Cessna car le moteur s'arrête automatiquement lorsque l'avion passe sur le dos.*

interdites à un stagiaire ! Que penserait-on d'un moniteur d'auto-école qui apprendrait à ses candidats à rouler à 160 km/h en ville ? Visiblement, le gars adore épater la galerie... Et il ne semble pas conscient des risques qu'il a pris en faisant ces démonstrations sur des appareils inadaptés à la voltige [6]. Par ailleurs, ses propos montrent qu'il est tout à fait incompétent dans cette discipline. Son explication sur « les Cessna qui n'ont pas un capot assez long pour faire des tonneaux barriqués » ne veut absolument rien dire. Tout cela n'est que du charabia d'amateur...

Il y a un autre danger plus sournois à faire de la voltige avec un avion non homologué : c'est une véritable menace pour les passagers qui voleront plus tard à bord de l'appareil. Une sorte de bombe à retardement ! En effet, l'acrobatie provoque des contraintes terribles sur la cellule d'un avion. La violence des accélérations peut engendrer des fatigues du métal. Une aile peut se détacher plusieurs mois plus tard et la catastrophe restera inexplicable.

Aucun doute, l'homme en place gauche est irresponsable et ne mérite pas ses galons de commandant de bord.

Le plus inquiétant, c'est que l'examinateur à sa droite semble favorablement impressionné par ses paroles et qu'il va se laisser convaincre de tourner un tonneau barriqué. Rappelons qu'il est presque minuit et que l'avion est à seulement 600 mètres du sol.

Avant de commencer sa « démonstration », le pilote se lance dans une explication technique sur la manière dont il va réaliser la figure (le tout sur un fond sonore de musique *« country »...*).

Et puis, au bout d'un instant, il joint le geste à la parole et prend fermement les commandes :

23 h 50 mn et 05 sec (pilote) : *Juste comme ça. Tu lui laisses descendre le nez...*

6. Les deux appareils qu'il cite (Cessna 152 et 172) sont deux avions certifiés en catégorie « utilitaire », ce qui exclut toutes les manœuvres acrobatiques sans exception.

D'un geste brutal, il affiche plein gaz sur les deux turbopropulseurs. Puis il pousse franchement le manche vers l'avant afin d'augmenter la vitesse. Le testeur se contente de le suivre docilement en laissant les mains sur le manche.

L'aiguille du badin augmente vers 270 nœuds[7].

23 h 50 mn et 09 sec (pilote) : *Voilà, comme ça, je crois qu'on a assez de vitesse.*

Le problème, c'est que pour prendre de la vitesse le C-99 perd de la hauteur. Il est maintenant aux environs de 1 300 pieds[8]. C'est terriblement bas ! Même si le pilote disposait d'un véritable avion de voltige, ce serait à peine suffisant pour tenter une figure. Comme il ne voit rien, il ne se rend pas vraiment compte à quel point le sol est proche...

23 h 50 mn et 15 sec (pilote) : *On a assez de vitesse. On y va maintenant. Tu commences juste par tirer comme ça. Relève le nez comme ça...*

Cette fois, c'est parti... On est en train d'assister à une superbe leçon de voltige donnée par un incompétent... sur un avion de transport... à basse altitude... et en pleine nuit. À ce petit jeu, les chances de décrocher le gros lot sont très fortes.

23 h 50 mn et 28 sec (pilote) : *Débrouille-toi pour garder des « g » positifs. Arrondis... Pas trop serré.*

Au sol, un témoin aperçoit des lumières « bleues et rouges »[9] qui montent vers le ciel de manière inhabituelle. Elles sont telle-

7. 500 km/h.
8. Environ 400 mètres.
9. Ce sont les feux de position de l'avion. En réalité, ils sont verts et rouges, mais le témoin rapportera ces couleurs dans sa déposition.

ment rapides que l'homme se demande un instant s'il ne s'agit pas d'un OVNI. Le spectacle est si étonnant qu'il arrête sa voiture sur le bord de la route pour essayer de comprendre quel est cet objet volant qui effectue des manœuvres aussi brutales.

Le C-99 est maintenant lancé dans une amorce de tonneau barriqué. Il monte d'abord presque à la verticale tout en tournant sur lui-même comme la tige d'un tire-bouchon. De jour, cette rotation subtile n'est pas facile à négocier... Difficile d'imaginer à quoi elle peut ressembler en pleine nuit sauf que cela ne doit pas être très brillant...

L'appareil arrive maintenant sur le dos. Malgré les moteurs poussés au maximum, la vitesse diminue rapidement. Pendant quelques secondes, la pression d'huile chute provoquant une survitesse soudaine au niveau des hélices. Les extrémités des pales passent en supersonique. Il se produit alors un hurlement sonore qui s'entend loin dans la plaine. Gênés par l'obscurité, les deux hommes aux commandes ont du mal à évaluer la position de leur avion dans l'espace. Cela n'empêche pas le pilote de continuer à donner des conseils à son ami.

23 h 50 mn et 35 sec (pilote) : *Et puis maintenant tu tires pour pointer le nez droit vers le bas.*

Quatre secondes plus tard, le témoin au bord de la route aperçoit les petites lumières qui plongent rapidement vers le sol. Elles sont accompagnées de mouvements désordonnés. On dirait des petites fusées de feux d'artifice qui redescendent au moment de l'éclatement du bouquet final... Pendant un instant, elles semblent vouloir se stabiliser au ras du sol.

Puis, tout à coup, une boule de feu jaillit dans la nuit !

23 h 50 min et 47 sec : c'est la fin de l'enregistrement. L'avion vient de percuter le sol et les deux navigants sont tués sur le coup.

Il est vraisemblable que la partie supérieure du tonneau barriqué ait été trop arrondie, c'est une erreur classique chez les débutants[10]. Si l'avion avait été plus haut, cela se serait traduit par une sortie avec un excès de vitesse, mais la figure a été commencée beaucoup trop près du sol et les conséquences ont été fatales.

Aussi étrange que cela paraisse, personne ne donnera l'alerte pour signaler le crash. Persuadé qu'il s'agit d'un tir raté de feux d'artifice, le témoin remonte paisiblement dans sa voiture et reprend la route en direction de la ville d'Hansen.

Du côté de la compagnie GP Express, personne ne s'inquiète non plus. Nous l'avons vu, il n'y a plus personne dans les bureaux et aucun mécanicien n'est là pour attendre le retour de l'avion. Comme aucun plan de vol n'a été déposé, les organismes de recherche ne sont pas concernés. Personne ne se demande où est passé l'avion.

Seule l'épouse du pilote s'inquiétera en ne le voyant pas rentrer comme prévu à 2 heures du matin. Vers 4 h 30, elle tente de téléphoner à la compagnie pour avoir des nouvelles. Personne ne répondra à son appel. Ce n'est qu'à 6 heures que les mécaniciens de GP Express constateront qu'il manque un avion sur le parking et que l'alerte sera enfin donnée.

Les enquêteurs seront très sévères pour qualifier la conduite des deux hommes. Le rapport parlera de manque de professionnalisme, d'absence totale de sens de la responsabilité. Ils rappelleront que la voltige est une discipline totalement différente du pilotage classique. Elle exige une formation spécifique, longue et très complexe. On peut être un excellent pilote de ligne et n'avoir aucune qualification pour l'acrobatie aérienne.

10. *À 23 h 50 mn et 28 sec, le pilote a donné le conseil :* « Débrouille-toi pour garder des "g" positifs. Arrondis. Pas trop serré... » *L'association des mots « arrondir, pas trop serré » et « g » positifs est contradictoire. Il n'est pas possible d'arrondir si on veut garder une accélération positive. Cette phrase démontre, s'il en était besoin, la grande ignorance du pilote. En dehors des circonstances (nuit, avion de transport, basse altitude), c'est dans cette phase du tonneau barriqué que survient l'erreur dramatique.*

Apparemment, ce n'était pas la première fois que le pilote exécutait des manœuvres interdites sur C-99. Il avait déjà fait pire. Quelques mois plus tôt, on lui avait demandé de tester un jeune copilote postulant à GP Express. Fidèle à ses mauvaises habitudes, l'apprenti cascadeur avait clôturé sa séance de recrutement par des évolutions complètement folles : deux renversements et une « cloche ». Des figures acrobatiques encore plus dangereuses que le tonneau barriqué puisque cette dernière figure fait retomber l'avion en marche arrière sur la queue... C'est une manœuvre incroyablement dangereuse sur un avion de transport[11].

En étudiant le carnet de vol du pilote, les enquêteurs découvriront que, pendant toute sa carrière aéronautique, l'homme n'avait jamais pris une seule leçon de voltige aérienne. L'improvisation coûte parfois très cher !

11. Il existe d'autres cas dans lesquels des pilotes ont effectué des manœuvres acrobatiques sur des avions de ligne : Caravelle, Boeing 707 et même 747. Mais les figures exécutées étaient uniquement des tonneaux barriqués. Cela s'est fait en plein jour, en altitude et par beau temps. Ceux qui ont fait ça étaient des pilotes d'essai qui avaient une expérience considérable en voltige. On ne peut s'empêcher de penser malgré tout que ce sont des exemples à ne pas suivre.

COLLISION EN PLEIN VOL

C'est une erreur humaine qui est à l'origine de l'une des collisions aériennes les plus graves qui soient arrivées au-dessus de l'Europe.

Avant d'expliquer ce qui s'est vraiment passé en Suisse dans la nuit du 1er au 2 juillet 2002, il est important de faire la connaissance des différents acteurs de ce drame. Ils sont au nombre de quatre... Les deux avions de ligne qui se sont percutés, un contrôleur aérien et un troisième appareil sans lien apparent avec les autres.

Acteur numéro 1 : le **Tupolev 154.**

L'appareil appartient à la compagnie Bashkirian Airlines. C'est un charter qui vole en direction de Barcelone sous le numéro BTC 2937. Il arrive de Moscou Domodedovo où il a embarqué 57 passagers parmi lesquels se trouve une majorité d'adolescents [1]. Ceux-ci partent en colonie de vacances sur la Costa Brava.

Ce sont pour la plupart des fils de hauts dignitaires du régime. Ils viennent de la République du Bachkortostan, une des régions pétrolifères parmi les plus riches de Russie.

Le Tupolev 154 est un appareil peu connu en Europe, mais il est fiable et robuste. C'est un avion moyen-courrier dont les plans ont été conçus du temps de l'ex-URSS [2]. Motorisé par trois réacteurs Soloviev D-30KU, c'est une sorte de frère jumeau du Boeing 727 puisqu'il reprend la même architecture générale : deux réacteurs situés à l'arrière de part et d'autre du fuselage et un troisième encastré dans la queue...

L'avion qui s'approche de la Suisse ce soir-là est de construction relativement récente puisqu'il a été livré en 1995. Il est âgé de sept ans au moment des faits, ce qui est très peu pour un avion de ligne. Ses instruments de radio-navigation sont modernes. Afin de respecter la réglementation européenne, son tableau de bord est équipé d'un TCAS [3], un système électronique qui permet de détecter tout avion avec lequel il pourrait y avoir un risque de collision.

Le TCAS est un instrument sophistiqué construit par la société américaine Honeywell. Grâce à lui, le pilote peut « voir » les autres appareils sur son radar et les éviter. En ce début de troisième millénaire où le trafic aérien se fait de plus en plus

1. *Il y a 8 adultes et 49 adolescents âgés entre 14 et 16 ans.*
2. *Le vol du premier prototype remonte au 3 octobre 1968.*
3. *Prononcer « TIKAS ».* Traffic Alert Collision Avoidance System *: système d'alerte et d'évitement de collision.*

dense dans le monde, le TCAS est un moyen de sécurité extrêmement utile.

Il fait nuit… Il est 23 heures. Dans l'avion, l'ambiance est paisible. Les enfants sont fatigués car ils ont déjà fait un très long voyage avant de monter à bord… Certains auraient dû embarquer sur un vol précédent, mais il y a eu des retards à Moscou et ils ont raté leur correspondance. Finalement, c'est d'extrême justesse qu'ils ont embarqué à bord du Tupolev.

L'avion est en vol au niveau 360 (36 000 pieds). Il suit un cap 274. Sa route, sensiblement face à l'ouest, le fait passer successivement par Salzbourg, Traunstein, Kempten et Trasadingen.

Aux commandes se trouvent le commandant Gros et son copilote. Les deux Russes communiquent avec le contrôle aérien en anglais, langue qu'ils maîtrisent parfaitement.

En plus des passagers, l'équipage comprend un total de 12 navigants…

Dans un premier temps, le Tupolev est en contact avec le centre de Munich et ce sont les contrôleurs allemands qui gèrent sa route.

Tout se passe normalement.

Acteur n° 2 : le **Boeing 757.**

C'est un avion cargo qui appartient à la société américaine de fret rapide DHL. L'appareil est sorti des usines de Seattle en 1990 et il est donc un peu plus âgé que l'avion russe.

À bord, il n'y a que deux hommes d'équipage qui sont chargés d'acheminer plusieurs dizaines de tonnes de colis vers l'aéroport de Bruxelles.

Le commandant de bord est de nationalité anglaise, il s'appelle Paul Philips. Le copilote est canadien, il s'appelle Brant Campioni.

Le Boeing 757 arrive du Proche-Orient, mais il a fait une escale à Bergame en Italie d'où il vient de décoller. Avec un cap au 004, il suit une route sensiblement du sud vers le nord qui doit le faire passer par les points Abesi, Akabi et Tango.

Son numéro de vol est DHX 611.

Comme le Tupolev russe, le Boeing 757 est équipé d'un système TCAS qui permet à son pilote de voir les autres appareils évoluant dans les environs. Dès qu'un avion se trouve dans un rayon de 80 kilomètres [4], l'équipage en est informé. Le système ne se contente pas d'afficher des informations, il donne également des conseils afin d'éviter une collision. En clair, l'ordinateur calcule une trajectoire d'évitement en demandant au pilote de changer d'altitude.

En outre, pour éviter que les corrections des deux avions soient effectuées dans le même sens, les TCAS « dialoguent » entre eux et échangent des informations. De cette manière, les corrections proposées aux équipages sont opposées : en général, un appareil monte et l'autre descend.

Un peu avant de pénétrer dans l'espace aérien suisse, le pilote du Boeing 757 va demander à monter au niveau 360, c'est-à-dire exactement à la même altitude que le Tupolev 154 de Bashkirian Airlines.

Les trajectoires des deux avions sont exactement perpendiculaires (274 degrés et 004 degrés) et convergent vers un même point situé au-dessus d'Uberlingen avec un gisement constant…[5]

Acteur n° 3 : **le contrôleur aérien de la société Skyguide**

Contrairement à ce qui se fait dans la plupart des pays européens, les aiguilleurs du ciel suisses ne sont pas des fonctionnaires de l'Aviation civile. Ils travaillent pour une société privée :

4. *Les systèmes les plus récents permettent de « voir » un avion volant à plus de 100 milles nautiques (180 kilomètres). Ils permettent également de prévenir le pilote très longtemps à l'avance si des obstacles dangereux se trouvent sur sa route.*
5. *Le gisement est l'angle compris entre l'axe longitudinal d'un avion et un repère quelconque. Lorsque deux avions se voient mutuellement avec un gisement constant, il va y avoir collision.*

Skyguide[6] qui est chargée de gérer l'espace aérien au-dessus de la Confédération helvétique. Notons que cette société gère aussi bien des avions civils que militaires. Avec un effectif de 1 419 employés et un matériel sophistiqué, Skyguide se vante de pouvoir assurer la sécurité, réguler le trafic aérien et accélérer son écoulement au-dessus du pays. Et dans un premier temps, elle y parvient ! Malgré l'importance du trafic, la réputation de Skyguide est très bonne en matière de ponctualité et de régularité des vols.

Entièrement indépendante financièrement, la société forme ses contrôleurs et ses officiers de navigation aérienne dans son propre centre d'instruction situé à Zurich.

Tout va donc bien pour Skyguide ? Pas vraiment ! Car, depuis la fin de l'année 2001, sa situation financière est difficile. Après plusieurs années de bénéfices substantiels, la société affiche des pertes que ses actionnaires qualifient de « massives ». Ils ne sont pas satisfaits... Car, bien évidemment, Skyguide étant une société privée, sa vocation première est de gagner de l'argent.

Cette situation déficitaire est la conséquence des événements du 11 septembre et de la faillite de la compagnie nationale Swissair. Pour remédier à ce problème, Skyguide a décidé de réduire ses coûts d'exploitation et d'augmenter substantiellement ses tarifs. Il faut savoir que chaque avion qui emprunte l'espace aérien suisse paye des droits de route et des taxes d'atterrissage s'il se pose sur le territoire. Tous les usagers, y compris les militaires, doivent payer ces droits à Skyguide.

Et il y a beaucoup de trafic au-dessus de la Suisse...

Située à un carrefour de l'Europe, la Confédération helvétique est survolée chaque jour par des centaines d'avions de ligne. Du fait de la taille réduite du pays, on assiste même à une

6. *Le premier janvier 1996, l'organisme d'État Swisscontrol est devenu financièrement indépendant de la Confédération pour devenir une société privée dont le siège social est basé à Genève. Depuis le 1er janvier 2001, la société a pris le nom de Skyguide et tous les trafics civils et militaires opérant dans l'espace helvétique dépendent de cette seule autorité. C'est un cas unique en Europe.*

étrange particularité aérienne : un grand nombre d'avions y transitent à basse altitude simplement parce qu'ils sont sur le point d'atterrir ou qu'ils viennent tout juste de décoller d'aéroports étrangers. Les contrôleurs doivent donc être en contact téléphonique quasi permanent avec leurs collègues français, allemands, autrichiens ou italiens afin de transmettre les informations concernant les arrivées et les départs.

Ce détail peut sembler anecdotique. Il va pourtant jouer un rôle capital dans le drame qui va suivre.

Acteur n° 4 : **le vol Aero Lloyd 1135.**

Cet appareil n'intervient pas vraiment dans le drame. Ce n'est qu'un banal avion de ligne sur le point d'atterrir à Friedrichshafen en Allemagne, mais le contrôleur suisse va se concentrer sur sa trajectoire beaucoup plus qu'il ne serait nécessaire.

CIRCONSTANCES ET CHRONOLOGIE DES FAITS

À 21 h 20 mn et 08 sec[7], le copilote du Boeing 757 de DHL prend contact avec le centre de Zurich sur 119.925 MHz. Cette fréquence correspond au secteur « Arfa » de la zone. Bien qu'ayant décollé d'Italie, le Boeing est toujours en montée et n'a pas encore atteint son niveau de croisière. Il approche seulement de 26 000 pieds.

21 h 20 mn et 08 sec (copilote DHL 611) : *Zurich, euh... radar... Heu... Bonsoir. Nous sommes en train de monter au niveau 260 en direction d'Abesi.*

7. Tous les timings qui suivent sont en heure universelle. La Suisse étant à l'heure GMT + 2, l'heure indiquée correspond à 23 h 20 en heure locale.

Le contrôleur ne répond pas car il est surchargé de travail. Devant son écran radar, il doit gérer la totalité d'une zone qui comprend deux secteurs : le secteur Arfa (fréquence 119.925 MHz) et le secteur sud (fréquence 120.050 MHz). Il faudrait au moins deux personnes pour s'occuper correctement de chaque secteur. Pourtant, du fait de la politique de réduction des coûts dont nous avons parlé plus haut, l'homme est seul et a les avions suivants sous sa responsabilité :

- le vol Express 6497 Channel (EXS 6497),
- le vol Thaï Airways 933 (THA 933),
- le vol Tunis Air 4575 (TAR 4575),
- le vol Namib Air 286 (NMB 286),
- le vol Bavarian 305 (BVR 305),
- le vol Topswiss 935 (EZS 935),
- le vol Swiss Airlines 256 (CRX 256),
- le vol LTU 7791 (LTU 7791).

Au moment où le Boeing de DHL appelle, le contrôleur vient d'entamer une communication téléphonique pour transférer le vol Express 6497.

Au lieu de répondre, le contrôleur continue donc sa conversation au téléphone avec le responsable du secteur sud dont l'indicatif radio est « Rhine ».

Le dialogue se fait en allemand :

21 h 20 mn et 09 sec (contrôleur de Zurich) : *Oui, je t'écoute ?*

21 h 20 mn et 10 sec (contrôleur Rhine) : *Tu as encore le vol Express Channel 6497 ?*

21 h 20 mn et 12 sec (contrôleur de Zurich) : *Oui, il vient chez toi, tout de suite.*

21 h 20 mn et 13 sec (contrôleur Rhine) : *Merci.*

Le copilote du Boeing 757 de DHL qui n'a toujours pas reçu de réponse à son appel a cru entendre parler sur la fréquence. Il pense que le contrôleur de Zurich est en train de lui répondre.

21 h 20 mn et 16 sec (pilote DHX 611) : *Désolé, j'ai pas compris. Vous pouvez répéter ?*

En fait, le contrôleur de Zurich ne l'a pas appelé. Il va simplement demander au vol Express Channel de changer avec son correspondant du radar de Rhine avec lequel il était en contact téléphonique.

21 h 20 mn et 19 sec (contrôleur de Zurich) : *Express 6497, contactez Rhine sur 120.93...*

21 h 20 mn et 24 sec (vol Express 6497) : *Bien reçu, on contacte Rhine sur 127.93. Pardon sur 120.93.*

Une fois cet échange terminé, le contrôleur doit certainement s'apprêter à répondre au Boeing de DHL, mais, une fois de plus, il n'en a pas le temps...

Un Airbus thaïlandais le contacte...

C'est le vol Thaï 933.

21 h 20 mn et 31 sec (vol Thaï 933) : *Bonsoir contrôle. Ici Thaï 933...*

21 h 20 mn et 34 sec (contrôleur de Zurich) : *Bonsoir à vous aussi Thaï 933, suivez la route Trasadingen puis Algoi...*

Pas de réponse...

21 h 20 mn et 43 sec (contrôleur de Zurich) : *Vous avez compris mon message Thaï 933 ?*

21 h 20 mn et 46 sec (vol Thaï 933) : *Euh, oui... on a compris Thaï 933... Mais s'il vous plaît, est-ce que vous pouvez répéter ?*

Pas très vif, le Thaïlandais ce soir-là. À sa décharge, il faut dire que le gars de Zurich parle plutôt rapidement et qu'il n'est pas toujours facile pour un étranger de comprendre l'anglais parlé avec un accent suisse. Surtout lorsqu'il s'agit de noms de villes complexes comme Trasadingen.

Le contrôleur suisse ne peut dissimuler une légère nuance d'agacement devant la lenteur du Thaïlandais.

21 h 20 mn et 48 sec (contrôleur de Zurich) : *Suivez la route vers Trasadingen puis Algoi.*

21 h 20 mn et 53 sec (vol Thaï 933) : *Bien reçu, on va « Transangen » puis vers Algoi.*

Raté... Le pilote n'a pas encore compris vers quel point il devait se diriger. Ce n'est pas « Transangen » mais « Trasadingen ». Le contrôleur suisse répète donc son message pour la troisième fois...

Mais cette fois, il utilise l'indicatif radio de la balise de Trasadingen : T-R-A[8].

En outre, il fait un effort qu'il n'a pas fait jusqu'ici : il parle un peu plus lentement. Sauf que cette fois l'agacement est franchement perceptible dans sa voix.

21 h 20 mn et 56 sec (contrôleur de Zurich) : *Tango... Roméo... Alpha... et puis Algoi !!!*

8. *Pour la bonne compréhension entre pilotes et contrôleurs, il est souvent plus logique de donner le nom d'un lieu en utilisant les trois lettres de la balise plutôt que le nom réel du lieu. En effet, ces lettres figurent clairement sur les cartes aéronautiques et sont données en alphabet aéronautique. Par ailleurs, en fonction des pays et des nationalités, certains noms de villes sont parfois imprononçables ou incompréhensibles.*

21 h 20 mn et 59 sec (vol Thaï) : Bien reçu, on procède par Tango Roméo Alpha et puis Algoi.

Et sans plus attendre, le contrôleur s'adresse à un autre vol : un Boeing 737 de la compagnie Tunis Air.

Et le Boeing de DHL ? Oublié !

21 h 21 mn et 03 sec (contrôleur de Zurich) : *Tunis Air 4575, procédez direct vers Trezzo.*

21 h 21 mn et 07 sec (vol Tunis Air) : *Bien reçu 4575, direct Trezzo. Merci monsieur...*

Et la bousculade verbale continue de plus belle pour l'homme devant son écran radar. Parlant de plus en plus vite, il appelle le vol Namibian 286 pour lui demander de passer directement par le point Genua.

Puis il fait descendre le vol Bavarian 305 au niveau 220. Dix secondes plus tard, il appelle le vol Topswiss 935 et lui demande (en hésitant un peu) de se diriger directement vers la balise Torpa. Il parle de moins en moins clairement car le commandant de bord de Topswiss a lui aussi du mal à comprendre et confond avec la balise d'Hochwald.

Puis, enfin, c'est le vol Swiss Airlines 256 à qui il demande de maintenir le niveau de vol 270 et de contacter Padua radar sur la fréquence 120.72 MHz.

Tout cela va évidemment très vite... Pour donner une idée de la rapidité du débit vocal du contrôleur, il faut savoir que toutes les opérations qui viennent d'être décrites ci-dessus sont effectuées en... quarante-trois secondes ! Un record, car ce temps comprend bien évidemment les réponses des pilotes qui accusent réception des instructions.

Pendant ce temps-là, le copilote du vol DHL 611 attend toujours une réponse à son appel.

Il est arrivé à 26 000 pieds et voudrait bien avoir l'autorisation de monter plus haut. Et comme on semble l'avoir oublié, il finit par trouver un petit créneau pour appeler de nouveau :

21 h 21 mn et 50 sec (copilote du DHL 611) : *Euh... Swiss radar, bonsoir monsieur... Ici DHX 611. On stabilise au niveau 260 et on procède direct sur Abesi.*

Toujours pressé, le contrôleur ne prend même pas la peine de répondre au bonsoir de bienvenue. Visiblement, les formules de politesse ne sont pas son fort. La réponse tombe d'un coup... sèche comme un vieux morceau de gruyère.

21 h 21 mn et 50 sec (contrôleur de Zurich) : *DHX 611, Squawk 7524...* [9]

21 h 21 mn et 56 sec (copilote DHL) : *Bien reçu 611, 7524.*

Les quatre chiffres que le contrôleur vient de donner correspondent au code du transpondeur que le pilote doit afficher. Grâce à cet instrument, l'avion va être repéré par le radar de Zurich. Son spot va apparaître sur l'écran avec son numéro de vol et son altitude.

Puis, le contrôleur s'adresse aussitôt à un autre appareil :

21 h 22 mn et 06 sec (contrôleur de Zurich) : *Et... euh... Bavarian 305, vous êtes autorisé initialement au niveau 270.*

21 h 22 mn et 11 sec (vol Bavarian) : *Bien reçu, on est autorisé au niveau 270, Bavarian 305.*

Il a un léger temps de répit pendant lequel le contrôleur téléphone une nouvelle fois au centre de Rhine pour lui transférer

9. *Traduction de « transpondeur » : appareil servant au repérage des avions par le radar.*

un avion. Et un moment plus tard, il rappelle enfin le Boeing de DHL qui se traîne à 26 000 pieds et attend toujours l'autorisation de poursuivre sa montée vers son niveau de croisière.

21 h 22 mn et 54 sec (contrôleur de Zurich) : *DHX 611. Je vous ai identifié au radar. Montez au niveau de vol 320 et procédez direct vers TGO.*

21 h 22 mn et 59 sec (Boeing de DHL) : *Roger, on grimpe au niveau de vol 320, direct sur TGO... Et euh... On demande le niveau 360, si c'est possible...*

32 000 pieds, ce n'est pas assez pour le commandant de bord du Boeing qui souhaite monter le plus haut possible. Son avion n'est pas trop lourd. Prendre de l'altitude signifie pour lui un gain en vitesse et une moindre consommation de carburant.

21 h 23 mn et 04 sec (contrôleur de Zurich) : *Roger. Il faut euh... attendre pour grimper... quatre ou cinq minutes...*

21 h 23 mn et 06 sec (copilote Boeing DHL) : *Merci monsieur...*

Et pendant que le Boeing de DHL attend d'avoir l'autorisation définitive de monter jusqu'à 36 000 pieds, le contrôleur continue à envoyer des messages sur le même rythme effréné. Il fait descendre un DC 10 de LTU vers le niveau 120. Il transfère un avion de White Star avec le centre de Rhine. Puis il envoie un Boeing 757 de la compagnie Monarch en direction de Luxeuil. En tout, ce sont maintenant 15 avions qui sont passés sous sa responsabilité en quatorze minutes. Notons que pendant ce laps de temps, malgré un rythme plutôt soutenu, l'homme n'a pas commis d'erreur.

C'est à **21 h 25 mn** qu'il va commencer à se déconcentrer en tentant de joindre la tour de Friedrichshafen par téléphone. Car il doit maintenant transférer un nouveau trafic en Allemagne : le vol Aero Lloyd 1135 (l'acteur n° 4). Malgré tous ses efforts, il ne va pas réussir à établir la communication téléphonique avec son collègue germanique.

21 h 25 mn et 43 sec (ligne téléphonique du contrôleur de Zurich) : bip indiquant que la communication ne passe pas[10].

L'aéroport de Friedrichshafen est situé en Allemagne, mais du fait de sa situation géographique sur la rive nord du lac de Constance, ce sont les Suisses qui assurent les approches. C'est seulement lorsque les avions arrivent à proximité de la piste que les pilotes sont autorisés à contacter la tour de Friedrichshafen. Encore faut-il pour cela que le contrôleur allemand soit mis au courant des différentes arrivées ! Et le seul moyen de le prévenir, c'est le téléphone qui ne fonctionne pas ce soir !

Cette coupure téléphonique n'est pas la cause unique du drame qui va survenir, mais elle est un des facteurs qui vont troubler considérablement le contrôleur. Micro d'un côté, combiné téléphonique de l'autre, il continue à réguler le trafic et son attention va baisser rapidement.

21 h 26 mn et 36 sec (contrôleur de Zurich) : *DHX 611, montez vers le niveau 360.*

21 h 26 mn et 39 sec (copilote du Boeing de DHL) : *Bien reçu, on grimpe vers le niveau de vol 360, DHX 611...*

Le Boeing 757 de DHL est maintenant autorisé à monter à 36 000 pieds. Et c'est là que son destin va se jouer. Pour le moment, il est seul dans la zone à cette altitude mais cela ne va

10. *Toutes les communications téléphoniques entre une tour de contrôle et l'extérieur sont enregistrées au même titre que les conversations avec les avions sur les fréquences VHF et UHF.*

pas durer... Derrière son écran radar, le contrôleur continue son travail. Visiblement stressé, il transfère le vol de Tunis Air avec le contrôle de Rome puis il demande à un avion turc (Sun Turk 505) de passer avec la fréquence de Reims et demande enfin au vol Bavarian 305 de changer avec Francfort. Tout va bien, sauf en ce qui concerne ce vol Aero Lloyd 1135 qui lui pose un problème.

Que faire de cet appareil qui approche de Friedrichshafen et pour lequel il ne parvient pas à obtenir de contact téléphonique avec la tour allemande ?

Vingt secondes après en avoir terminé avec le vol Bavarian 305, le contrôleur reprend son téléphone.

21 h 29 mn et 25 sec (ligne téléphonique du contrôleur) : on entend le bip bip d'un numéro occupé.

De plus en plus agacé, l'homme raccroche puis fait immédiatement une nouvelle tentative :

21 h 29 mn et 37 sec (voix de synthèse de la ligne téléphonique du contrôleur) : *Tut... Tut... Tut... La communication avec votre correspondant n'est pas possible. S'il vous plaît, vérifiez votre numéro* [11]. *Tut... Tut... Tut...*

Nouvel accès d'humeur de la part du contrôleur qui raccroche une nouvelle fois en jurant.

21 h 29 mn et 44 sec (voix enregistrée sur la ligne téléphonique du contrôleur) : message en italien. Puis voix du contrôleur : *Merde !!!*

11. Ce message préenregistré est diffusé successivement en quatre langues : allemand, français, anglais et italien.

Évidemment, pendant ce temps-là, le vol Aero Lloyd poursuit sa descente. Il est maintenant à 8 000 pieds et s'approche de Friedrichshafen. Le pilote est pratiquement aligné pour la finale de la piste 24. Il voudrait bien savoir ce qu'il doit faire. Un avion n'est pas un autocar qui peut s'arrêter sur le bord de la route pour attendre les instructions des gendarmes.

On devine donc une certaine impatience dans la voix du commandant de bord :

21 h 30 mn et 07 sec (vol Aero Lloyd 1135) : *Zurich « gruezi ??? » à voir euh... Aero Lloyd 1135... euh... Toujours en descente et on approche du niveau de vol 80.*

Et c'est à cet instant que le dernier acteur de ce drame entre en scène : le Tupolev 154 russe. Il arrive par l'est avec un cap au 274.

21 h 30 mn et 11 sec (Tupolev 154 dont l'indicatif est BTC 2937) : *Zurich, bonsoir, ici BTC 2937.*

Contrairement à ce que l'on pourrait penser, l'apparition de l'avion russe représente une sorte de bouffée d'oxygène pour le contrôleur.

Cela lui permet de disposer de quelques secondes de répit avant de répondre au pilote du vol Aero Lloyd... (auquel, en fait, il ne sait pas quoi dire pour le faire patienter). Du coup, il décide de prendre ce nouvel arrivant en priorité. Sans même savoir de qui il s'agit.

21 h 30 mn et 18 sec (contrôleur de Zurich) : *Euh... Aero Lloyd 1135, euh... Roger... euh, je vous rappelle.*

21 h 30 mn et 26 sec (contrôleur de Zurich) : *Avion appelant, est-ce que vous pouvez répéter votre indicatif ?*

21 h 30 mn et 28 sec (Tupolev 154) : *Euh Zurich, bonsoir monsieur, BTC 2937. On est au niveau 360.*

Le niveau 360, c'est 36 000 pieds… Rappelons que c'est exactement le niveau vers lequel le Boeing de DHL vient d'être autorisé à monter. Les deux avions vont donc se retrouver dans quelques instants au même niveau et… avec des routes convergentes.

21 h 30 m et 33 sec (contrôleur de Zurich) : *BTC 2937, transpondeur… euh 7520.*

Comme à son habitude, le contrôleur ne s'est pas embarrassé de formules de politesses.

Ni bonjour ni bonsoir mais une information précise et presque brutale.

On peut mettre cette sécheresse sur le compte du stress provoqué par la coupure de sa ligne téléphonique… Car le problème du vol Aero Lloyd n'est toujours pas résolu et, justement, son pilote commence à se demander ce qui se passe.

21 h 30 mn et 34 sec (Aero Lloyd 1135) : *Et… AEF 1135. Nous sommes en rapprochement pour la finale… Vers l'ILS* [12] *piste 24.*

21 h 30 mn et 44 sec (contrôleur de Zurich) : *Ya… Ya… C'est bien ce que je pensais… Je vous rappelle dans un moment…*

L'avion est maintenant à quelques dizaines de kilomètres de la piste et attend qu'on lui donne l'ordre de passer avec le contrôleur de Friedrichshafen qui n'est toujours pas au courant de son arrivée !

Le temps presse…

12. Voir note 21, page 22.

Pendant ce temps-là, au niveau 360, l'avion russe fonce vers le Boeing de DHL... Et le contrôleur ne l'a pas vu.

Il ne pense qu'à cette maudite ligne téléphonique qui refuse de fonctionner.

Pendant que le pilote de l'Aero Lloyd se demande s'il ne va pas être obligé de tourner en rond dans le ciel, le contrôleur se débarrasse rapidement des autres avions qui sont en train de sortir de sa zone.

21 h 31 mn et 15 sec (contrôleur de Zurich) : *THA 933, contactez maintenant Munich sur la fréquence 132.40. Bye, bye.*

21 h 31 mn et 20 sec (Thaï Airways) : *Bien reçu THA 933, 132.40, bonsoir monsieur...*

21 h 31 mn et 26 sec (contrôleur de Zurich) : *Monarch 5621, contactez Reims sur 133.83. Bye bye...*

21 h 31 mn et 32 sec (Monarch 5621) : *Bien reçu, Reims sur 133.83... Au revoir.*

Et puis, plus rien... Il se passe quarante-cinq secondes dans le silence le plus total. L'oreille collée à son combiné téléphonique, le contrôleur doit croiser les doigts pour que la ligne se rétablisse... Quarante-cinq secondes... C'est une éternité pour le pilote de l'avion en approche sur Friedrichshafen qui piaffe d'impatience à 8 000 pieds.

21 h 32 mn et 15 sec (Aero Lloyd 1135) : *Et... euh... AEF 1135, on voudrait descendre plus bas.*

Alors, le contrôleur décide de faire un petit geste, histoire de lui donner l'impression que les choses avancent. Mais c'est un « tout petit geste » : il l'autorise à descendre de 1 000 pieds

(300 mètres). Techniquement, ça ne sert absolument à rien, mais cela fait patienter le pilote.

21 h 31 mn et 19 sec (contrôleur de Zurich) : *Descendez au niveau 70.*

21 h 31 mn et 23 sec (Aero Lloyd 1135) : *Roger, on descend au niveau 70, AEF 1135.*

21 h 31 mn et 28 sec (contrôleur de Zurich) : *C'est correct. Quel est votre cap actuel ?*

21 h 31 mn et 30 sec (Aero Lloyd 1135) : *Notre cap actuel, heu... 265.*

Dialogue un peu irréel où l'on voit un contrôleur n'avoir qu'un désir : se débarrasser au plus vite d'un avion dont il ne sait plus quoi faire.

Pendant ce temps-là, tout là-haut, les deux appareils à 36 000 pieds foncent l'un vers l'autre à près de 900 km/h.

Absorbé par ses problèmes téléphoniques, le contrôleur ne regarde pas vraiment son écran. En temps normal, son radar est équipé du système STCA[13] qui l'avertit immédiatement s'il existe un risque de collision entre deux avions. Les spots des avions concernés devraient clignoter en orange puis en rouge avant de déclencher un klaxon sonore. Malheureusement, ce soir-là, le radar de Zurich est en cours de modification et le système d'alerte a été désactivé.

Il existe un second système d'alerte STCA situé dans le centre de contrôle radar de Karlsruhe en Allemagne. Celui-ci fonctionne correctement et un contrôleur a bien remarqué les deux avions qui se dirigeaient l'un vers l'autre. D'ailleurs, son

13. Short Term Conflict Alert : *système d'alerte de collision à court terme.*

alarme s'est effectivement déclenchée... Il tente de joindre son collègue suisse.

Malheureusement, la ligne téléphonique ne fonctionnant pas, il n'y parviendra pas[14].

Inconscient de ce qui se prépare, le contrôleur de Zurich s'applique surtout à montrer au vol Aero Lloyd qu'il ne l'oublie pas. Il entreprend donc de le guider dans son approche vers la piste 24. Tentative dérisoire... Le pilote pourrait parfaitement se débrouiller tout seul, mais cela va permettre au contrôleur de retarder légèrement l'avion en espérant que la ligne va se rétablir.

21 h 31 mn et 33 sec (contrôleur de Zurich) : *Roger, alors virez à droite au cap 280 pour envisager un guidage vers l'ILS 24.*

21 h 31 mn et 37 sec (Aero Lloyd 1135) : *Bien reçu, on vire à droite au cap 280 pour... pour l'ILS 24... AEF 1135.*

Tout en parlant, le contrôleur effectue une troisième tentative pour contacter Friedrichshafen.

Ses essais durent environ une minute trente et se terminent invariablement par une bande enregistrée annonçant que « la communication n'est pas possible et qu'il faut vérifier le numéro du correspondant ».

Finalement, à bout de patience, il décide de mettre le pilote d'Aero Lloyd au courant de ce qui se passe :

21 h 34 mn et 03 sec (contrôleur de Zurich) : *AEF 1135 ?*

21 h 34 mn et 05 sec (vol Aero Lloyd) : *Oui monsieur, je vous écoute...*

14. Le contrôleur de Karlsruhe tentera de contacter Zurich par téléphone pratiquement jusqu'au moment de la collision, mais la ligne sonnera « occupée » en permanence.

21 h 34 mn et 08 sec (contrôleur de Zurich) : *Voilà, je n'ai plus de ligne téléphonique avec Friedrichshafen. Est-ce que vous pourriez les contacter avec votre deuxième poste VHF... euh sur la fréquence 124.35 et euh... les prévenir que vous arrivez sur l'ILS 24 et que vous êtes euh.. à 20 milles maintenant ?*

C'est évidemment la solution la plus simple et le contrôleur aurait dû y penser plus tôt. Ce genre de perte de contacts entre deux centres de contrôles aériens arrive parfois et c'est toujours en demandant aux pilotes de prendre un contact direct avec leur destination que les choses s'arrangent.

D'ailleurs, le commandant de bord du vol Aero Lloyd ne semble absolument pas surpris par la proposition.

21 h 34 mn et 21 sec (vol Aero Lloyd) : *Okay, on s'en occupe.*

21 h 34 mn et 22 sec (contrôleur de Zurich) : *Merci beaucoup.*

21 h 34 mn et 26 sec (contrôleur de Zurich) : *AEF 1135, descendez vers 5 500 pieds. Le QNH est de 1008*[15].

21 h 34 mn et 30 sec (vol Aero Lloyd) : *Bien reçu, on descend vers 5 500 pieds, AEF 1135.*

Cette fois, le contrôleur semble soulagé. Il reste silencieux pendant onze secondes avant de jeter un nouveau regard à son écran radar. Et soudain, il se rend enfin compte que quelque chose de grave est en train de se passer à 36 000 pieds : le Boeing 757 de DHL et le Tupolev 154 se rapprochent dangereusement.

Le cœur battant, il appelle aussitôt l'avion russe.

15. Pression atmosphérique ramenée au niveau de la mer. Ce paramètre est utilisé pour caler les altimètres et obtenir l'altitude de l'avion.

21 h 34 mn et 49 sec (contrôleur de Zurich) : *Le... euh... BTC 2937, euh... descendez au niveau de vol 350. Dépêchez-vous. J'ai un trafic qui va vous croiser.*

Pas de réponse...

21 h 35 mn et 03 sec (contrôleur de Zurich) : *BTC 2937, descendez niveau 350... Rapidement pour la descente !!*

La voix est angoissée... À cet instant, les avions sont à une douzaine de kilomètres l'un de l'autre. Cela représente cinquante secondes avant la collision. Une éternité ! Les pilotes ont tout le temps nécessaire pour réagir. Ils peuvent monter, descendre, ou même faire un virage.

Comme il n'y a toujours pas de réponse, le contrôleur rappelle le Russe pour la troisième fois.

21 h 35 mn et 07 sec (contrôleur de Zurich) : *Accélérez la descente vers le 350... BTC 2937 !!*

En fait, si le pilote du Tupolev ne répond pas, c'est qu'il est occupé à surveiller l'alarme de son TCAS qui vient de se déclencher. Elle annonce un *« Trafic Advisory »* signalant le rapprochement d'un avion potentiellement dangereux [16].

Dans le Boeing 757, il se passe exactement la même chose. Même alarme sonore et visuelle, même type d'avertissement pour signaler un risque de collision.

Dans ces cas-là, les consignes des compagnies sont claires, les pilotes doivent immédiatement débrayer le pilote automatique, reprendre l'avion en manuel et *obéir scrupuleusement aux ordres*

16. Le TCAS délivre un message de « Trafic Advisory » *lorsqu'un avion est détecté avec un risque de collision pouvant se produire dans un délai compris entre vingt et quarante-huit secondes. C'est un message qui s'affiche sur un écran sous la forme d'un cercle jaune et qui s'accompagne d'une alerte vocale.*

du TCAS. Sans se poser de questions ! L'ordinateur affiche alors une position de l'avion entre deux barres sur l'horizon artificiel. Le pilote doit placer la maquette à cet endroit pour être assuré de ne pas percuter l'avion en rapprochement. Simple, efficace et précis.

Il faut savoir que le TCAS ne conseille jamais au pilote de faire un virage. Il donne toujours des instructions pour le faire monter ou descendre (ou éventuellement rester stable) afin d'assurer une séparation verticale. Pour éviter que les TCAS des deux appareils ne donnent des ordres similaires qui pourraient provoquer une collision [17], les ordinateurs des deux avions « dialoguent » et échangent des informations sur les instructions qu'ils vont donner à leurs pilotes respectifs.

Compte tenu de ce que nous venons de voir, il est très facile de comprendre pourquoi le pilote du Tupolev 154 ne répond pas immédiatement aux instructions du contrôleur qui lui demande de descendre [18].

En fait, il reçoit deux ordres contradictoires :

- le contrôleur vient de lui répéter à trois reprises de descendre très rapidement à 35 000 pieds ;
- son TCAS lui dit de ne pas bouger car il a « dialogué » avec le TCAS du Boeing et c'est ce dernier qui vient de recevoir l'ordre de descendre.

Pour résumer la situation, on peut dire simplement que le contrôleur et les ordinateurs des avions ne sont pas d'accord. Les ordinateurs stabilisent le Tupolev et font descendre le Boeing. Le contrôleur fait exactement le contraire…

Problème ? À qui le pilote russe doit-il obéir ?

Finalement, le commandant de bord du Tupolev cède au réflexe le plus naturel, il refuse de croire la machine et fait confiance à l'homme : il pousse donc sur le manche et commence

17. Monter tous les deux ou descendre tous les deux.
18. En fait, le pilote met exactement vingt secondes avant de répondre.

à perdre de l'altitude. C'est une erreur, mais il ne le sait pas. Et il lui faut bien prendre une décision !

C'est à cet instant que le trouble-fête de ce drame revient en scène : le commandant de bord de l'Aero Lloyd approche de la finale à Friedrichshafen et souhaite informer Zurich qu'il a réussi à contacter la tour. Il veut également dire au revoir.

21 h 35 mn et 09 sec (Aero Lloyd 1135) : *Euh... Zurich, ici AEF 1135 ??*

Cette fois, le contrôleur ignore totalement cet appel. Il a compris que la catastrophe est toute proche. Une seule chose compte à ses yeux pour l'instant : s'assurer que l'avion russe est bien en train de descendre pour éviter la collision. C'est à lui qu'il s'adresse d'une voix tendue :

21 h 35 mn et 13 sec (contrôleur de Zurich) : *Ya... Nous avons un trafic à vos... euh... 2 heures au niveau 360.*

Cette dernière phrase appelle deux remarques. Tout d'abord le Boeing ne se trouve pas dans les « 2 heures » du Tupolev, mais dans ses 10 heures[19]. Car l'avion ne se trouve pas sur sa droite mais sur *sa gauche*... Dommage de faire une telle bourde dans un moment aussi important. On peut évidemment mettre cette erreur sur le compte de la panique qui commence à s'emparer du contrôleur, mais elle est gênante.

La seconde remarque, c'est que l'homme ne donne plus aucune instruction de descente. Peut-être parce qu'à cet instant précis, on entend sur la fréquence une émission radio en provenance du Boeing. Surpris par la gravité de la situation,

19. *Le système horaire pour indiquer les positions relatives de deux avions consiste à mettre le pilote au centre d'un cadran d'horloge. « Un avion à vos 2 heures » signifie : « Devant vous à droite. »*
« Un avion à vos dix heures » signifie : « Un avion devant à gauche. »

le copilote a laissé son micro ouvert et on entend le TCAS qui ordonne au pilote de descendre.

Car les deux TCAS sont maintenant passés en phase d'alerte supérieure. C'est la *« Resolution Advisory »*. Cette alarme se déclenche lorsque la collision peut se produire entre quinze et trente-cinq secondes. Il s'agit d'une alerte visuelle sur l'écran radar du pilote : un cercle rouge fixe apparaît. Elle est complétée par une alerte vocale qui ordonne une manœuvre immédiate. Comme le micro du Boeing est ouvert, c'est cette alerte que tout le monde entend sur la fréquence :

21 h 35 mn et 19 sec (Boeing de DHL) : *Descente 600 pieds/minute. TCAS...*

Dans la même seconde, on entend les voix brouillées des deux hommes d'équipage qui s'inquiètent de ce qui arrive. Puis immédiatement le copilote annonce qu'ils sont en train de quitter le niveau 360.

21 h 35 mn et 20 sec (Boeing de DHL) : *Descente... Descente... Descente...*

De son côté, le pilote de l'avion russe continue à descendre alors qu'à cet instant précis l'ordinateur de son TCAS lui ordonne de monter : *Increase Climb... Increase Climb.*

Pour résumer la situation, les deux avions étaient à la même altitude... Pour s'éviter, ils sont en train de descendre simultanément. Ils vont donc se retrouver une nouvelle fois à la même altitude.

Et c'est à cet instant critique que l'avion d'Aero Lloyd (qui se dirige maintenant vers la finale de Friedrichshafen) appelle une nouvelle fois sur la fréquence. Bien évidemment, on ne peut pas en vouloir au pilote de cette interruption, mais ce n'est pas vraiment le bon moment pour occuper la fréquence...

21 h 35 mn et 21 sec (vol Aero Lloyd) : *Zurich de AEF 1135 ??*

21 h 35 mn et 25 sec (contrôleur de Zurich) : *Ya, je vous écoute !*

21 h 35 mn et 27 sec (vol Aero Lloyd) : *Eh bien, nous avons le contact avec euh… Friedrichshafen, euh avec le radar.*

21 h 35 mn et 31 sec (contrôleur de Zurich) : *Ah d'accord… virez à gauche au cap 240, interceptez l'ILS 24 et descendez à 4 000 pieds.*

Cette fois, on croit rêver…. Le contrôleur vient de perdre un temps précieux à répondre au vol Aero Lloyd. Depuis quarante secondes, c'est la panique dans le ciel… Le Boeing et le Tupolev sont en rapprochement rapide. Les TCAS se sont déclenchés. Les deux appareils sont sur le point de se percuter. Tous les acteurs de ce drame ont conscience que c'est très chaud et le contrôleur gaspille les dix dernières secondes avant l'impact dans une conversation quasi inutile.

Il serait peut-être encore temps de hurler sur la fréquence que la collision approche. Trop tard…

21 h 35 mn et 32 sec : COLLISION…

Elle se produit à 35 400 pieds exactement au-dessus du village d'Owingen[20] près de la frontière entre la Suisse et l'Allemagne. À plus de 900 km/h, la dérive du Boeing 757 frappe le flanc gauche du fuselage du Tupolev. Le choc se produit au niveau de l'issue de secours située à l'avant de l'aile. Les témoins au sol parlent d'un énorme éclair dans la nuit suivi d'un grand coup de tonnerre.

20. Au nord-ouest de la ville d'Uberlingen située sur les rives du lac de Constance

En une fraction de seconde, le Tupolev se transforme en une gigantesque torche. L'appareil se brise en quatre morceaux : les deux ailes se détachent simultanément, puis le fuselage et la queue avec les trois moteurs. On ne peut que souhaiter que les passagers aient perdu rapidement connaissance, mais cela n'est pas certain. Des débris incandescents tombent vers le sol.

Le contrôleur ne dit rien... A-t-il réalisé ce qui s'est passé ?

C'est le pilote du vol Aero Lloyd qui rompt le silence qui règne sur la fréquence. Inconscient du drame qui vient de se produire, il accuse réception calmement du dernier message.

21 h 35 mn et 37 sec (vol Aero Lloyd) : *Roger... On fait un virage à gauche vers le 240 pour l'ILS 24... euh 1135.*

Dans le ciel, le drame n'est pas totalement achevé. Les pilotes du Boeing 757 ne sont pas tués sur le coup. L'avion a perdu ses gouvernes de direction et de profondeur, mais le fuselage est encore entier. Incontrôlable, il se précipite vers le sol et les deux hommes luttent désespérément.

21 h 35 mn et 37 sec (mélange de voix et de bruits non identifiés) : on entend une balise morse sur la fréquence puis une voix criant : « Attention. »

21 h 35 mn et 44 sec (non identifié) : le cri du navigant se perd dans un tumulte semblable à celui d'une tempête. C'est une sorte de souffle qui laisse penser que le pare-brise a été arraché et que le vacarme repasse par le micro toujours ouvert.

La carcasse de l'avion désemparé plonge maintenant à grande vitesse vers le sol. En atteignant les basses couches de l'atmosphère, les moteurs se détachent de ses ailes et l'appareil finit par se désintégrer. La campagne s'embrase en de nombreux endroits au moment où il touche le sol, à 8 kilomètres au nord de l'épave du Tupolev. Étant donné l'importance de la superficie concernée par la chute des débris, c'est un miracle qu'il n'y ait eu aucune victime au sol. Une école, plusieurs maisons et une ferme prennent feu. Des corps désarticulés tombent dans les rues des villages autour d'Uberlingen.

Les secondes passent. Apparemment, personne ne s'est encore rendu compte du drame. Le commandant de bord du vol Aero Lloyd 1135 poursuit sa conversation avec le contrôleur.

21 h 35 mn et 45 sec (vol Aero Lloyd) : *Euh, est-ce qu'on peut passer avec... euh... Friedrichshafen ?*

21 h 35 mn et 48 sec (contrôleur de Zurich) : *Affirmatif... Bye bye...*

21 h 35 mn et 51 sec (vol Aero Lloyd) : *Bye bye, monsieur.*

Une dizaine de secondes s'écoulent encore sans que personne ne parle. Le contrôleur doit avoir les yeux rivés sur son écran pour savoir ce qu'il est advenu des deux vols. Les deux transpondeurs ont disparu. A-t-il compris ? Finalement, il se décide à appeler l'avion russe.

21 h 36 mn et 01 sec (contrôleur de Zurich) : *BTC 2937 ?*

La demande est formulée à voix basse. Il est évident que l'homme est pétrifié.

Une vingtaine de secondes plus tard, il fait une nouvelle tentative.

21 h 36 mn et 23 sec (contrôleur de Zurich) : *BTC 2937 ?*

Pas de réponse. Il y a maintenant près d'une minute que les deux appareils se sont percutés. Dans le ciel obscur, les débris les plus légers tournoient encore comme d'immenses feuilles mortes, avant de s'écraser à proximité du lac de Constance. Juste à côté de la frontière. Il faudra encore plusieurs minutes pour que la totalité des fragments soit au sol. Ils se répartissent sur une distance de plus de 30 kilomètres.

Tous les occupants des deux avions sont tués. Il y a 71 morts. Le drame est d'autant plus terrible qu'il s'agit principalement d'enfants.

Dans un premier temps, la faute a été rejetée sur le pilote du Tupolev russe. On lui a reproché de ne pas avoir exécuté immédiatement les instructions du contrôleur qui lui ordonnait de descendre. C'est profondément injuste. Nous l'avons vu, c'est justement parce que le commandant de bord a obéi aux instructions du contrôleur que les deux avions se sont percutés.

Il serait tout aussi injuste de rejeter toute la responsabilité de la catastrophe sur le contrôleur. Même si l'homme a commis des erreurs graves, rappelons qu'il était dans des conditions de travail particulièrement difficiles.

Il était seul devant sa console et les alarmes de sécurité STCA du radar étaient hors service. Confronté à des pannes téléphoniques majeures, il est évident que la charge de travail était trop lourde à gérer pour un seul homme.

Après le crash, l'homme a été suspendu de ses fonctions. Le porte-parole de Skyguide a annoncé qu'il ne s'agissait pas d'une sanction, mais d'une simple mesure destinée à le protéger de la « détresse psychologique » à laquelle il devait faire face. Il s'agissait avant tout de l'inciter à se reposer. Une assistance psychologique lui a été fournie pour l'aider à supporter son traumatisme.

Pour toutes les raisons que nous avons évoquées plus haut, il ne fait aucun doute que le véritable responsable de cette catastrophe, c'est la société Skyguide.

On en veut pour preuve les mesures que les autorités suisses ont prises immédiatement afin d'éviter qu'un tel drame ne se reproduise.

On peut citer les deux principales :

- Skyguide a été mise en demeure de mettre obligatoirement deux contrôleurs pour gérer chaque secteur de vol ;
- le nombre des vols gérés par un seul contrôleur est réduit de 20 %. Cette mesure est impérative même si elle provoque des retards dans l'écoulement du trafic aérien.

Souhaitons que cela soit suffisant !

PASSAGERS EXIGEANTS !

29 mars 2001...

L'avion est un Gulfstream III [1]... Confortable, rapide et élégant, c'est un superbe jet d'affaires qui appartient à la société de location AvJet Corp. Bar, fauteuils en cuir avec téléphone individuel, boiseries en ronce de noyer, ce genre d'appareil est réservé à ceux qui ont beaucoup d'argent...

Motorisé par deux réacteurs Rolls Royce 511-8, le Gulfstream peut voler à 900 km/h et croiser jusqu'à 45 000 pieds [2]. Des performances que peu d'avions de ligne peuvent égaler...

À bord se trouvent deux pilotes, une hôtesse et les quinze passagers qui ont affrété l'avion pour se rendre à une soirée de gala à Aspen-Pitkin dans le Colorado. Aspen est une célèbre

1. *C'est un G-1159 d'un poids maximum de 31 tonnes au décollage. Construit par Gulfstream Aerospace en 1980, l'appareil totalise 7 266 heures au moment de ces événements. Il est immatriculé N 303GA.*
2. *Environ 15 000 mètres.*

station de ski aux États-Unis. Avec ses paysages de carte postale, ses grands chalets en bois et ses restaurants chics, c'est un endroit à la mode pour la jet-set américaine. On y fait du ski mais on y trouve également des boutiques de luxe, des night-clubs avec des rock stars et tout le gratin de Wall Street.

Bien que l'endroit soit situé à 2 600 mètres d'altitude dans les montagnes du Colorado, Aspen dispose d'un grand aéroport. Situé à 5 kilomètres au nord-ouest de la station, sa piste de 2 200 mètres peut accueillir des avions d'un tonnage important. Évidemment, l'atterrissage n'y est pas facile car la station est cernée par des sommets qui culminent aux environs de 4 300 mètres[3].

Dans le jargon aéronautique, les pilotes disent que l'endroit est « mal pavé ». D'ailleurs, tout le monde ne peut pas y atterrir : Aspen a été classé *« Special Airport »* par la compagnie AvJet. Seuls les commandants de bord ayant fait un repérage préalable avec un instructeur sont habilités à s'y poser. Ce n'est pas facile car il n'y a pas d'ILS[4] et seules les approches VOR/DME[5] sont possibles. Or ce type de percée est relativement imprécis. En outre, du fait du relief omniprésent, il est très difficile de faire une arrivée classique. L'avion doit commencer par perdre de l'altitude en faisant des cercles[6] puis rejoindre un circuit complexe en direction de la balise avant de se retrouver en finale vers la piste. Descendre en cercle ? On comprend bien qu'il n'est pas très confortable pour un pilote de descendre dans les nuages en tournant à proximité des sommets. Mais rien n'est

3. Dans un rayon de 25 kilomètres autour d'Aspen, il y a des dizaines de sommets dont l'altitude dépasse 4 000 mètres : Mont Elbert (4 399 m), La Plata Peak (4 372 m), Castle Peak (4 348 m), Mount Bedford (4 327 m), Maroon Peak (4 315 m), Capitol Peak (4 307 m), Snowmass Mountain (4 295 m), Pyramid Peak (4 273 m), Mount of the Holy Cross (4 269 m), etc.

4. Voir note 21, page 22.

5. Le pilote utilise comme référence une balise VOR et vérifie sa distance jusqu'à la piste grâce à un DME (Distance Measuring Equipment). Cette procédure d'approche n'est pas très précise. Lorsque la météo est mauvaise, l'avion ne peut pas descendre aussi bas que lorsque l'aéroport est équipé d'un ILS.

6. L'approche est définie comme étant une « Circling Approach » utilisée en terrains montagneux ou en zone de guerre pour éviter le survol de territoires hostiles.

simple à Aspen. Pas même la réglementation ! Ainsi, pendant des années, l'atterrissage de nuit y a été interdit. Les autorités américaines considéraient que c'était trop dangereux. En 1994, les choses ont changé : à la demande expresse des habitants de la région, une procédure d'approche a été validée et les avions ont été autorisés à se poser de nuit en utilisant la percée VOR/DME[7].

Puis, le 27 mars 2001, soit deux jours avant ces événements, la FAA[8] change d'avis et décide que cela présente trop de risques. Conséquence : il est de nouveau interdit de se poser de nuit avec cette procédure. Malheureusement, pour des raisons incompréhensibles, l'information n'a pas été transmise aux principaux intéressés : les contrôleurs d'Aspen (le rapport d'enquête parlera plus tard d'une « erreur humaine »).

Fait incroyable, le 29 mars 2001, tout le monde sait qu'il n'est plus possible de se poser de nuit à Aspen en utilisant une procédure d'approche circulaire. Tout le monde... sauf les contrôleurs de cet aéroport !!!

Le commandant de bord du Gulfstream le sait également. Mais, étant donné les circonstances, il va bien se garder de transmettre l'information aux intéressés. L'homme a 44 ans. Il est pilote de ligne et totalise plus de 8 500 heures de vol. Malgré son expérience aéronautique importante, son dossier professionnel est entaché par un incident survenu deux ans plus tôt en Californie. Alors qu'il était aux commandes d'un Gulfstream, il a manqué un atterrissage. C'était sur l'aéroport de Chino... Emporté par son élan, l'appareil a dépassé l'extrémité de la piste 26 et poursuivi son chemin sur une cinquantaine de mètres « dans la nature ». Par chance, l'avion n'a pas été endommagé et

7. À ce sujet, on ne peut qu'être frappé par les différences de mentalité entre le Nouveau Monde et la vieille Europe. Aux États-Unis, les riverains manifestent pour que les avions se posent la nuit dans leur région car c'est un facteur de développement économique. En France, les riverains luttent systématiquement pour faire fermer les aéroports...

8. Federal Aviation Administration : Administration fédérale de l'aviation américaine.

la commission d'enquête n'a pas pris de sanctions à l'encontre du pilote. L'incident a tout de même été consigné dans son dossier professionnel.

Avant de décoller de Los Angeles, l'équipage prend la dernière météo du Colorado. Et ce n'est pas génial... Il pleut sur la station et il neige sur les sommets. Ceux-ci sont noyés dans les nuages. Au-dessus de la piste, le plafond descend aux environs de 1 600 pieds. En outre, la turbulence est assez violente.

Au moment où l'équipage prend ces informations, la visibilité est de 11 kilomètres, ce qui est bon. Le problème, c'est que les conditions météo se détériorent rapidement. Les différents bulletins annoncent que, dans une heure, la visibilité va chuter aux environs de 5 kilomètres. Ce sera tout juste suffisant pour une approche en montagne.

Les responsables de la compagnie AvJet savent parfaitement qu'il n'est plus possible de se poser de nuit à Aspen. Pour respecter la réglementation, ils calculent donc que l'avion doit décoller de Los Angeles au plus tard à **16 h 55 mn.** Comme il y a 1 100 kilomètres à parcourir, cela amènera l'avion à atterrir à **18 h 05 mn**. Ce sera la dernière limite pour permettre à l'équipage de rentrer immédiatement à sa base de Burbank en Californie.

À **16 h 30 mn,** les deux pilotes sont installés dans l'avion. Ils sont prêts à mettre les réacteurs en route. Le plan de vol est déposé. Techniquement, tout est OK. Il n'y a qu'un détail gênant : les passagers ne sont pas encore arrivés !

Il faut bien comprendre qu'il ne s'agit pas de clients banals. Ceux que l'on attend sont de riches hommes d'affaires accompagnés de leurs épouses et de leurs amis. Ils ont loué cet appareil très coûteux afin de pouvoir décoller à leur convenance. La seule chose qui compte pour eux, c'est d'arriver avant 21 heures, car c'est à cette heure que commence leur soirée.

Ils imaginent donc qu'ils ont tout leur temps...

Les minutes passent et la tension monte dans le poste de pilotage du Gulfstream. À plusieurs reprises, le commandant contacte les « opérations » d'AvJet pour leur demander d'avertir les clients par téléphone...

Un responsable commercial de la compagnie prend donc contact avec la secrétaire du « grand patron » afin de l'informer du problème : l'avion doit impérativement décoller avant **16 h 55 mn.** Après cette heure, il ne sera plus possible d'atterrir à Aspen-Pitkin et il faudra se dérouter sur l'aéroport de Rifle situé à 100 kilomètres au nord-ouest. Dans ce cas-là, les clients devront finir la route par voie terrestre jusqu'à la station de ski !

Quelques instants plus tard, la secrétaire rappelle les opérations : son patron « prend la chose très mal ». Il a payé une petite fortune pour avoir le privilège d'emmener ses invités passer la soirée en jet privé à Aspen. Et on lui annonce qu'il doit se dépêcher sinon il devra faire les cent derniers kilomètres en taxi !!!

Les commerciaux tentent d'expliquer, mais le message du client est sans appel. Hors de question que l'avion n'atterrisse pas à Aspen. Et l'homme a un argument imparable : depuis plusieurs années, il a loué des dizaines d'avions pour se rendre à Aspen. Ceux-ci se sont toujours posés de nuit. Il n'acceptera pas d'être ridiculisé devant ses amis. Car la route entre Rifle et Aspen est sinueuse et difficile et il faudra au moins deux heures pour rejoindre la station en voiture... Alors, quelle que soit l'heure à laquelle ses invités partiront de Los Angeles, l'avion devra atterrir à Aspen... Pas de discussion ! Je paye... vous exécutez. Sinon vous aurez affaire à mon avocat !

Les passagers arrivent donc très en retard à l'aéroport de Los Angeles. Les hommes sont en smoking et les femmes en robe de soirée. L'ambiance est joyeuse car chacun a l'impression de vivre un moment exceptionnel. Seul le patron a le regard dur, de ceux qui n'ont pas l'habitude de se laisser faire.

L'avion décolle finalement avec... quarante et une minutes de retard sur l'horaire prévu.

Il est très facile d'imaginer l'état d'esprit du commandant de bord au moment où les roues du Gulfstream quittent le sol de la Californie. Que va-t-il faire ? S'il se déroute à Rifle, il déclenche une émeute. Le client va refuser de payer le vol. Il a parlé de procès... Les dirigeants de la compagnie risquent de rendre le pilote responsable de cet état de fait. On évoquera son manque d'efficacité et peut-être même ses antécédents. D'autre part, s'il décide de tenter d'atterrir malgré tout, ce sera dur ! Il va prendre des risques car la nuit sera tombée et sera en infraction vis-à-vis de la nouvelle réglementation. Dilemme !

Voyons comment les choses se sont passées.

Volant à 42 000 pieds, le Gulfstream III fonce à plus de 850 km/h vers sa destination. Le temps de vol prévu est d'une heure et dix minutes. C'est le commandant de bord qui pilote l'avion. Afin de gagner quelques précieuses minutes, il affiche la puissance maximum sur les réacteurs. Le copilote s'occupe des communications radio.

Toutes les conversations dans le poste de pilotage sont enregistrées par le *cockpit voice recorder*. À plusieurs reprises, les enquêteurs remarqueront que les deux hommes semblent inquiets. Bien évidemment, ils se demandent si l'obscurité ne va pas les gêner considérablement au moment de l'approche.

D'après leurs calculs, ils vont arriver à peine douze minutes avant la fermeture de l'aéroport. D'après la réglementation, celui-ci doit être bouclé une demi-heure après le coucher du soleil[9]. Une question revient en permanence : vont-ils parvenir à apercevoir la piste avec cette visibilité qui doit chuter en début de soirée ?

À 18 h 31 mn 25 sec (commandant) : *Eh bien, c'est pratiquement la nuit maintenant.*

9. *En fait, il ne le sera pas puisque les contrôleurs ne sont pas au courant des changements ordonnés par la FAA.*

18 h 31 mn 40 sec (copilote) : *À quelle heure est le coucher du soleil exactement ?*

18 h 31 mn 45 sec (commandant) : *À 6 h 28… Ça veut dire que nous avons une demi-heure après le coucher du soleil. Ça fait à peu près 7 heures.*

Parmi tous ces soucis, le commandant se demande également ce qui se passera si, par chance, il parvient à atterrir. Pourra-t-il repartir ? Car une fois au sol, il lui faut débarquer ses passagers, rajouter du carburant et remettre ses réacteurs en route. Faire tout cela en douze minutes paraît extrêmement juste. En fait, c'est même carrément impossible. Pourtant, chacun fait semblant d'y croire !

18 h 31 mn 48 sec (copilote) : *Ouais… 7 heures, ça devrait marcher…*

Quelques instants plus tard, l'équipage commence la descente vers Aspen. Dans un premier temps, l'avion est autorisé à quitter son niveau de croisière pour se stabiliser au niveau 210 (21 000 pieds). C'est le moment pour le commandant de faire un briefing sur la manière dont ils vont réaliser cette approche particulièrement délicate.

18 h 33 mn 55 sec (commandant) : *On va probablement faire une approche à vue. Si on rate la piste, on remettra les gaz… Comme on n'a pas beaucoup de pétrole supplémentaire, on ne fera qu'une seule remise de gaz. Et puis, on se déroute à Rifle.*

C'est tout ! On ne peut s'empêcher de penser que c'est un peu court comme briefing préparatoire pour une approche sur un terrain aussi dangereux. Normalement, le commandant aurait dû préciser clairement à son copilote quelle trajectoire ils allaient suivre… vers quelle altitude ils allaient descendre, quelle configuration d'approche ils allaient utiliser, quel point de référence ils choisissaient pour faire des cercles de descente. Puis enfin indiquer la vitesse en finale. Le briefing aurait dû se terminer en définissant la trajectoire à suivre en cas de remise de gaz. C'est bien la moindre des choses quand on atterrit sur un aéroport entouré de dizaines de « gros cailloux » et qu'on n'est pas certain de réussir l'approche. Or, rien de tout cela n'apparaît dans ses propos.

Le briefing n'a rien de facultatif, c'est une procédure absolument obligatoire dans un poste de pilotage. On peut penser que le pilote l'a négligé parce qu'il est préoccupé par le timing. Les minutes passent et il veut agir vite car la perspective de passer la nuit à Aspen ne l'enchante guère.

Quelques instants plus tard, le copilote prend la dernière météo de l'aéroport. La visibilité est encore satisfaisante, mais les prévisions sont de plus en plus pessimistes. Cela ne va plus durer longtemps. La base des nuages est à 2 000 pieds [10] au-dessus de la piste. S'il s'agissait d'un aéroport normal, il n'y aurait aucun problème pour atterrir, mais, compte tenu des reliefs environnants, c'est extrêmement limite.

La solution la plus sage serait de se dérouter dès maintenant en direction de Rifle. Mais le commandant va d'abord faire une verticale à Aspen, histoire de voir comment ça se présente. Ensuite il avisera.

C'est la piste 15 en service.

Ce soir-là, le Gulfstream n'est pas le seul avion à vouloir atterrir à Aspen. On est jeudi et c'est le début d'un très long week-end. Alors que l'appareil est encore à 21 000 pieds [11], on entend le pilote d'un Challenger [12] appeler sur la fréquence.

10. Environ 600 mètres.
11. Environ 7 000 mètres.
12. Le Challenger est un appareil comparable au Gulfstream III. C'est un jet d'affaires très rapide réservé à une clientèle fortunée.

Celui-ci demande l'autorisation de faire une seconde approche car il vient de remettre les gaz.

Bien évidemment, les deux hommes se demandent aussitôt pourquoi l'avion n'a pas réussi à atterrir.

18 h 44 mn 07 sec (copilote) : *J'espère qu'il est en train de faire des entraînements.*

Car il peut y avoir deux raisons ayant amené le pilote du Challenger à remettre les gaz. La première est plutôt rassurante : il peut s'agir d'un avion-école. Le pilote est en train de s'entraîner à faire des approches. Il vient d'apercevoir la piste, mais, comme c'est un entraînement, il n'a pas besoin d'atterrir réellement. Dans ce cas, il remet les gaz pour faire une nouvelle approche. Cela signifie que les conditions météo sont satisfaisantes.

La seconde possibilité est beaucoup moins réjouissante : le Challenger transporte des passagers et vient de manquer son approche parce que le pilote n'a pas vu la piste… Dans ce cas, la météo n'est pas bonne du tout !

18 h 44 mn 15 sec (commandant au copilote) : *On va le savoir… Je vais leur demander.*

18 h 44 mn 22 sec (commandant appelant le contrôleur d'approche d'Aspen) : *Aspen de Golf Alpha… Est-ce que vous pourriez nous dire si le gars du Challenger fait des entraînements ou s'il vient de remettre les gaz parce qu'il n'a pas vu la piste ?*

La réponse du contrôleur tombe brutalement comme un mauvais présage :

18 h 44 mn 35 sec (contrôleur d'Aspen) : *Il vient de rater la piste, monsieur. On l'a vu passer à 10 400 pieds.*

18 h 44 mn 38 sec (copilote) : *Bien reçu...*

18 h 44 mn 39 sec (contrôleur d'approche d'Aspen) : *Heu... En ce qui vous concerne, Golf Alpha... il faudrait attendre un peu. J'ai deux autres avions devant vous. Prenez un cap 360 et je vous rappelle pour commencer votre approche.*

18 h 44 mn 55 sec (copilote) : *Roger, Golf Alpha.*

Nul doute que les dernières paroles du contrôleur ne doivent pas faire plaisir au commandant. Elles signifient deux choses : d'une part, la météo est mauvaise ; d'autre part, l'attente qu'on lui impose va le pénaliser.

Plus le temps passe et moins il aura de chance de réussir une approche « à vue ». Car c'est bien de cela dont il s'agit. Quoi qu'il en soit, il faut absolument qu'il parvienne à voir la piste de très haut. Rien ne serait plus dangereux que de descendre dans une vallée qui ne soit pas la bonne et de s'y trouver ensuite « enfermé ».

C'est la raison pour laquelle la préoccupation principale de l'équipage est justement de prendre dès maintenant des repères au sol. L'avion est encore au-dessus des montagnes et les deux hommes écarquillent les yeux pour trouver leurs marques dans les trous des nuages.

Le commandant examine sa carte de vol à vue au 500 000e. L'un des repères caractéristiques à trouver est une grande route qui serpente au fond d'une vallée en direction d'Aspen. C'est la route de Glenwood Spring qui remonte par Snowmass pour arriver pratiquement dans l'axe de la piste 15 au nord-ouest de la station.

Elle est pratiquement parallèle à une rivière. Il y a également une voie ferrée juste à côté, mais seule la route devrait être visible, car elle est très fréquentée, et on devrait apercevoir les phares des voitures.

Le doigt sur la carte, le commandant s'adresse à son copilote.

18 h 45 mn et 02 sec (commandant) : *Est-ce que tu peux voir cette route ? On peut peut-être descendre là-dedans ?*

Mais ce n'est pas aussi simple. Il y a beaucoup de nuages et les montagnes enneigées disparaissent régulièrement sous les ailes du Gulfstream.

18 h 45 mn et 12 sec (copilote) : *Je suis en train de chercher... Je suis en train de chercher. Non, c'est pas ça...*

18 h 45 mn 24 sec (contrôleur d'Aspen) : *Golf Alpha, descendez au niveau 190*[13] *et réduisez votre vitesse à 210 nœuds*[14].

18 h 45 mn 28 sec (copilote) : *Bien reçu, Aspen... Vers le 190 et 210 nœuds.*

Tout en commençant la descente, l'équipage cherche toujours à repérer la route de Glenwood Spring...

18 h 45 mn 41 sec (commandant) : *Je n'arrive pas vraiment à me repérer là-dessous. Et toi ?*

18 h 45 mn 44 sec (copilote) : *Non... Pas vraiment... J'ai l'impression qu'il y a une rivière, mais je ne vois rien d'autre.*

En fait, il y a plusieurs vallées dans les environs d'Aspen. Chacune d'elle comporte une rivière. Il semble que l'équipage ne soit pas en train de chercher au bon endroit.

13. 19 000 pieds soit un peu plus de 6 000 mètres.
14. 380 km/h.

18 h 45 mn 54 sec : bruit de quelqu'un qui pénètre dans le poste de pilotage.

C'est l'hôtesse qui vient d'entrer dans le cockpit... Ce n'est pas la première fois que la jeune femme atterrit à Aspen et elle doit certainement savoir combien l'approche y est difficile. Pourtant, en voyant les pilotes hésiter sur la trajectoire à suivre, elle ne peut s'empêcher de manifester son inquiétude :

18 h 46 mn 03 sec (hôtesse) : *Est-ce que vous avez peur ?*

18 h 46 mn 07 sec (commandant) : *Eh bien... J'espère qu'on va réussir. Y'a un type juste devant nous qui vient de rater son approche...*

Visiblement, les paroles du commandant font l'effet d'une véritable douche froide sur la navigante.

18 h 46 mn 13 sec (hôtesse) : *Oh... Je veux pas entendre ça... Pourquoi vous m'avez dit ça ? Pourquoi est-ce que vous m'avez dit que vous aviez peur ?*

18 h 46 mn 20 sec (commandant) : *Eh bien, j'ai pas peur !!!*

Pour faire écho à son patron, le copilote insiste lourdement.

18 h 46 mn 23 sec (copilote) : *J'ai pas peur non plus... On se demande seulement si on va y arriver.*

Impressionné par la réaction effrayée de son hôtesse, le commandant décide de lui donner quelques explications techniques :

18 h 46 mn 31 sec (commandant) : *Eh bien, en fait, on n'a pas* *assez de carburant pour tourner très longtemps par ici. Ce que je veux dire, c'est qu'on a juste ce qu'il faut pour faire une approche et puis c'est tout... Après, on se déroutera sur Rifle.*

Trente secondes plus tard, le contrôleur d'Aspen croit bon de lancer un message d'information destiné aux avions en approche. Son but est de permettre à chacun de se faire une idée sur la situation météorologique au-dessus du terrain.

18 h 47 mn 02 sec (contrôleur d'approche d'Aspen) : *À tous les avions, je vous informe qu'un Citation vient d'annoncer qu'il avait la piste en vue et qu'il a percé à 10 400 pieds.*

18 h 47 mn 08 sec (copilote voix soulagée) : *Voilà une bonne nouvelle !*

Du coup, l'espoir remonte brusquement dans le cockpit du Gulfstream. Le commandant se dit qu'il va peut-être y arriver et informe le contrôleur de ses intentions :

18 h 47 mn 11 sec (commandant) : *Aspen de Golf Alpha ?*

18 h 47 mn 13 sec (contrôleur d'Aspen) : *5 sur 5, Golf Alpha, je vous écoute.*

18 h 47 mn 15 sec (commandant) : *Ouais, eh bien d'où je suis, je peux presque voir la vallée... Mais je ne connais pas suffisamment bien le terrain pour faire une approche à vue.*

18 h 47 mn 55 sec (contrôleur) : *Bien reçu, Golf Alpha. Descendez à 17 000 pieds*[15].

15. Environ 5 500 mètres.

Les derniers rayons du soleil ont maintenant disparu. Pour l'instant, le Gulfstream est encore largement au-dessus des plus hauts sommets. Il y est toujours en sécurité. Mais, peu à peu, les choses vont se compliquer. La descente entre les montagnes se prépare et la tension va monter. L'équipage doit absolument réussir à se repérer à vue. Dans l'obscurité ?

Et pour l'instant, l'objectif principal est d'identifier clairement la route de Glenwood Spring.

18 h 48 mn 05 sec (commandant) : *La route... Elle est là. Juste là... Est-ce que tu la vois ?*

18 h 48 mn 12 sec (copilote) : *Non, je ne la vois pas !*

18 h 48 mn 16 sec (commandant) : *Tu ne la vois pas... Juste là ?*

L'avion vient de traverser un nuage et le repère a disparu brusquement.

18 h 48 mn 19 sec (copilote) : *Non il y a des nuages... Je ne la vois pas.*

18 h 48 mn 22 sec (commandant) : *Mais bon sang, elle est juste là...*

Pendant que les navigants s'évertuent à trouver leurs repères dans la nuit, l'hôtesse continue à se poser des questions. Elle est toujours debout dans le cockpit juste derrière le commandant et elle ne comprend pas ce qui se passe. Elle connaît bien les deux hommes et c'est la première fois qu'elle les voit aussi hésitants.

Une fois de plus, le commandant essaie de la rassurer :

18 h 48 mn 39 sec (commandant) : *Ne t'inquiète pas. On fait une tentative et si on n'y arrive pas, on se déroute à Rifle. De toute* *façon, on ne peut pas faire autrement. Il sera trop tard... Avec la nuit...*

Et l'avion poursuit sa descente au-dessus des montagnes. À de nombreuses reprises, il pénètre dans les nuages puis en ressort. Trois minutes plus tard, le commandant semble apercevoir une nouvelle fois des phares sur une route.

18 h 51 mn 01 sec (commandant) : *Tiens, regarde là-bas... Regarde ! Regarde... C'est au cap 145, alors la piste doit être là-bas juste là en dessous de ces nuages.*

Cette fois, le commandant semble avoir trouvé le bon repère pour son approche. La route de Glenwood est effectivement orientée vers le sud-est, ce qui fait bien 145 degrés. Malgré tout, il semble toujours seul à l'apercevoir. Le copilote reste dubitatif.

18 h 51 mn 09 sec (copilote) : *Je ne la vois pas. J'ai vu des lumières là-bas, mais ça doit être autre chose.*

Au sol, le contrôleur d'approche suit la progression de l'avion sur son radar. Il lui demande d'abord de prendre un cap au 050 vers le nord-est puis il le ramène sur le cap 140 afin de le mettre dans l'axe de la piste 15. À cet instant, le Gulfstream est encore à 16 000 pieds. Il n'est pas encore au niveau des sommets les plus élevés, mais il s'en rapproche. Puis le contrôleur adresse un nouveau message général sur la fréquence.

18 h 52 mn 22 sec (contrôleur d'Aspen) : *À tous les avions en vol, je vous signale que le dernier avion en finale vient de remettre les gaz. Il n'a pas vu la piste...*

Nul doute que la nouvelle ne doit pas faire plaisir à l'équipage. Elle signifie que la couche nuageuse s'est épaissie et que la visibilité a baissé. Du coup, le copilote murmure d'une voix lugubre :

18 h 52 mn 48 sec (copilote) : *Shit... C'est pas... bon !*

Un fait nouveau se produit alors. En apparence banal, il va pourtant jouer un rôle important dans le drame qui va survenir. Après s'être absentée quelques instants, l'hôtesse revient dans le cockpit.

18 h 53 mn 05 sec (hôtesse) : *Il y a un passager qui voudrait venir dans le poste pour assister à l'atterrissage. Heu... C'est le client...*

Ce n'est pas vraiment le moment d'accepter une visite dans le poste de pilotage. En des circonstances aussi difficiles, nul doute que le commandant d'un vol régulier refuserait. Malheureusement, ce vol n'est pas un régulier. Et l'homme qui demande à jouer les observateurs est celui qui a loué l'avion. Difficile de lui refuser !

Le commandant ne répond pas, mais il doit certainement faire un signe d'approbation car, quelques secondes plus tard, le passager vient s'installer sur le strapontin situé derrière lui.

Il est bien évident que la présence de ce client va mettre la pression sur les épaules de l'équipage. Ce n'est pas bon du tout... Une minute plus tard, l'hôtesse se penche vers le nouveau venu. Le ton de sa voix est particulièrement aimable :

18 h 54 mn 12 sec (hôtesse) : *Voulez-vous bien attacher votre ceinture, s'il vous plaît.*

18 h 54 mn 14 sec (contrôleur d'Aspen) : *Golf Alpha, réduisez votre vitesse au minimum pendant votre approche. J'ai deux trafics devant vous...*

Le copilote n'a pas le temps d'accuser réception que l'on entend l'équipage d'un Challenger appeler sur la fréquence :

18 h 54 mn 17 sec (pilote du Challenger) : *Charlie Delta 045, on remet les gaz. On n'a pas la piste en vue !*

Nouveau coup au moral...

18 h 54 mn 24 sec (copilote d'une voix désolée) : *Bullshit, la météo est en train d'empirer. Ils n'ont pas réussi.*

À cet instant, le passager derrière le commandant croit bon de se manifester...

18 h 54 mn 35 sec (passager) : *Oh vraiment !*

Malgré sa brièveté, cette intervention est loin d'être neutre. Elle montre à quel point l'homme est attentif à ce qui se passe. Le ton agacé laisse supposer que l'équipage de l'avion précédent n'est pas bon...

18 h 55 mn 40 sec (contrôleur d'approche d'Aspen) : *Golf Alpha... Vous êtes à 5 milles nautiques de Red Table VOR, que vous devez passer à 14 000 pieds minimum. Vous êtes autorisé à commencer votre approche VOR/DME pour la piste 15.*

18 h 56 mn 02 sec (commandant) : *Cette fois on y va... On descend vers 14 000 pieds.*

Le commandant vient de le dire, le moment décisif est arrivé. Comme le lui a demandé le contrôleur, il a réduit sa vitesse au minimum. À cette altitude, elle est de 160 nœuds. Le début de la descente ressemble à une plongée dans un monde hostile. La couche nuageuse commence juste en dessous à partir de

16 000 pieds. Bien sûr, il y a quelques trous dans lesquels on distingue des lumières çà et là. Mais il y a aussi ces montagnes menaçantes qui se dressent un peu partout.

Alors que le commandant réduit les gaz, le copilote examine avec attention les deux cartes qu'ils vont maintenant utiliser. Pour le vol à vue, il y a une carte de l'US Air Force au 500 000e et, pour l'approche aux instruments, une fiche Jeppesen marquée « VOR/DME piste 15 ». C'est en lisant cette dernière qu'il donne l'information suivante :

18 h 56 mn 10 sec (copilote) : *Quand tu auras passé le VOR, tu pourras descendre à 12 000 pieds.*

18 h 56 mn 15 sec (commandant) : *D'accord.*

À partir de maintenant, l'avion traverse une succession d'épaisses couches nuageuses. Les montagnes se rapprochent, mais l'équipage ne les voit pas. C'est d'autant plus inquiétant que le contrôleur lance un nouveau message d'information générale.

18 h 56 mn 17 sec (contrôleur d'approche d'Aspen) : *Message pour tous les avions : la visibilité au nord du terrain est descendue à 3 kilomètres*[16].

Les rythmes cardiaques s'accélèrent imperceptiblement dans le cockpit... Trois kilomètres, c'est très peu... Bien sûr, cette chute de la visibilité ne concerne que le nord du terrain. Le problème, c'est que l'avion effectue son approche par le nord.

18 h 56 mn 24 sec (contrôleur d'approche d'Aspen) : *Golf*

16. Le contrôleur annonce la visibilité en utilisant le statute mile comme unité de mesure (1,609 m), ce qui fait en réalité 3,2 km.

Le problème, c'est que les pilotes ne voient toujours rien devant eux. Et ils ne sont pas prêts de voir la piste car la visibilité est en train de chuter rapidement...

18 h 57 mn 45 sec (commandant) : *À partir de quand est-ce qu'on pourra descendre à 12 700 pieds ?*

18 h 57 mn 50 sec (copilote) : *On peut descendre à 12 700 pieds... heu... à partir de 3 milles nautiques après Red Table VOR.*

En descendant vers 12 700 pieds, l'avion commence donc sa première « marche d'escalier » en direction de l'aéroport. Son taux de descente est alors de 2 200 pieds par minute. C'est beaucoup plus fort que ce qui se fait lors d'une approche normale où le taux varie entre 600 et 800 pieds par minute. Mais il n'y a pas moyen de faire autrement. La proximité du relief impose ce type d'approche très raide. Au même moment, la contrôleuse appelle le Challenger qui se trouve juste devant le Gulfstream.

18 h 58 mn 04 sec (contrôleuse de la tour d'Aspen) : *Challenger 689 Fox, est-ce que vous avez la piste en vue ?*

18 h 58 mn 07 sec (Challenger) : *Négatif, madame... Nous n'avons pas l'aéroport en vue. Heu... On est en train de faire une remise de gaz.*

Mauvaise nouvelle qui est évidemment entendue dans le poste de pilotage du Gulfstream ! L'équipage s'inquiète, mais c'est le client derrière le commandant qui manifeste immédiatement son mécontentement.

18 h 58 mn 12 sec (client, voix irritée) : *Est-ce que c'est bon pour nous ?*

18 h 58 mn 15 sec (commandant) : *Non pas vraiment... Pas encore. Le gars, juste devant nous, n'a pas réussi non plus...*

18 h 58 mn 22 sec (client) : *Ah vraiment ?*

Cette nouvelle intervention est tout à fait insupportable. Quels que soient les rapports commerciaux entre la compagnie et le client, le commandant de bord devrait lui demander de retourner en cabine pour les laisser travailler tranquillement. Les conditions de l'approche sont trop difficiles pour qu'ils soient dérangés en permanence.

En outre, par sa seule présence, l'intrus exerce une pression psychologique qui déconcentre l'équipage.

L'approche se poursuit. L'avion arrive maintenant à 12 700 pieds et le commandant se met en palier comme la carte Jeppesen le précise. Il doit attendre d'être à une distance de 6 milles nautiques après le VOR pour pouvoir reprendre sa « plongée ». Pour anticiper, le copilote lui précise jusqu'à quelle altitude il va pouvoir descendre par la suite en sécurité.

18 h 59 mn (copilote) : *On passe le point ALLIX... Tu peux maintenant descendre vers 12 200 pieds.*

18 h 59 mn 14 sec (commandant) : *Prochaine altitude ?*

18 h 59 mn 20 sec (copilote) : *10 400 pieds...*

18 h 59 mn 25 sec (commandant) : *D'accord, alors tu sors le train et les volets 10.*

Et le passager croit bon d'intervenir encore une fois pour faire une observation d'une importance vitale.

18 h 59 mn 28 sec (client) : *Oh, il neige !*

Remarque pertinente et très utile ! Le client ne réalise pas à quel point l'approche sur Aspen est délicate. Ce n'est pas une arrivée semblable à celle des grands aéroports comme JFK, Los Angeles ou Roissy... Les pilotes sont en train de descendre au milieu du relief sans disposer d'infrastructures au sol fiables.

18 h 59 mn 45 sec (commandant) : *Est-ce que les balises lumineuses de votre piste sont à l'intensité maximum ?*

18 h 59 mn 54 sec (contrôleuse de la tour) : *Oui monsieur, elles sont au maxi.*

Le problème, c'est que, pour le moment, l'équipage ne voit absolument rien. Et l'approche se poursuit dans un silence pesant.

19 h et 30 sec (copilote) : *On peut descendre jusqu'à 10 200 pieds. C'est nos* minima.

Les *minima...* C'est le moment décisif. Lors d'une approche sans visibilité, il arrive toujours un moment où le pilote doit faire un choix crucial : se poser ou remettre les gaz. Ce moment arrive toujours quand l'avion atteint l'altitude minimum de décision. C'est la MDA [19]. Le problème est simple : soit le pilote voit les lumières de la piste et il continue à descendre, soit il ne les voit pas et il remet impérativement les gaz... Hors de question de poursuivre une approche sans savoir où l'on va...

Sur l'aéroport d'Aspen, l'altitude de décision est de 10 200 pieds [20]. La réglementation est stricte : lorsque l'avion arrivera à cette altitude, le commandant devra voir la piste. Si ce n'est pas le cas, il lui faudra impérativement faire comme la

19. *MDA* : Minimum Decision Altitude.
20. *Il s'agit ici d'une altitude calculée par rapport au niveau de la mer. Cela correspond à 2 385 pieds (un peu plus de 600 mètres) par rapport à la piste d'Aspen.*

plupart des avions qui étaient devant lui ce soir : remettre les gaz. S'il poursuivait la descente en aveugle, il ne serait plus protégé et risquerait de percuter un obstacle dans l'obscurité.

Et justement, l'aiguille de l'altimètre indique 10 200 pieds... C'est la MDA. L'instant est décisif. L'équipage écarquille les yeux... Devant l'avion tout est sombre. Pas la moindre trace de balises lumineuses. Le commandant n'a pas le choix, il lui faut repousser les deux manettes des gaz vers l'avant et se dérouter vers Rifle...

19 h et 35 sec (commandant) : *10 200 pieds...*

19 h et 36 sec (copilote) : *10 200 pieds et on est à 11 nautiques du fix DME.*

Pendant une dizaine de secondes, l'avion reste en palier. De toute évidence, le commandant hésite. Il se demande s'il ne devrait pas « aller voir » [21]. Ce serait de la folie, mais cela résoudrait tous les problèmes. Folie... Il tergiverse... Nul doute que si le client n'était pas derrière lui, il remettrait les gaz et se dérouterait à Rifle. Sauf que le gars est là. Il est riche et puissant et va faire un véritable scandale en comprenant qu'il arrivera très en retard à sa soirée.

Finalement, le commandant prend sa décision. Elle est aussi imprudente que stupide : il reprend la descente. Le taux de chute de l'avion revient alors à ce qu'il était auparavant : 2 200 pieds par minute.

Le problème, c'est qu'à partir de cet instant, l'avion commence à virer légèrement à droite. Le cap qui était au 168 passe au 185. Volonté délibérée ou tension nerveuse du pilote qui relève fréquemment la tête vers le pare-brise pour essayer

21. *L'expression « aller voir » est souvent employée lorsqu'un pilote est tenté de descendre en dessous de ses minima. On comprend bien ce qu'elle signifie. C'est une faute grave.*

d'apercevoir la piste ? Impossible de connaître l'origine de cette erreur.

La descente aux enfers commence !

19 h et 43 sec (commandant) : *Est-ce que tu vois la piste ?*

19 h et 45 sec (copilote) : *Hein ?*
19 h et 46 sec (commandant) : *Est-ce que tu vois la piste ?*

19 h et 47 sec (copilote) : *... la piste...*

La réponse du copilote n'est pas compréhensible sur l'enregistrement. Impossible de savoir s'il a confirmé qu'il voyait effectivement la piste ou si c'est une phrase du genre : « J'essaye de voir la piste. »

Pendant ce temps-là, l'avion continue à plonger vers le sol.

19 h et 49 sec (contrôleuse d'Aspen) : *Golf Alpha, est-ce que vous pouvez me confirmer que vous avez la piste en vue ?*

En posant cette question, la contrôleuse applique strictement la procédure en vigueur à Aspen. L'avion ayant dépassé le point de l'altitude minimale de décision, elle a pour consigne de vérifier que le pilote voit effectivement les lumières des balises. C'est ce qu'elle vient de faire.

Si le pilote confirme, elle l'autorise à poursuivre son approche...

En revanche, s'il lui annonce qu'il ne voit pas la piste, elle a pour instruction de lui ordonner de remettre impérativement les gaz. C'est une question de sécurité.

On ne sait pas si le copilote voit vraiment la bande lumineuse dans la nuit, mais en tout cas il l'affirme. Personne ne saura jamais la vérité de façon certaine, mais ce qui suit laisse à penser qu'il ne la voit pas !

19 h et 55 sec (copilote à son commandant) : *Affirmatif.*

Le commandant qui a le nez dans son tableau de bord réplique donc aussitôt.

19 h et 56 sec (commandant) : *Oui, maintenant, maintenant nous la voyons.*

Est-ce une brève vision alors que l'avion est sorti un instant des nuages ? Y a-t-il confusion avec des phares de voitures sur la route de Glenwood ? Impossible d'être catégorique sauf qu'il est pratiquement certain qu'aucun des deux hommes ne voit réellement les balises de la piste 15. La seule preuve, c'est qu'à cet instant l'avion devait virer très légèrement à gauche pour se mettre dans l'axe et il vire légèrement... à droite.

Au même moment, le commandant réduit les gaz franchement. Il est probable que le commandant veuille perdre de l'altitude pour sortir des nuages le plus rapidement possible. Quatre secondes plus tard, l'avion passe le point 9,5 DME à 9 500 pieds. Il est beaucoup trop bas par rapport à la trajectoire idéale. Si son approche était correcte, il devrait être 900 pieds plus haut...

Ça va de plus en plus mal !

En outre, sa vitesse est maintenant très faible, il n'est plus qu'à 125 nœuds. Il aurait fallu remettre les gaz depuis longtemps. Et pourtant, le pilote continue à descendre en espérant qu'il va finir par apercevoir cette fichue piste. Devant le pare-brise, ce ne sont que des gros flocons de neige.

19 h 01 mn 12 sec (copilote) : *Là-bas vers la droite !*

Les enquêteurs se sont demandé quelles lumières le copilote pouvait bien avoir aperçues car l'examen du tracé radar montre, encore une fois, qu'à cet instant la piste n'est pas à droite du pare-brise mais à gauche. Il s'agit certainement des voitures sur la route de Glenwood aperçues brièvement dans un trou de nuage.

Le commandant ne réagit pas... Aucune correction à droite ou à gauche. Il poursuit la descente inexorablement.

Puis il demande la sortie des aérofreins et affiche les pleins volets. Il ne devrait pas le faire... Le manuel de vol du Gulfstream III précise que les AF ne doivent pas être sortis lorsque le train est sorti ou si les volets sont braqués à fond. Une erreur de plus qui n'est rien à côté du fait qu'il est maintenant à plus de 1 000 pieds en dessous de ses *minima*.

À partir de maintenant, la voix de synthèse de la radio-sonde retentit dans le cockpit. Elle va annoncer la hauteur réelle de l'avion par rapport au sol[22].

19 h 01 mn 28 sec (radio-sonde) : *1 000 pieds*[23].

19 h 01 mn 31 sec (radio-sonde) : *900 pieds.*

19 h 01 mn 34 sec (radio-sonde) : *800 pieds.*

Incroyable, à cet instant, l'équipage ne voit toujours pas la piste et il est exactement à 1 900 pieds[24] en dessous ses *minima.* Son cap est au 185 (pour un axe de piste au 164) et il continue à virer à droite.

Pour résumer la situation, on peut dire que le Gulfstream n'est pas en bonne posture : entouré de montagnes, il est beaucoup trop bas, il n'est pas dans l'axe, il est légèrement incliné à droite. Comme si cela ne suffisait pas, son pilote ne voit toujours pas la piste.

À ce petit jeu de roulette russe, on finit toujours par gagner !

22. *Il faut se rappeler que l'avion est en montagne et que la hauteur annoncée par la radio-sonde va varier en fonction de l'altitude des reliefs survolés.*
23. *300 mètres.*
24. *Environ 600 mètres.*

19 h 01 mn 37 sec (commandant) : *Où est-ce qu'elle est ?*

À ce stade de désarroi, il n'y a qu'une chose à faire : remettre les gaz en espérant qu'il va être possible de se dégager des montagnes dans l'obscurité.

19 h 01 mn 38 sec (radio-sonde) : *700 pieds.*

19 h 01 mn 41 sec (radio-sonde) : *600 pieds.*

19 h 01 mn 42 sec (copilote) : *À droite...*

19 h 01 mn 44 sec (commandant) : *D'accord, à droite...*

Il vire donc vers la droite, ce qui donne à l'avion un cap 200. À cet instant, la piste est sur la gauche à 2 200 mètres. Aveuglé par la neige qui tombe, l'équipage ne la voit toujours pas. Et il ne remet toujours pas les gaz... C'est de la folie pure... D'autant que l'enquête montrera plus tard qu'à cet instant la visibilité a chuté à 2 kilomètres et demi et que la neige tombe de plus en plus fort. Il fait nuit noire.

19 h 01 mn 45 sec (radio-sonde) : *500 pieds...*

Le commandant sait-il vraiment où il se trouve ?

Certainement pas puisqu'il vire à droite puis vire à gauche, puis de nouveau à droite, courant visiblement après l'aiguille de son VOR.

Le taux de chute augmente tellement que le GPWS [25] annonce que le taux de chute de l'avion est trop fort. Il faut le stabiliser.

25 Ground Proximity Warning System : *système d'alerte de proximité du sol.*

19 h 01 mn 48 sec (radio-sonde) : *400 pieds...*

Le Gulfstream est maintenant tout près du sol. Son taux de chute a diminué, mais il est tout de même très fort. Il est encore de 900 pieds par minute et les enquêteurs pensent que c'est seulement à cet instant que le commandant aperçoit vraiment la piste. Car l'avion prend brusquement la bonne direction vers le terrain. Le pilote incline à plus de 40 degrés vers la gauche. Le problème, c'est que les aérofreins, les volets et le train d'atterrissage sont sortis. L'avion est à faible vitesse. Pour cette machine qui pèse plus de 25 tonnes, la vitesse de décrochage avec une telle inclinaison est de 138 nœuds. Or, sa vitesse actuelle est de 127 nœuds. Le vibreur de manche se déclenche donc annonçant que l'avion va décrocher.

À 19 h 01 mn 53 sec, le commandant décide enfin de remettre les gaz. Il est malheureusement un peu tard... L'avion est à seulement 60 mètres de hauteur. Dans le lit d'un torrent... En fait, le pilote ne le sait pas, mais s'il n'a pas encore touché le sol, c'est parce qu'il est juste au milieu de la vallée et au centre d'une petite cuvette. Devant lui se trouve une colline qui lui barre le chemin pour atteindre la piste. La poussée des réacteurs revient lentement. Très lentement, car les moteurs tournaient au ralenti[26].

Le pilote tire sur le manche. Malheureusement, le taux de chute est encore trop fort. L'avion décroche. Il n'y a plus rien à faire pour le rattraper.

19 h 01 mn 53 sec (radio-sonde) : *200 pieds...*

26. *Lorsque le pilote pousse les deux manettes de puissance, il n'y a pratiquement aucune réaction. En effet, contrairement aux consignes du constructeur, le commandant de bord avait réduit la poussée des réacteurs à 55 % de N2, ce qui correspond à une réduction totale de la puissance. Pendant l'approche, le constructeur conseille de garder un minimum de 64 % de N2 afin de pouvoir relancer les réacteurs plus rapidement en cas de remise des gaz.*

La contrôleuse voit les phares du Gulfstream surgir sur sa droite à travers les flocons de neige.

L'avion est décalé vers l'ouest et ses phares sont orientés dans la direction de la tour de contrôle. L'appareil est beaucoup trop bas... Il s'incline brutalement à gauche. Le pilote cherche à se remettre dans l'axe de la piste, mais il est décalé à droite d'une centaine de mètres. Le Gulfstream percute le sol avec une inclinaison de 49 degrés. La jeune femme n'a pas le temps de prendre son micro qu'il y a immédiatement une énorme boule de feu.

19 h 01 mn 53 sec et 9 dixièmes : Le *cockpit voice recorder* enregistre un très fort craquement puis tout s'arrête.

Tous les occupants de l'appareil sont tués sur le coup...

Que d'erreurs, de maladresses et de fautes graves dans cet accident dans lequel tout le monde a sa part de responsabilité :

- le commandant de bord, en premier chef qui descend de plus de 1 900 pieds sous ses *minima* et agit de manière totalement irresponsable,
- le copilote qui annonce en permanence qu'il voit la piste alors que c'est pratiquement impossible,
- le client qui pense que son argent lui donne tous les pouvoirs y compris celui d'être immortel,
- l'administration américaine incapable de mettre ses contrôleurs au courant de l'évolution de procédures aussi vitales.

À méditer...

PERSONNE NE VEUT VOLER AVEC LE COMMANDANT DE BORD !

John n'a pas bonne réputation...[1]

Il a pourtant 6 700 heures de vol. Il est commandant de bord, pilote de ligne, instructeur et fait partie de ces navigants particulièrement expérimentés qui volent au sein de la FAA[2], la célèbre Administration fédérale de l'aviation américaine... Mieux, il est également titulaire d'un certificat de « pilote inspecteur des systèmes aériens ». En clair, il est chargé de vérifier que toutes les balises de navigation et d'aides à l'atterrissage fonctionnent correctement dans les aéroports.

Aux commandes d'un avion spécialement équipé, il effectue des percées aux instruments afin de s'assurer que les installations au sol sont bien calibrées. C'est un travail essentiel pour la sécurité du transport aérien. Que pourrait faire en effet un

1. John est un pseudonyme.
2. Federal Aviation Administration.

pilote si l'ILS[3] lui fournissait de fausses informations pendant un atterrissage sans visibilité ? Il irait à la catastrophe sans même s'en rendre compte… Régulièrement, la FAA envoie donc des avions de calibrage pour vérifier que tout fonctionne normalement.

John fait donc partie des équipages de spécialistes qui veillent discrètement sur la sécurité des passagers. Aux commandes d'un King Air 300 bourré d'électronique, il navigue autour des aérodromes, fait des mesures, et enregistre des données vitales.

Pourtant, John n'a pas la réputation d'être un bon pilote…

Ancien sous-officier dans l'armée, il est rentré à la FAA en 1983. Dans un premier temps, il n'a pas été engagé comme navigant mais comme « assistant au trafic aérien[4] », un job administratif au sol qui ne lui a pas permis de s'épanouir vraiment. Car, depuis son plus jeune âge, John n'a qu'une idée en tête : voler. Alors, comme beaucoup d'Américains passionnés par l'aviation, il a réalisé son rêve en s'inscrivant dans une école de pilotage. Et il a pris des leçons. Beaucoup de leçons… John a travaillé très dur pendant son temps libre et ses congés. Cela lui a coûté de l'argent et du temps. Après plusieurs années de labeur, il a fini par s'inscrire à l'examen de pilote de ligne. La première fois, c'était en 1985…

Et il n'a pas été reçu !

Têtu et ambitieux, il s'est remis au travail. L'année suivante, il s'est représenté à l'examen. Et cette fois, il a décroché sa licence. À partir de cet instant, il a tout fait pour que la FAA change son statut et le fasse travailler comme copilote sur un des nombreux avions de l'Administration.

Mais cela n'a pas été aussi simple… Dans un premier temps, la FAA lui propose un job de navigant à mi-temps. D'un côté, il

3. *Voir note 21, page 22.*
4. Air trafic assistant.

occupe un poste au sol dans la section des procédures aux instruments et, de l'autre, il effectue des vols en tant que copilote sur un King Air 300. Même s'il ne montre pas un grand enthousiasme pour son travail de bureau, John accepte... Aux dires de son superviseur, il travaille avec « une certaine lenteur » puisque pendant les deux ans et demi où il occupe ce poste, il ne met au point que douze procédures de vol aux instruments. C'est assez peu si l'on sait que certains de ses collègues font le même travail en trois mois. Mais John est satisfait d'avoir ce poste car il lui permet de voler régulièrement et d'acquérir une expérience précieuse en tant que professionnel.

Le temps passe.

En 1987, John est toujours copilote, mais, devant son insistance et ses nombreuses interventions, la FAA finit par l'autoriser à abandonner son bureau au sol. Le vol devient un travail à plein temps pour lui : il est nommé « inspecteur des systèmes ». Le rêve devient réalité. Du coup, il se sent pousser des ailes et très logiquement il trouve frustrant de n'être que le numéro 2 à bord. Il a envie de devenir commandant de bord. Il se sent parfaitement capable de remplir cette tâche ! Et il le fait savoir !

En 1989, John est proposé sur la liste des navigants pouvant passer l'examen de commandant de bord. Il y a alors quelques réactions d'hostilité chez les autres navigants. C'est principalement les copilotes qui manifestent leur mécontentement. Certains ricanent. D'autres trouvent scandaleux qu'on permette à John de se présenter à un tel poste. Beaucoup murmurent qu'il n'est pas bon... Médisance ou clairvoyance ? On raconte qu'il fait beaucoup d'erreurs en vol. Il réagirait « n'importe comment quand la charge de travail augmente dans l'avion ». Beaucoup disent qu'il n'y a jamais eu d'accidents parce que John n'est que copilote, mais on le voit mal assurer la fonction de commandant de bord. Comment imaginer que ce navigant aux réactions lentes et souvent décalées puisse un jour être le patron à bord d'un avion ? Pas assez compétent...

Comme pour donner raison à ses détracteurs, John se présente à l'examen pour passer sa qualification sur BE 300. Et il échoue...

Quelques mois plus tard, on l'autorise à repasser l'examen une seconde fois. Il échoue de nouveau ! Un comble, c'est en effectuant une procédure aux instruments sur laquelle il a lui-même travaillé pendant deux ans et demi qu'il commet une grossière erreur.

On sourit dans son dos !

John ne se décourage pas. Obstiné, il repasse l'examen en 1990 et finit par réussir sa qualification BE 300. Dans le clan des opposants, on murmure que le testeur n'a pas été très sévère. La progression du stagiaire peut alors se poursuivre et, quelques mois plus tard, John est promu au grade de commandant de bord...

Cette fois, ceux qui souriaient ne sourient plus. Ils sont carrément inquiets.

Laissons de côté la langue de bois... Le métier de pilote est comme tous les autres. Il y a des bons et des mauvais. L'immense majorité des navigants est composée de gens excellents qui font parfaitement leur travail. Le système est d'ailleurs conçu de manière à éliminer ceux qui ne sont pas à la hauteur. Mais de temps en temps, il arrive que certains médiocres passent au travers des mailles du filet. Ceux-ci représentent une infime minorité. Et John est de celle-là...

Les nouveaux galons sur les épaules de John ne vont pas le rendre plus efficace pour autant. C'est même exactement le contraire qui va se passer car, à partir de maintenant, il n'y a plus personne au-dessus de lui pour le corriger lorsqu'il commet une erreur. Et, au fil du temps, il va en accumuler un nombre impressionnant. Elles sont d'autant plus nombreuses que, peu à peu, John prend de l'assurance. Son autorité s'affirme. En vol, il devient très autoritaire et ne supporte pas qu'un copilote lui fasse remarquer qu'il ne respecte pas la procédure !

Sans rentrer dans des détails trop techniques, il est prouvé qu'à huit reprises au moins, en deux ans, John a mis en jeu la sécurité de son avion. Certaines de ses erreurs sont très graves. Un jour, il oublie un point vital dans sa check-list et provoque une panne irrémédiable dans un turbopropulseur. Un autre jour, il se trompe de fréquence VOR et se dirige dans une mauvaise direction. Encore une autre fois, il a un geste « maladroit » et sort le train d'atterrissage avec une vitesse beaucoup trop forte, provoquant la torsion d'une trappe...

À mesure qu'il acquiert de l'expérience, il devient même étrangement indiscipliné vis-à-vis du contrôle aérien... Ainsi, il lui arrive de couper volontairement son transpondeur [5] afin que l'on ne connaisse pas la position réelle de son avion. Cela lui permet de prendre une route plus courte... On le surprend aussi à mentir effrontément à la radio lorsqu'il annonce une altitude.

Étrange comportement... La FAA est une sorte de gendarme de l'aviation. On pourrait s'attendre à ce que ses représentants soient irréprochables. Nul doute que John n'est pas le meilleur exemple.

Le lecteur va évidemment se demander pourquoi personne n'a jamais dénoncé ces faits stupéfiants. Beaucoup des collègues de John le font, mais les plaintes restent souvent au stade de la protestation verbale ou du colportage de rumeurs... Sur l'aéroport d'Atlantic City, où sont basés les avions de la FIAO [6], on se contente de raconter discrètement ses bourdes : « Tu ne connais pas sa dernière gaffe...»

Seul, un copilote ose un jour rédiger un rapport officiel pour signaler que John a fait une approche catastrophique « sous le *glide* » [7]. La météo était mauvaise et tout le monde à bord a eu très peur. Le compte-rendu du copilote est une longue descrip-

5. Voir note 9, page 107.
6. Flight Inspection Area Office.
7. En dessous du plan d'approche en finale sur la piste. Faute considérée comme très grave car l'avion n'est pas protégé et peut heurter un obstacle.

tion argumentée de détails techniques irréfutables prouvant que l'atterrissage a été très chaud... Mais le rapport reste dans un tiroir et aucune mesure n'est prise pour arrêter John de vol, ni même pour le rappeler à l'ordre ! Esprit de corps et soutien sans faille de l'Administration envers ses fonctionnaires sont des vertus universelles. Mieux ! À la suite de ce témoignage, le supérieur direct de John décide de rattraper les choses en mettant une appréciation élogieuse dans son dossier professionnel. Quelque temps plus tard, le commandant de bord a la bonne surprise de découvrir que son chef vante « son professionnalisme, son efficacité et son aptitude à vivre en communauté avec ses collègues de travail ».

Circulez !

Le pire, c'est qu'à la FIAO d'Atlantic City, tous les navigants ont conscience que les choses risquent de mal se terminer. Depuis que John est commandant de bord, huit copilotes ont déclaré qu'ils refusaient systématiquement de voler avec lui. Certains affirment que l'homme a des réactions d'une lenteur inacceptable. D'autres qu'il est tyrannique et leur demande de faire n'importe quoi. La plupart avouent qu'ils ont peur !

Comme il n'y a que 11 copilotes dans le service, le « *dispatcher* » s'arrache les cheveux chaque fois qu'il doit établir les programmes des équipages. Toute tentative de convaincre un « opposant » de voler avec John se termine inévitablement par un clash. Au fil du temps, l'ambiance dans le service devient plus lourde. Deux clans se forment. Il y a quelques commandants de bord qui soutiennent John par esprit de corporatisme et puis tous les autres. Ce sont surtout les copilotes qui sont virulents. Ils refusent de voler avec lui parce qu'ils n'ont pas envie d'être à bord le jour où le drame surviendra.

Chose incroyable, aucun des responsables de la FIAO ne semble remarquer cet état de fait.

Pourtant, il y a d'autres signes encore plus évidents qui permettraient de tirer la sonnette d'alarme... Ainsi, au moment de ces événements, John ne vient plus jamais avec sa voiture à l'aéroport. La raison est simple : depuis sept mois, son permis de conduire lui a été retiré. C'est la troisième fois en trois ans qu'il est sous le coup d'une sanction pour conduite en état d'ivresse. La dernière condamnation est la plus grave : le permis a été retiré pour une durée indéterminée. À 55 ans, l'état de santé de John « n'est plus en conformité avec les lois sur les abus d'alcool et de drogue dans l'État du New Jersey ».

Au moment de ces événements, John n'a donc plus le droit de conduire une voiture, mais il peut encore piloter un avion !

Cet avion est un Super King Air 300 appartenant à la FAA[8]. Un très bel appareil conçu pour le transport régional de passagers, mais qui a été profondément modifié pour les travaux aériens. Il est immatriculé N 82 et, comme nous l'avons vu, il est équipé d'une instrumentation électronique qui lui permet d'inspecter les aides-radio des aéroports.

C'est John qui est le commandant de bord. À ses côtés se trouve un copilote de 50 ans. C'est un navigant plutôt expérimenté, mais qui a fait lui aussi l'objet d'une condamnation pour conduite en état d'ivresse un an plus tôt[9]. Contrairement à son commandant de bord, le copilote ne s'est pourtant jamais fait retirer son permis de conduire. On ne peut s'empêcher de remarquer que l'on boit beaucoup dans le service de John.

Il y a également un troisième homme dans le BE 300. C'est un technicien électronique chargé de mettre en œuvre les instruments de calibrage.

Nous sommes **mardi 26 octobre 1993.** L'avion est posé sur l'aéroport de Winchester Regional situé à l'ouest de Washington DC. Il vient de terminer un travail d'inspection de l'ILS de la piste 14 et l'équipage est en train de prendre un café avec un technicien

8. *L'opérateur est la FIAO, le Bureau des inspections en vol dont la mission est le calibrage des aides-radio.*
9. *Ce sont les enquêteurs qui trouveront une* « Driving Under Influence Conviction » *dans le dossier du navigant, mais personne ne le sait au moment de ces événements.*

au sol de l'aéroport. La mission d'inspection s'est bien déroulée. Comme c'est la procédure, John a effectué des allers et retours sur l'ILS à différentes hauteurs puis fait une approche simulée pendant que le technicien dans l'avion vérifiait que les indications des instruments correspondaient bien à la réalité du vol.

Si la mission s'est bien passée, elle a pourtant eu des difficultés à démarrer. L'avion est arrivé d'Atlantic City avec beaucoup de retard. Le travail aurait dû être effectué la veille dès les premières heures de la matinée. Malheureusement, le King Air était en révision. C'était lundi... Du fait du week-end, les mécaniciens n'avaient pas terminé l'avion à temps. Le vol a donc été reprogrammé pour l'après-midi. Pas de chance, à 16 heures, l'appareil n'était toujours pas prêt. On a donc reprogrammé le vol d'inspection pour le mardi matin à 9 heures mais il a fallu attendre encore... L'avion n'étant toujours pas prêt, ce n'est finalement qu'à **13 h 32 mn** que John a pu décoller... Soit avec une trentaine d'heures de retard sur le planning prévu. Tous ces retards ne choqueraient personne si ces événements se déroulaient au plus profond de l'ex-URSS. Ils sont plus inhabituels dans un pays qui se veut le plus moderne du monde, et révèlent un certain laisser-aller dans les services de la FAA.

Il est maintenant **15 h 20 mn**... Pour les trois hommes, il est temps de repartir. Un dernier café, puis le commandant de bord jette un coup d'œil en direction du ciel pour avoir une idée du temps. Il devrait consulter les services de la météo, mais il ne le fait pas. Il préfère se fier à son instinct...

Pourtant, les prévisions ne sont pas très bonnes pour ce mardi après-midi. À Winchester, le plafond est d'environ 1 000 pieds[10] et la visibilité de 5 kilomètres. Une dégradation est attendue vers 16 heures. Il pleut déjà sur toute la région et des bancs de stratus traînent un peu partout sur le nord-est des États-Unis. Pour le King Air, ce n'est pas un problème. De par la nature

10. Environ 300 mètres.

même de la mission qu'il remplit tous les jours (ou presque), l'appareil est bourré d'électronique et conçu pour évoluer par tous les temps.

John va donc voler comme il le fait habituellement : sous plan de vol « aux instruments ».

À cet effet, le technicien de Winchester lui propose de venir dans son bureau afin de déposer un plan de vol par téléphone [11]. En effet, l'aéroport ne possède pas de tour de contrôle. Il y a seulement une ligne « Remote Communication Outlet » qui permet de rentrer en contact téléphonique direct avec les contrôleurs de Washington.

Lorsqu'il fait mauvais, le meilleur moyen pour être pris en charge par le radar juste après le décollage, c'est de contacter directement les contrôleurs pour leur déposer un plan de vol IFR [12].

John refuse poliment... Trop compliqué à son goût et, d'ailleurs, il n'a pas le temps. Il contactera les contrôleurs en vol et ceux-ci lui donneront rapidement une autorisation IFR. Le pilote ne semble pas s'inquiéter du fait qu'un plan de vol demandé après le décollage peut prendre un certain temps avant d'être accepté.

En fait, il a l'habitude d'agir ainsi car il sait que les avions de la FAA sont souvent traités en priorité par les contrôleurs : « Ils sont de la famille. »

Lorsque John prend congé du technicien au sol, il ne peut s'empêcher de lui lancer une plaisanterie qui sera rapportée plus tard aux enquêteurs :

– Fais très attention en rentrant chez toi en voiture parce que la météo est en train d'empirer !

11. Rappelons qu'un avion n'a pas besoin de plan de vol pour décoller, mais, dans ce cas, il doit obligatoirement voler à vue et n'a absolument pas le droit de rentrer dans les nuages.

12. Instrument Flight Rules : *règle de vol aux instruments.*

Aux environs de **15 h 39 mn**, le King Air N 82 s'aligne sur la piste 32 et décolle. Mais il ne monte pas très haut. N'ayant pas encore de plan de vol aux instruments, John a l'obligation réglementaire de rester en dehors des nuages [13]. Pour passer en IFR et rentrer dans la couche, il doit impérativement attendre d'avoir reçu une « clearance [14] » du contrôle aérien. On comprend bien qu'avec la météo, cela ne lui laisse pas beaucoup de place pour évoluer.

John n'est pas aux commandes. Comme c'est l'usage à bord des avions de la FAA, il est assis en place droite et s'occupe des communications radio. Fidèle à son habitude, il donne des instructions sèches à son copilote. Le ton est souvent dur. Presque cassant. Maintenant qu'il est commandant de bord, c'est lui le patron en vol et personne d'autre.

Dès le décollage, l'avion doit se mettre en palier car la couche des nuages est très basse.

C'est à **15 h 41 mn** que John prend un premier contact avec le contrôle aérien de l'aéroport International de Washington Dulles pour qu'on lui délivre rapidement un plan de vol IFR.

15 h 41 mn (commandant) : *Washington, bonjour, N 82. On vient juste de décoller de Winchester. On voudrait voir si vous avez un petit quelque chose qui nous arrangerait... Un cap en direction de Harcum.*

La demande est bien peu conventionnelle pour un dépôt de plan de vol. Normalement, le pilote aurait dû fournir une quantité de paramètres supplémentaires : le type de l'appareil, sa vitesse, le niveau demandé, sa destination, la route aérienne qu'il souhaite emprunter, l'autonomie de l'avion, l'aéroport de

13. *L'avion est en VFR* (Visual Flight Rules) *et le pilote doit impérativement rester en vue du sol ou de l'eau.*
14. *Autorisation de monter vers une altitude définie, en direction d'un point précis et en étant suivi par le radar. Sans « clearance », un avion n'est pas protégé.*

déroutement, etc. Rien de tout cela n'apparaît dans le message de John. Visiblement, ce dernier compte sur le fait que les contrôleurs savent que son avion appartient à la FAA. Et il ne s'embarrasse pas de discours conventionnels. Malheureusement pour lui, les choses ne sont pas toujours aussi simplistes :

15 h 41 mn (contrôleur terminal ouest de Washington) : *N 82, maintenez VFR pour le moment. J'en ai pour environ cinq minutes avant de pouvoir m'occuper de vous. Je suis extrêmement occupé pour le moment.*

John ne s'attendait pas à cela... Que faire ? Sans plan de vol, il n'a pas de « clearance ». Il ne peut donc pas pénétrer dans les nuages. Comme la météo est mauvaise ce jour-là, il n'a pas d'autre solution que de rester à basse altitude.

Dans ce cas-là, le plus sage serait de réduire sa vitesse et de se mettre en attente à la verticale de Winchester. Le contrôleur a dit qu'il en avait pour cinq minutes avant de le prendre en charge. Ce n'est pas très long si l'on sait que, pour un pilote *lambda,* le délai réglementaire pour déposer un plan de vol est... d'une heure.

Au lieu de rester au-dessus de l'aéroport, John peut se déplacer légèrement vers l'est et tourner dans la plaine de Shenandoah. L'endroit fait une trentaine de kilomètres de large et est dégagé de tout relief. Même par mauvais temps, le King Air peut évoluer en sécurité à basse altitude.

À part cela, il n'y a pas vraiment d'autre endroit où attendre. La Virginie est un État plutôt vallonné. Le sud et l'ouest sont parsemés de collines culminant jusqu'à 5 000 pieds. Par mauvais temps, il n'est pas évident d'y faire du rase-mottes tout en restant au ras des nuages.

Il reste une troisième solution pour John. La plus mauvaise... Il peut faire comme s'il avait reçu un début de plan de vol et commencer à prendre doucement de l'altitude en direction du sud. Il pourrait par exemple commencer à se diriger vers Harcum, comme il l'a demandé au contrôleur. Ce petit village est situé à 70 kilomètres au nord de Norfolk... Cela le mettrait sur sa route et lui ferait gagner du temps.

Mais cette solution est mauvaise car il lui faudrait franchir plusieurs barrières de collines. Au sud, il y a les crêtes du Blue Ridge. À l'ouest, il y a les collines de Loudun Heights qui délimitent la vallée de Shenendoah... Étant donné la météo, il serait très dangereux d'essayer de passer par cette route à basse altitude. Tous les témoins interrogés par la suite attestent que ce jour-là les sommets sont noyés dans les nuages. Que faire ? Se mettre en attente ? Monter ? Avancer vers le sud ? Essayer de foncer sous les nuages au ras des crêtes ?

Répétons-le, n'ayant pas voulu déposer de plan de vol à l'avance, John n'a pas de question à se poser. Il n'a pas d'autre choix que celui d'attendre sur place que le contrôle veuille bien le prendre en charge. C'est la seule solution raisonnable.

Malheureusement, notre commandant de bord n'a pas la patience de faire des cercles au-dessus de Winchester. Il commence donc à se diriger à basse altitude vers une balise située à 34 kilomètres au sud-ouest de Winchester : le VOR de Linden.

Tous les pilotes qui ont volé en VFR par mauvais temps savent à quel point cette technique est difficile et dangereuse. L'avion doit garder la vue du sol. Il faut impérativement rester hors des nuages et éviter les obstacles. En outre, du fait de la faible hauteur de l'avion, les communications radio passent mal et certains instruments de radio-navigation fonctionnent par intermittence, quand ils ne sont pas tout simplement inutilisables.

Une minute après avoir fait sa demande de plan de vol à Washington, John tente de reprendre contact avec les contrôleurs. Mais la liaison VHF est entrecoupée et inaudible. La tentation est alors grande pour lui de monter un peu. Le problème, c'est que dès que l'avion dépasse 1 000 pieds, il est dans la couche. On ne voit plus rien devant... Où sont les collines ? Alors il redescend. Puis il remonte car les stratus sont trop bas. John a-t-il vraiment conscience que cette partie de cache-cache avec les collines est en réalité un jeu avec la mort ?

Le King Air monte et redescend. Par moments, il est dans les nuages. Par moments, il est au ras de la couche. Pas vraiment évident de manier un avion de transport comme si c'était un avion de chasse... Surtout quand on n'a pas été formé pour cela.

15 h 49 mn (commandant) : *N 82, nous sommes à la verticale du VOR de Linden à 2 000 pieds. Est-ce que vous pourriez nous faire monter un peu plus haut ? On ferait du VFR on top et on serait sur notre route...*

Cette fois, John vient de céder à un de ses défauts chroniques : il raconte des histoires aux contrôleurs ! Il est en effet absolument impossible qu'il soit à 2 000 pieds à la verticale du VOR de Linden ! Et il y a une bonne raison pour cela : cette balise est située au sommet d'une colline qui monte à 2 572 pieds !!! Quelque chose est donc faux dans les indications que John vient de donner. Soit il n'est pas à 2 000 pieds, soit il n'est pas à la verticale du VOR. Quoi qu'il en soit, il ne dit pas la vérité... Ou alors l'avion est en vol dans un tunnel sous la colline ! Le contrôleur de Washington est tellement débordé par son travail qu'il n'a pas le temps de faire la remarque au pilote.

15 h 49 mn (contrôleur ouest terminal de Washington) : *N 82... Stand bye, je vous rappelle. J'ai actuellement un trafic qui descend vers le VOR.*

Le contrôleur est parfaitement logique. Il ne va pas prendre en charge un avion imprévu pour le faire monter au-dessus d'une balise alors qu'au même endroit se trouve un autre appa-

Alpha, vous vous approchez de Red Table VOR, changez dès maintenant avec la tour sur 118.85.

18 h 56 mn 44 sec (copilote) : *Bien reçu... Avec la tour sur 118.85, Golf Alpha...*

Quelques instants plus tard, le copilote prend contact avec le contrôleur de la tour. C'est une jeune femme à la voix claire et rassurante. Immédiatement, elle lui apprend qu'il n'est pas tout seul à vouloir atterrir.

18 h 57 mn 12 sec (contrôleuse de la tour) : *Golf Alpha, je vous informe que vous êtes numéro deux, derrière un Challenger qui se trouve à deux milles*[17] *de la piste. Pour information, le vent au sol est de 240 degrés pour 5 nœuds et vous êtes autorisé à atterrir piste 15.*

Le Gulfstream est encore à 25 kilomètres de l'aéroport. Avec une vitesse de l'ordre de 150 nœuds[18] il va lui falloir un peu moins de cinq minutes pour y arriver. La tension monte doucement. L'avion est dans les nuages. Les montagnes du Colorado sont toutes proches. Contrairement à ce qui se passe lorsqu'il y a un ILS, le pilote ne sait pas trop où il en est. Il est donc obligé de descendre par paliers successifs à mesure qu'il franchit certaines bornes dont il connaît la distance par rapport à la balise. La moindre erreur peut être lourde de conséquences. Pas toujours évident !

Bien qu'il soit numéro deux, le Gulfstream a déjà reçu l'autorisation d'atterrir. C'est un avantage. Réglementairement, cela permet au commandant d'effectuer une approche directe vers la piste. Il n'est plus obligé d'effectuer des cercles pour descendre.

17. 3,6 kilomètres car ce sont des milles nautiques (1,852 m).
18. 270 km/h.

reil qui est sous sa responsabilité. John tente de répondre au contrôleur mais son message ne parvient pas jusqu'à Washington.

15 h 49 mn (contrôleur ouest terminal de Washington) : *Okay, attendez un moment et je vous donnerai une « clearance » IFR dans un petit moment.*

Bien serviable le contrôleur ! Cela fait seulement huit minutes que le pilote de la FAA a fait une demande de plan de vol et son vœu est sur le point d'être exaucé. « Nous sommes de la même famille », répète souvent John à qui veut l'entendre !

Mais John n'aura plus l'occasion de tricher sur sa position. Une minute et demie plus tard, le King Air percute une crête boisée située à 1 770 pieds d'altitude. L'endroit est recouvert d'une épaisse forêt et l'appareil est complètement désintégré. Un violent incendie se déclare aussitôt sur les lieux du drame.

Les trois occupants de l'appareil sont tués sur le coup.

Pratiquement au même instant, le contrôleur de Washington appelle le King Air pour l'informer qu'il doit contacter un autre secteur d'approche. Certainement pour se voir attribuer sa « clearance. » Il est malheureusement trop tard…

15 h 52 mn (contrôleur ouest terminal de Washington) : *N 82, vous maintenez VFR pour l'instant et vous contactez Dulles Approche sur 120.45.*

Les enquêteurs seront très durs pour dénoncer la responsabilité de la FAA dans ce drame. On reprochera à l'administration américaine d'avoir fait preuve de négligences graves sur de très nombreux points. On peut citer pour exemple :

- personne, aussi bien dans le *staff* local d'Atlantic City que parmi les dirigeants, n'a été capable de prendre les mesures adéquates à l'encontre de John dont il était de notoriété publique qu'il n'était pas à la hauteur ;

- la sécurité des vols a été passée en revue à tous les niveaux du FIAO. Sur les 409 points étudiés, 159 furent considérés comme gravement déficitaires. Ainsi, le King Air 300 accidenté n'était pas équipé d'un *cockpit voice recorder* qui permet d'enregistrer les conversations dans le poste de pilotage alors que la FAA l'exige sur les appareils de même type en service aux États-Unis. Il n'était pas d'avantage équipé d'un GPWS *(Ground Proximity Warning System)* alors que cet instrument indiquant la proximité du sol est obligatoire sur les avions de même type ;
- John ni aucun des pilotes n'ont jamais suivi de cours de *Crew Ressource Management* qui permettent d'optimiser le travail d'un équipage dans un cockpit. Or, la FAA exige que toutes les compagnies aériennes délivrent de tels cours à leurs navigants ;
- dans les spécifications médicales exigées par la FAA, il n'est nulle part fait allusion aux risques causés par l'abus d'alcool ou les substances stupéfiantes. Jusqu'à la date de l'accident, il était donc réglementairement possible de piloter un avion sous l'emprise de drogues.

Les enquêteurs ont donc établi une liste de recommandations à l'intention de la FAA afin qu'elle modifie certaines de ses mauvaises habitudes.

En 1988, l'administration avait déjà perdu un avion, un Rockwell Jet Commander. À la suite de cet accident, un certain nombre de réformes devaient être engagées : gestion du personnel, méthodes de travail, sécurité et promotion des navigants.

Malheureusement, ces bonnes intentions sont restées lettre morte et aucun des points cités ci-dessus n'a jamais été modifié... Jusqu'au crash de John.

IL FAUT FREINER !

L'un des plus gros avions construits par McDonnell Douglas est le MD 11. C'est une énorme machine dont le poids maximum au décollage le classe dans la catégorie des Jumbo Jet. Motorisé par trois puissants réacteurs de 30 tonnes de poussée, il peut voler à une vitesse maximum de 950 km/h et transporter jusqu'à 350 passagers.

Le MD 11 est un bon appareil, mais il n'a pourtant jamais obtenu l'immense succès commercial de son grand rival le Boeing 747. Parmi les raisons qui ont découragé les compagnies aériennes, il en est une qui a certainement compté plus que les autres : le MD 11 est extrapolé du tristement célèbre DC-10 dont la fiabilité s'est parfois révélée douteuse. Le grand public a en effet gardé en mémoire certaines catastrophes dues à des ruptures spectaculaires en vol.

Ainsi, le crash d'Ermenonville a été causé par un effondrement du plancher qui faisait suite à un problème de pressurisation[1]. On se rappelle également le drame de Sioux City au cours duquel le pilote d'un DC 10 a tenté pendant plusieurs minutes de contrôler son avion alors que ses commandes ne répondaient plus. Pas toujours facile de faire oublier ce genre de catastrophes très médiatisées !

Pourtant, contrairement à son aîné, le McDonnell Douglas MD 11 est fiable. On lui reproche seulement de présenter quelques difficultés de pilotage très « spécifiques » pour ne pas dire uniques.

Parmi ces difficultés, il en est une signalée expressément dans le manuel de vol : au moment de l'atterrissage, il faut prendre garde à ne pas toucher la piste avec la queue. À plusieurs reprises, certains pilotes ont en effet cabré un peu trop fortement leur avion et ont raclé durement le ciment. Gerbes d'étincelles, déchirures du métal, et enfoncements en tout genre, les dégâts ont été réparables, mais les appareils accidentés sont restés cloués au sol pendant plusieurs mois.

En 1996, pour éviter ce genre d'incident, certaines compagnies aériennes décident d'organiser des stages à l'intention de leurs pilotes[2]. On peut résumer le thème de la formation en quelques mots : il faut donc se méfier de ne pas laisser le MD 11 s'enfoncer trop vite au moment de la finale. Car, malgré son poids de 250 tonnes, l'appareil a une vilaine tendance à rebondir quand ses roues touchent la piste. Et surtout, il faut prendre garde à ne pas réagir de manière inconsidérée. Si le pilote tire trop fort sur le manche pendant l'arrondi, l'avion va se cabrer, mais ne va pas remonter pour autant. Du fait de l'inertie, il va continuer à descendre le nez en l'air et toucher la piste avec la queue.

Pour éviter ce genre d'incident, on conseille fortement aux

1. *Vol de la compagnie Turkish Airlines : une porte de soute a cédé provoquant une différence de pression entre la soute et la cabine. Le plancher des passagers n'a pas résisté et les câbles de commandes ont été arrachés.*
2. *Ces stages étaient intitulés* « Tail-strike Awarness Training Program » *: programme d'entraînement à la prise de conscience des risques de toucher avec la queue.*

pilotes de MD 11 de ne jamais insister. Au moindre doute, ils doivent remettre les gaz. La conclusion est claire : il est préférable de faire un tour de piste supplémentaire plutôt que de broyer la queue d'un avion qui vaut plusieurs millions de dollars.

De nombreux pilotes ont suivi ce stage de formation, y compris le commandant de bord du MD 11 qui arrive d'Anchorage ce 31 juillet 1997. Cela ne l'a pas empêché de commettre une gaffe terrible !

Il est 1 heure du matin... L'appareil se prépare à atterrir sur l'aéroport de Newark (à côté de New York). C'est un avion de la compagnie Federal Express qui est enregistré sous le numéro de vol 14... Comme tous les appareils de cette compagnie, le MD 11 transporte du fret et vole presque exclusivement la nuit... Il n'y a que cinq personnes à bord du mastodonte. Trois se trouvent dans le poste de pilotage : le commandant de bord, le copilote et un autre pilote appartenant à une compagnie concurrente. L'homme est présent en tant que passager « GP [3] ». Il travaille en Alaska et vient passer quelques jours de vacances à New York.

De l'autre côté de la cloison qui sépare le poste de pilotage de la soute, il y a deux autres passagers. Eux aussi voyagent à titre gratuit. Ce sont des employés du service commercial de Federal Express. Ils sont assis sur des strapontins à quelques mètres des gros containers où se trouve la cargaison.

Les cinq occupants de l'appareil sont loin de se douter qu'ils vont vivre une expérience quasi unique dans les annales de l'aviation commerciale...

L'appareil est un MD 11 de type F [4]. Il est immatriculé N 611FE. Bien qu'il soit relativement neuf [5], il a déjà été victime de deux incidents révélateurs. D'étranges avertissements... En janvier 1994, l'avion a touché la piste de Memphis avec un taux de chute beau-

3. *« Gratuité de passage ». Privilège accordé à tous les navigants de pouvoir voyager à des tarifs préférentiels sur des compagnies concurrentes.*
4. *F pour* Freighter *(cargo).*
5. *Il est sorti d'usine quatre ans plus tôt et a effectué 13 034 heures de vol avec 2 950 atterrissages et décollages. Son numéro de série est 48 604/553.*

coup trop fort. Défaut classique... Il a alors rebondi très haut avant de retomber encore plus lourdement sur le sol. Cela a fait un gros « boum » au cours duquel le train d'atterrissage a été légèrement endommagé. L'appareil a été immobilisé trois semaines en atelier...

Quelques mois plus tard, le N 611FE a été victime du même problème à l'atterrissage : taux de descente trop fort pendant l'arrondi. Mais cette fois, le pilote a mal réagi. À la dernière seconde, il a tiré très violemment sur le manche pour tenter d'éviter de taper trop fort. Le résultat ne s'est pas fait attendre... Le MD 11 a touché la piste avec la queue. Cette fois, les dégâts ont été beaucoup plus importants : revêtement arraché, supports de plancher tordus, cloisons déformées.

On se rend compte à quel point le stage organisé pour les navigants deux ans plus tard n'était pas un luxe.

Ce 31 juillet 1997, les différents éléments du drame vont se mettre en place insidieusement sous forme de facteurs déstabilisants pour l'équipage.

Ces facteurs sont au nombre de quatre.

1. L'avion de FedEx a un léger problème ce soir-là. Sur le moteur numéro 1[6], la *reverse* est en panne. Ce système d'inversion du flux du réacteur est utilisé pour freiner l'avion juste après l'atterrissage. De manière très schématique, on peut dire qu'une fois au sol le réacteur envoie sa poussée vers l'avant pour freiner l'avion.

Lors de la dernière escale à Anchorage, les techniciens de FedEx ont trouvé une des trappes délaminée au niveau de l'inverseur et ont décidé de le mettre hors service jusqu'à son changement en atelier. Pas vraiment grave puisqu'il reste deux inverseurs qui fonctionnent sur les réacteurs 2 et 3. Il n'empêche que c'est un handicap psychologique pour le commandant de bord qui est conscient de ne pas disposer de tous ses moyens pour

6. *Le réacteur gauche.*

freiner. C'est un premier facteur qui a certainement joué un rôle dans la catastrophe. Ce n'est pas le seul...

2. Alors que l'avion est en approche sur Newark, l'équipage apprend qu'il ne va pas pouvoir utiliser la piste 22 « gauche ». Des ouvriers sont en train d'y effectuer des travaux et elle est fermée pendant toute la nuit. Seule la piste 22 « droite » est en service. Or, celle-ci est plus courte de 336 mètres. Elle mesure 2 501 mètres. C'est suffisant pour poser le MD 11, mais, avec une *reverse* en panne, le commandant de bord va devoir faire très attention au moment du freinage... Nouvel handicap psychologique pour lui !

3. Comme la plupart des avions de ligne, le MD 11 est équipé d'un système de freinage automatique : l'*autobrake.* Dès que les roues de l'avion sont au sol, ce n'est pas le pilote qui freine mais l'ordinateur... Celui-ci applique la pression idéale sur les freins afin d'arrêter l'avion sur une distance très courte.

Ce système présente plusieurs avantages. En premier lieu, la décélération est plus régulière que celle que ferait le pilote à l'aide d'une pédale classique. Les passagers sont donc moins secoués. D'autre part, la stabilité latérale de l'avion est meilleure car la répartition du freinage est parfaitement dosée des deux côtés. Les risques de sorties de pistes à cause d'un freinage différentiel sont réduits. La sécurité est renforcée.

Enfin, plusieurs études ont montré que les plaquettes de freins sont moins sollicitées quand c'est l'*autobrake* qui freine. Elles durent plus longtemps et c'est donc une économie substantielle d'entretien qu'aucune compagnie aérienne ne néglige.

Psychologiquement, le système *autobrake* apporte donc une certaine confiance au pilote qui sait que l'ordinateur freinera mieux que lui [7].

7. L'autobrake *peut également être utilisé au moment du décollage. En cas « d'accélération arrêt », le pilote décide de ne pas décoller, il lui suffit alors de ramener brusquement les manettes des gaz vers l'arrière et le freinage se déclenche automatiquement. C'est un gain de temps précieux pour l'équipage.*

Selon la longueur de la piste, le commandant de bord a le choix entre plusieurs intensités de freinage automatique. Pour cela, il dispose d'un boîtier de réglage *autobrake* avec un sélecteur sur le tableau de bord. Certains avions possèdent cinq niveaux de freinage[8]. Le MD 11 de FedEx n'en possède que trois : Mini, Médium et Maximum. Évidemment, c'est cette dernière option qui doit être sélectionnée lorsque les conditions d'atterrissage sont les plus difficiles. Et c'est bien celle-là qu'il faudrait choisir ce soir pour rassurer le commandant de bord.

Le problème, c'est que l'*autobrake* de son avion a connu récemment quelques pannes incompréhensibles. À plusieurs reprises, le système a refusé de s'enclencher au moment de l'atterrissage et le MD 11 a dû être arrêté par l'intervention directe des pilotes. L'*autobrake* a été révisé et pourtant, de temps en temps, des pannes aléatoires se produisent sans que personne n'en comprenne la raison.

Or, nous venons de le voir, l'homme est beaucoup moins efficace que l'ordinateur pour stopper les 250 tonnes d'un Jumbo Jet[9]. Si jamais l'*autobrake* ne fonctionnait pas ce soir, cela serait un point noir supplémentaire.

Pas de *reverse* sur le réacteur numéro **1**... une piste courte... un *autobrake* capricieux, ce n'est pas vraiment l'idéal pour mettre des navigants en confiance.

4. Un dernier facteur va inquiéter considérablement l'équipage : à **10 h 02 mn**, l'avion quitte son niveau de croisière de 33 000 pieds pour descendre au niveau 180. À la demande du commandant de bord, le copilote prend son calculateur APLC[10], pour savoir quelle distance l'avion va parcourir avant de s'arrêter complètement sur la piste. Pour cela, il fait intervenir

8. Noté généralement : 1 – 2 – 3 – 4 – et MAX.

9. Le freinage automatique peut être réglé sur plusieurs niveaux d'efficacité allant du « Minimum » au « Maximum ».

10. Airport Performance Laptop Computer.

divers paramètres : le poids du MD 11, sa vitesse en finale, la température, la pression atmosphérique, etc. Après quelques minutes de calcul, le copilote trouve qu'il va falloir 1 854 mètres pour s'arrêter[11]. C'est beaucoup et c'est inquiétant !

Il vérifie ses calculs, compare avec la longueur de piste utilisable et, finalement, il donne ses résultats au commandant.

– *Si on utilise le freinage* autobrake *« Medium » sur cette piste, il nous restera à peine 260 mètres devant nous quand on sera arrêtés...*

– *Ah ouais ?*

– *Qu'est-ce que tu en penses si on utilise l'*autobrake *en position Max ?*

– *Je ne sais pas... On peut probablement... commencer sur... Max si ça te permet de te sentir plus à l'aise... Et puis, eh bien... après le couper. On a assez de problèmes à résoudre, ici... Alors... eh bien... commençons sans le Max.*

Difficile d'être plus confus dans une explication. Le commandant dit à la fois tout et son contraire. De toute évidence, il hésite... 260 mètres en fin de course, c'est plutôt juste... S'il atterrit un peu trop long ou un peu trop vite, le MD 11 risque de sortir de la piste et ils vont terminer leur atterrissage dans la nature.

Nouvelle source d'inquiétude !

En réalité, le copilote a commis une erreur grossière en utilisant son calculateur. Les enquêteurs se sont aperçus qu'une fois

11. *Il faut bien savoir que le point d'impact des roues n'est pas au début de la piste. Il varie en fonction de chaque aéroport et se trouve sensiblement entre 300 et 500 mètres après l'entrée de la piste. Si tout se passe bien, l'avion doit normalement poser les roues sur un point situé à l'intersection du plan d'approche de l'ILS et de l'axe médian de la piste. Cette distance est indiquée sur les cartes d'approche aux instruments.*

l'avion arrêté, il serait resté 841 mètres avant le bout de la piste (et non 260). La réalité est donc beaucoup plus confortable que ce que l'équipage imagine. Il n'y a pas vraiment de risques. Le problème, c'est que les deux hommes croient qu'il y en a un. Et c'est un souci de plus pour eux.

Alors que le commandant de bord approche de l'aéroport de Newark, il n'a donc qu'une idée en tête : *tout faire pour se poser le plus court possible.*

Il va lui falloir toucher dès l'entrée de piste et se tenir prêt à freiner de toutes ses forces. Ça risque de secouer.

D'ailleurs, il donne des instructions en ce sens à son copilote.

– Dis aux types derrière de se serrer...

Ainsi, à **1 h 12 mn**, alors que l'avion passe l'altitude de 9 000 pieds, le copilote prend le micro de « l'intercom » et transmet l'information suivante à l'intention des deux passagers en cabine.

– Quelques mots pour vous tenir au courant, les gars... Nous allons atterrir très bientôt. Euh... dans une quinzaine de minutes, on sera au sol. Nous allons avoir une piste courte alors l'avion va s'arrêter un peu brutalement. Ne vous inquiétez pas. On va freiner fort !

Rappelons brièvement les problèmes : inverseur du réacteur numéro 1 en panne... piste courte... *autobrake* fantaisiste... et erreur de calcul du copilote. Cela fait beaucoup ! Et pourtant rien de tout cela n'est vraiment grave... Même cumulés, ces problèmes ne sont pas de nature à provoquer une catastrophe, ils n'ont qu'un inconvénient : ils mettent la pression sur l'équipage.

Comme si tout cela ne suffisait pas, à **1 h 15 mn**, une autre panne surgit soudain (c'est « la loi des séries »). Alors que le copilote procède à la lecture de la check-list, l'équipage réalise que l'un des phares d'atterrissage ne fonctionne pas.

– *On dirait qu'on en a un de grillé. C'est vraiment un jour où rien ne marche...*

– *Phare gauche grillé, d'accord !*

– *Voyons ça... Oui, on a juste le droit qui marche. Ouais, je pense qu'il va falloir qu'on fasse un rapport par écrit.*

Du coup, le copilote veut savoir ce qu'il doit faire :

– *Est-ce que je préviens tout de suite la maintenance de Newark pour qu'ils fassent quelque chose pour ce phare ?*

– *Non, c'est pas la peine, ils feront ce qu'il faut plus tard.*

La météo est très bonne ce soir-là. La visibilité est de 16 kilomètres et il y a quelques nuages épars à 8 000 pieds. Le vent est pratiquement dans l'axe de la piste et il souffle à seulement 5 nœuds. Atterrir de nuit avec un phare d'atterrissage en moins n'est pas vraiment un problème pour un équipage expérimenté. Les balisages lumineux sur les grands aéroports américains sont suffisamment puissants pour apercevoir parfaitement la piste. Pas de quoi lancer un SOS ! Mais une fois encore, c'est un grain de sable qui va stresser davantage les deux hommes déjà très tendus.

À **1 h 28 mn**, l'avion est à 2 000 pieds et dans l'axe de la piste. Sur la fréquence 118.3, le copilote annonce à la tour de contrôle qu'il a la piste 22 droite en vue et le contrôleur l'autorise à poursuivre son approche. Le train d'atterrissage et les volets sont sortis à 50 degrés. L'avion est stabilisé sur sa vitesse d'approche qui est ce soir-là de 157 nœuds. Pour pallier tous les problèmes de freinage, le commandant s'est finalement résolu à utiliser le freinage automatique en position « maximum ». Les *spoilers* sont armés.

Il est bien évident que l'équipage est très inquiet à cet instant. La piste 22 droite est parfaitement visible dans l'axe de l'avion. Elle se trouve entre les bâtiments de l'aérogare et la piste 22 gauche (celle qu'ils auraient bien voulu utiliser).

Une minute plus tard, la tour contacte le MD **11** :

– *FedEx 14, vous êtes autorisé à l'atterrissage piste 22 droite.*

– *Bien reçu, on atterrit 22 droite FedEx 14.*

C'est le commandant de bord qui pilote l'avion. Le copilote s'occupe des communications radio avec la tour. Jusqu'ici, malgré les problèmes mineurs dont nous avons parlé, tout se présente à peu près bien. La vitesse est exactement celle qui est préconisée. L'avion est sur la bonne pente d'approche. Tous les paramètres sont bons et rien n'a été oublié. Le commandant de bord est seulement un peu nerveux car il croit que la piste est un peu courte pour lui. Nous avons vu que ce n'est pas vraiment le cas et qu'il a de la marge.

À **1 h et 30 mn**, l'avion est à 1 200 pieds et le commandant informe son copilote qu'il déconnecte le pilote automatique pour reprendre l'avion en manuel.

À cet instant, le taux de chute de l'avion est de 800 pieds par minute, ce qui est correct si l'on considère que la vitesse d'approche est de 158 nœuds.

À cet instant le commandant interpelle son copilote :

– *S'il te plaît... Au moment du passage des inverseurs, tu me rappelles de n'utiliser que le 2 et le 3... Juste au cas où j'oublierais.*

– *Je vais te le rappeler,* réplique aussitôt le copilote.

L'avion approche du sol. 1 000 pieds… 800 pieds… 600 pieds… Le pilote semble très concentré. Il ne parle pas. Nul doute que, dans sa tête, une seule pensée domine toutes les autres : il doit se poser court. Ne pas laisser l'avion courir trop longtemps. Le tambour de l'altimètre affiche maintenant 400 pieds. Les lumières de la piste déchirent l'horizon.

Dans quelques secondes, le pilote va commencer la procédure appelée « arrondi » qui doit se terminer par le toucher des roues. Il doit tirer doucement sur le manche pour faire chuter la vitesse et prendre contact avec le sol le plus doucement possible. L'idéal est de faire ce que les pilotes appellent un *« kiss landing*[12] *»*.

Chaque appareil présente certaines caractéristiques pour l'atterrissage. Certains, comme les avions de chasse, doivent toucher sans faire le moindre arrondi. L'impact est viril, mais c'est la procédure. D'autres, au contraire, exigent beaucoup de doigté et il faut laisser l'avion un long moment au ras du sol avant de le laisser toucher en douceur.

Sur le MD 11, la procédure est clairement définie dans le manuel de vol. Le pilote doit viser un point situé à 458 mètres de l'entrée de la piste[13]. Lorsque le seuil de la piste disparaît sous le nez de l'avion, il doit entendre la voix de synthèse de la radiosonde annoncer 100 pieds[14].

L'avion continue à descendre… À partir du moment où la sonde annonce 50 pieds, le pilote doit tirer doucement sur le manche pour commencer l'arrondi. Du fait de son inertie, l'appareil continue à s'enfoncer doucement vers le sol. Le pilote tire alors un peu plus sur le manche jusqu'à cabrer l'avion à 2,5 degrés d'assiette.

Au cours de cette manœuvre, le pilote n'a pas à se soucier de

12. Toucher la piste avec la douceur d'un baiser.
13. Le chiffre de 458 mètres peut paraître étrangement précis pour le lecteur. En fait, le manuel de vol parle d'un point fictif situé à 1 500 pieds du seuil de la piste.
14. Environ 30 mètres.

régler la puissance des réacteurs car les manettes des gaz sont en position automatique. C'est l'ordinateur qui ajuste la puissance des réacteurs en fonction des besoins. Lorsque l'avion n'est plus qu'à 10 pieds[15] de hauteur, le pilote ne touche plus à rien. Il ne tire plus sur le manche. Il lui suffit d'attendre le toucher qui va se faire de lui-même à mesure que la vitesse va diminuer…

Et c'est donc cette procédure que le commandant de bord commence à **1 h et 32 mn et 23 sec** du matin. L'homme a l'avion parfaitement en main. Il l'a posé plusieurs centaines de fois sans problème. La seule différence est que, cette nuit, il a la sourde angoisse de ne pas réussir à s'arrêter à temps.

La boîte noire enregistrant tous les paramètres du vol[16] va permettre de reconstituer avec une très grande précision tous les mouvements que le pilote va exécuter sur les commandes.

Dans les premières secondes, tout se passe exactement comme prévu dans le manuel… Lorsque le pilote arrive à 37 pieds[17], le pilote commence son arrondi. Du fait de l'inertie, l'avion continue à descendre… À 17 pieds[18], il est cabré à 5 degrés d'assiette, ce qui est parfait. Tout va bien… Encore trois secondes de patience et les roues vont prendre contact avec le sol.

Ce sera le 2 951e atterrissage du MD 11…

Malheureusement, dans la tête du commandant, il y a toujours cette petite lampe rouge qui clignote pour lui rappeler que la piste est un peu courte. Le stress est là quelque part au fond de son cerveau.

Deux secondes…

Et soudain, alors que tout se présente bien, le commandant décide d'improviser… Il a un geste qu'il ne faut surtout pas faire

15. 3 mètres.

16. C'est le Flight Data Recorder *(FDR) qui enregistre un nombre très important de paramètres : poussée des réacteurs, position des commandes, inclinaison de l'avion, lacet, assiette, etc.*

17. Environ 12 mètres.

18. Environ 5 mètres.

pendant un atterrissage : il rend la main. C'est-à-dire qu'il pousse sur le manche pour forcer l'avion à se poser avant qu'il ne soit vraiment prêt. Il ne manquait plus qu'une petite seconde avant l'impact, mais ce geste d'impatience va tout changer.

Au lieu de rester le nez en l'air, le MD 11 redescend brusquement. Le taux de chute augmente et l'équipage sent que l'avion plonge. Ça va cogner très fort... À cet instant, le commandant de bord a trois possibilités et le choix doit être effectué en moins d'une demi-seconde :

- soit il laisse faire et l'avion touche très brutalement. Il se peut que le train d'atterrissage soit endommagé ;
- soit il remet les gaz et repart pour un tour. Nous l'avons vu, c'est la solution la plus sage, mais elle présente l'inconvénient de lui faire perdre beaucoup de temps et de consommer du carburant ;
- soit il essaie de rattraper son erreur en tirant brutalement sur le manche et en ajoutant un peu de poussée... Nous savons que ce n'est pas la solution préconisée.

C'est cette dernière option qu'il choisit. Pour empêcher le MD 11 de cogner trop brutalement, il cabre le nez et applique simultanément les gaz sur les trois réacteurs. C'est d'ailleurs vraiment un grand coup de gaz car, pendant quelques secondes, la poussée va atteindre la puissance maximum. Comme l'avion a tendance à s'embarquer à gauche, il met également un grand coup de manche à droite.

Tous ces gestes sont effectués avec une brutalité qui n'est pas vraiment recommandée pendant un atterrissage. De toute évidence, le commandant veut éviter de faire un « boum ». La suite va prouver que c'est plutôt raté.

En effet, les 250 tonnes du MD 11 ne se manient pas comme un petit avion de tourisme. Ça ne réagit pas à la moindre sollicitation. Nous l'avons vu, l'avion possède une inertie considérable qui augmente considérablement les temps de réaction. Comme cela avait été précisé au cours du stage, le nez se cabre mais l'avion continue à descendre sur sa trajectoire.

Il touche la piste avec un taux de chute d'environ 500 pieds par minute. L'impact est si violent que la boîte noire enregistre une accélération instantanée de 1,67 g. C'est énorme pour un appareil de cette masse.

C'est maintenant que les choses se gâtent. À partir de cet instant, le commandant va faire systématiquement l'inverse de ce qu'il faudrait... Alors qu'il est en train de tirer sur le manche pour retenir l'avion, il va brusquement se mettre à pousser de toutes ses forces. Il y a deux raisons à cela : d'une part, il a peur de toucher avec la queue ; d'autre part, il veut poser la roulette de nez le plus rapidement possible afin de pouvoir commencer à freiner. Plus vite l'avion sera au sol et plus vite il pourra l'arrêter.

Malheureusement, au moment où il pousse sur le manche, l'avion est en train de rebondir. Le train principal a déjà redécollé[19].

Il faut faire un effort d'imagination pour comprendre quelle est la position inhabituelle de l'avion à cet instant précis : il vole avec le train avant collé sur la piste et la queue en l'air. C'est un mouvement qui pourrait s'apparenter à la ruade d'un cheval fou. Bien évidemment, cela ne dure que pendant quelques secondes, mais c'est suffisant pour déclencher chez le pilote un réflexe inapproprié : il tire pour tenter de ramener les roues au sol. Ce n'est pas ce qu'il fallait faire. Le train principal reprend contact avec la piste et le nez remonte vers le ciel... Ce n'est pas vraiment une situation d'avenir. Une fois de plus, le commandant réagit trop tard et trop fort. Quand il faudrait tirer sur le

19. *Il faut préciser que lorsque les roues du train principal touchent la piste et commencent à tourner, l'ordinateur déclenche la sortie partielle des* spoilers. *Cette sortie provoque un mouvement de cabrage de l'avion contre lequel le pilote a lutté en poussant sur le manche. Lorsque le train avant touche le sol, l'ordinateur déploie les* spoilers *complètement. Ces sorties automatiques vont contribuer aux mouvements désordonnés et incontrôlables qui vont secouer l'avion.*

manche, il pousse et quand il faudrait pousser, il tire... Le résultat se fait sentir immédiatement : la seconde ruade est plus brutale que la première. Tétanisé par ces oscillations incontrôlables, le commandant ne se rend pas compte que son aile droite est incliné d'une dizaine de degrés et c'est le drame !

Au cours du second rebond, l'aile droite percute la piste avec une violence terrible. Les enquêteurs ont établi que l'impact s'était produit avec une force 3,2 fois plus forte que ce que pouvait supporter le train d'atterrissage du MD 11 !

Avec un énorme craquement, l'aile droite se sépare du fuselage. Les réservoirs sont éventrés et le carburant enflammé se répand sur la piste.

Pour l'équipage, le cauchemar commence. N'ayant plus de point d'appui sur la droite, l'avion commence à rouler sur le côté comme une barque qui chavire. Tout en déboulant à 200 km/h sur la piste, il se retourne.

Dans le poste de pilotage, c'est la panique. Le copilote pousse un hurlement de terreur. Le sol se précipite contre la paroi latérale droite et il pense qu'il va être écrasé. Des étincelles énormes jaillissent le long du fuselage. Puis ce sont des flammes. Affolé, le navigant déboucle sa ceinture et se dégage de son siège pour se précipiter sur la gauche du cockpit.

Il se passe alors un événement incroyable, certainement unique dans les annales de l'aviation commerciale : tout en déboulant sur la piste dans un grondement de tonnerre, le Jumbo Jet passe complètement sur le dos. Et, dans une gerbe d'étincelles, il poursuit sa course folle dans cette position inimaginable.

Dans l'avion règne un vacarme assourdissant. Le fuselage agit comme une gigantesque caisse de résonance qui amplifie les raclements du métal sur la piste... Bien évidemment, l'équipage ne contrôle plus rien. Le copilote, qui n'est plus attaché, est projeté dans tous les sens à travers le poste de pilotage. Le MD 11 n'est plus qu'une masse de métal désemparée qui fonce toujours sur la piste. Puis sa trajectoire dévie vers la droite et quitte la piste pour continuer sa course dans l'herbe. Les bruits deviennent plus feutrés. Les coups sont sourds… Puis la carcasse semble ralentir.

Et tout à coup, c'est le silence ! L'avion s'est arrêté après une course folle de 1 563 mètres. Abasourdi, chacun se tâte pour savoir où il est blessé.

Puis des cris retentissent dans le cockpit.

– Vite, il faut évacuer…

On s'interpelle.

– Tu vas bien ?

– Oui et toi ?

– Ça va !

– Putain, quel atterrissage !

Miracle, il n'y a pas de blessé parmi les trois navigants dans le poste de pilotage…

En marchant sur le plafond, le copilote fonce dans la soute. Nouveau miracle, aucun des deux passagers ne semble souffrir. C'est presque incroyable, mais c'est sûrement parce qu'ils ont suivi les consignes de s'attacher serrés pendant l'atterrissage.

Personne n'a envie de discuter… Il règne une terrible odeur de brûlé dans la soute. Fébrilement, le copilote fonce vers la porte avant gauche pour tenter de l'ouvrir. Il n'y parvient pas. Elle est bloquée car le fuselage doit être déformé. Il fonce vers la porte de droite. Bien qu'il donne de violents coups de pied, la poignée d'ouverture refuse de céder. Il faut faire très vite. À l'arrière, ça brûle et les risques de propagation de l'incendie sont énormes. La carcasse du Jumbo Jet peut se transformer en un brasier.

Il hurle à l'intention des deux passagers :

– Allez dans le cockpit. Il faut se barrer par la fenêtre avant, c'est la seule issue !

Puis il s'adresse au commandant de bord qui est toujours dans le poste de pilotage.

– Il faut ouvrir la fenêtre du poste. Ici, tout est bloqué !

Marchant toujours sur le plafond, les trois hommes se ruent dans le cockpit. Le spectacle qu'ils découvrent est pour le moins étonnant. le commandant de bord est toujours assis sur son siège, mais évidemment il pend à l'envers dans ses ceintures comme s'il était en vol sur le dos. Malgré tous ses efforts, il ne parvient pas à déboucler son harnais. Lorsqu'il y arrive enfin, la pesanteur reprend ses droits brusquement : il tombe d'un coup sur la tête et s'égratigne très légèrement le cuir chevelu. Pas cher payé pour une telle catastrophe.

Immédiatement, le commandant se rue vers la fenêtre gauche du cockpit pour la déverrouiller. De ce côté-là, tout se passe bien. Il ne lui faut que quelques secondes pour la débloquer.

Il hurle :

– Voilà, c'est fait... C'est ouvert.

Et de manière très professionnelle, il se précipite le premier vers l'ouverture !

Sauve qui peut ! Il doit ramper sur le plafond avant de se faufiler par l'interstice. Sortir n'est pas très difficile car le pare-brise se trouve maintenant au ras de la piste. Une fois dehors, il encourage les autres à le suivre.

– Dépêchez-vous ! Ça peut prendre feu.

Les pompiers sont déjà là. Ils arrosent la carcasse et l'incendie ne prendra pas d'ampleur. Malgré quelques foyers résiduels, les pompiers de l'aéroport sont déjà en train de répandre des tonnes de mousse carbonique sur l'épave. C'est la première fois qu'ils voient un Jumbo Jet atterrir sur le dos !

Comme nous l'avons vu, les enquêteurs ont examiné avec soin chacun des gestes accomplis par le commandant de bord au moment de l'atterrissage. S'ils se sont rendus compte que celui-ci n'avait pas été très bon, ils reconnaîtront que les caractéristiques techniques du MD 11 ne lui avaient pas facilité la tâche.

Pour éviter qu'un tel accident ne se reproduise, des modifications seront apportées sur les logiciels de l'ordinateur de bord et les pilotes devront suivre de nouveaux stages d'information sur les caractéristiques du MD 11.

Bons vols !

PROMENADE AÉRIENNE FATALE

Le Beech 18 est un avion de légende... Une sorte de Bugatti volante... Construit à plus de 9 000 exemplaires, c'est un gros bimoteur dont le premier vol remonte au 15 janvier 1937. Avec sa double dérive arrondie et ses formes rétro d'avant-guerre, il a fait rêver de nombreux pilotes sur tous les continents[1]*. Motorisé par deux Pratt & Whitney de 450 ch, l'appareil peut transporter neuf passagers sur une distance de 2 800 kilomètres. Comme tous les avions construits par la firme Beechcraft, il est incroyablement robuste. D'ailleurs, aussi étonnant que cela puisse paraître, de très nombreux Beech 18 volent encore aujourd'hui aux États-Unis. Certains transportent même des passagers en service commercial dans ce que les Américains appellent des* « Scenic Tour Flight »*, des promenades aériennes au-dessus de sites touristiques.*

Il existe plusieurs centaines de petites compagnies aériennes qui vivent du tourisme local aux États-Unis. Ce n'est pas un secteur

1. À commencer par l'auteur de ces lignes...

marginal puisqu'elles transportent annuellement plus de deux millions de passagers en avion ou en hélicoptère. On en trouve principalement dans les grandes régions touristiques : le Grand Canyon, le Wyoming, les côtes du Pacifique et, bien entendu, à Hawaii.

Les statistiques montrent que ces petites compagnies aériennes n'ont pas toujours très bonne réputation : collisions en vol, défauts d'entretien des avions ou imprudence des navigants, elles sont souvent l'objet d'accidents... Ces dernières années, ce sont surtout les sociétés basées dans les îles du Pacifique qui ont fait des victimes parmi leur clientèle.

L'accident relaté ci-après s'est produit à Hawaii le **22 avril 1992...**

L'avion impliqué est un Beech 18 immatriculé N 342E [2]. Il appartient à la compagnie SAT : Scenic Air Tour. Cette petite société basée à Honolulu transporte quotidiennement une bonne cinquantaine de touristes à travers les îles polynésiennes. Suivant les possibilités financières de chacun, Scenic Air Tour propose plusieurs options de promenades. Dans la brochure, le client peu fortuné peut choisir un vol de quarante-cinq minutes pour faire le tour d'Honolulu. Pour 78 dollars, il découvrira le cap de Kahuku Point et la baie de Kanehoha... mais ne verra aucun volcan. En revanche, celui qui acceptera de débourser 229 dollars pourra faire une véritable excursion aérienne qui l'emmènera toute la journée sur les autres îles de l'archipel : Kahoolawe, Lanaii ou Maui. Ces excursions comportent quatre heures de vol [3] et une excursion en minibus pour découvrir l'île concernée. L'un des sites les plus demandés est le Captain Cook Monument. Avant de repartir pour Honolulu, le client pourra déjeuner sur place dans un restaurant touristique. Mais le but principal de ce périple est de découvrir les différents volcans

2. C'est un Beech 18 type E-18S.
3. 2 h 15 à l'aller et 1 h 45 au retour.

d'Hawaii. Vus du ciel, ce sont des sites féeriques : certains cratères culminent à plus de 4 000 mètres d'altitude. Quoi de plus majestueux que ces montagnes gigantesques dont les flancs plongent directement dans les eaux du Pacifique. Certains ont une activité sous-marine intense. On peut apercevoir distinctement la lave en fusion qui s'enfonce dans l'océan en dégageant de gigantesques volutes de vapeur.

Les touristes reviennent toujours ravis de leur circuit aérien. Parmi les excursions les plus demandées, il y a celles qui permettent de découvrir les deux principaux volcans de l'île d'Hawaii : le Mauna Kéa (4 205 mètres) et le Mauna Loa (4 170 mètres). Ce sont les sommets les plus élevés de l'archipel. L'option du volcan Haléakala sur l'île de Maui a également beaucoup de succès. Avec seulement 3 055 mètres d'altitude, ce volcan n'est pas le plus impressionnant, mais sa proximité avec Honolulu le rend plus accessible aux petits budgets.

C'est Brian [4] qui pilote le Beech 18… Il est seul aux commandes de l'avion… Pas de copilote.

Brian a 26 ans. Avec un bronzage parfait et des yeux clairs, c'est un beau garçon qui arbore avec fierté ses galons de commandant de bord sur son uniforme. Nul doute qu'il ne passe pas inaperçu lorsqu'il déambule dans le hall de l'aéroport d'Honolulu.

Le parcours professionnel de ce pilote est assez inhabituel puisqu'il a été engagé dans la compagnie comme… chauffeur de bus. C'était en 1988. Son travail consistait à transporter les touristes lors des excursions. À cette époque, Brian regardait avec envie les pilotes procéder à l'embarquement des passagers. Il n'hésitait pas à clamer haut et fort qu'il ne passerait pas toute sa vie au volant d'un minibus. Un jour, il serait aux commandes d'un avion. Certains souriaient discrètement, mais le jeune homme était têtu. Il a donc mis à profit son temps libre pour

4. *Pseudonyme.*

prendre des cours dans une école aéronautique locale et, à force de patience, il a réussi à passer son brevet de pilote et sa qualification pour le vol aux instruments. Il avait alors 22 ans.

Une fois sa licence en poche, Brian a quitté son travail de chauffeur à Scenic Air Tour pour chercher un job sur le continent.

Il allait faire carrière dans l'aviation !

Le moins que l'on puisse dire, c'est que pendant la période qui a suivi, Brian n'a pas fait pas preuve d'une grande stabilité professionnelle... En trois ans, le pilote a été employé par neuf compagnies aériennes à travers les USA. Parmi celles-ci, cinq le licencient très rapidement. Les motifs invoqués sont divers : Brian s'absente de manière répétée et injustifiée, il a une attitude indisciplinée, il ne se présente pas lors des vols d'entraînements obligatoires. Une compagnie invoque même une raison plus inquiétante : *le pilote n'a pas les diplômes qu'il a annoncés au moment de son embauche...*

Finalement, après trois années d'errance professionnelle, Brian décide de revenir vers ses premières amours : Scenic Air Tour. Les employés de la compagnie l'ont connu comme chauffeur de bus... il va y revenir par la grande porte en tant que pilote.

Comme toutes les compagnies aériennes, SAT exige un minimum d'heures de vol pour engager un navigant. Il faut impérativement 2 500 heures de vol dont 1 000 heures sur avions multimoteurs. Ces exigences sont tout à fait normales. Un jeune pilote est comme un conducteur qui vient de décrocher son permis de conduire. Il lui faut du temps pour acquérir de l'assurance. Et rien ne remplace l'expérience qu'apportent les heures de vol.

Lors de son entretien d'embauche, Brian remplit un formulaire sur lequel il indique qu'il totalise 3 400 heures dont 3 200 en tant que commandant de bord et 1 450 sur avions bimoteurs. Point positif supplémentaire pour lui, la compagnie souhaite engager un pilote ayant déjà volé sur Beech 18. Or, Brian déclare avoir effectué une centaine d'heures sur cet avion.

C'est parfait… Cette expérience est tout à fait suffisante pour satisfaire aux exigences de la compagnie…

Sauf que… tout cela est faux.

Plus tard, les enquêteurs feront le compte des heures de vol réellement effectuées par Brian au cours de sa carrière aéronautique. Ils découvriront que le pilote a menti sur tous les points. En réalité, il a un peu moins de 1 500 heures et seulement 380 heures de vol sur bimoteurs… La différence est énorme !

Par ailleurs, contrairement à ce qu'il a affirmé, il n'a jamais piloté un Beech 18. Il est donc très loin de réunir les conditions d'embauche.

Étrangement, personne à Scenic Air Tour ne songe à vérifier les déclarations du candidat. Il faut dire que celui-ci bétonne son dossier avec des lettres de recommandation rédigées par ses employeurs précédents. Les termes sont particulièrement élogieux pour vanter son professionnalisme et ses qualités de pilote.

Si le responsable du personnel de Scenic Air Tour avait passé un simple coup de fil, il se serait aperçu que les lettres étaient tout aussi fausses que les heures de vol de Brian. C'est lui qui les a rédigées sur du papier à en-tête subtilisé dans un bureau !

Sur ce dernier point, le pilote n'en est pas à son coup d'essai. Deux ans plus tôt, il a déjà présenté des lettres de recommandation flatteuses pour postuler dans une compagnie aérienne de la côte ouest. Malheureusement pour le tricheur, le responsable du recrutement s'est méfié. Au premier coup de fil, le pot aux roses a été découvert.

Évidemment, Brian n'a pas été engagé !

Rien de tout cela ne se produit à Scenic Air Tour… Le directeur du personnel est plutôt crédule et accepte le CV sans faire la moindre remarque. La candidature de Brian est retenue… Reste une formalité. Après avoir rempli le formulaire d'embauche, il doit accomplir un vol avec un instructeur de la compagnie… Le but est de vérifier ses compétences en vol.

L'examen a lieu à l'aéroport d'Honolulu dans les premières heures de la matinée. Brian effectue des décollages et des atterrissages sur la piste 26.

Rien de bien compliqué.

Il fait beau. Il n'y a pas de vent et, ce jour-là, le trafic aérien est très réduit. Puis l'instructeur demande à Brian de réaliser quelques exercices de vol sans visibilité en lui mettant une visière sur le front[4]. L'épreuve ne dure pas plus d'une dizaine de minutes. Des exercices basiques. Un peu de vol rectiligne, deux ou trois virages en montée et en descente… Tout se passe bien. L'instructeur n'insiste pas. Il explique que, dans son futur travail à Scenic Air Tour, Brian ne devra jamais voler aux instruments car les excursions se font essentiellement par beau temps. Les touristes ne viennent pas pour se promener dans les nuages. Dès qu'il y a des stratus bas, les avions restent au sol ! Alors pourquoi ennuyer un pilote sur des exercices inutiles ?!

À l'issue de l'examen, l'instructeur semble satisfait du pilotage de Brian. Ce dernier est donc définitivement engagé.

Les vacanciers qui vont embarquer à bord de son avion ne savent pas la chance qu'ils ont de voyager avec un navigant qui possède de telles compétences aéronautiques !

Ce 22 avril 1992, les clients arrivent à l'aéroport d'Honolulu à **6 h 40 mn** du matin. Pour la plupart, ils sont vêtus de l'uniforme traditionnel des Américains à Hawaii : short à fleurs, chemise ample, lunettes noires, chapeau de paille et coups de soleil sur le visage.

C'est Brian qui les accueille à l'entrée de l'aérogare. Avec un sourire commercial, il débite la formule rituelle d'accueil dictée par la compagnie. C'est toujours la même :

4. Pour simuler le vol dans les nuages, l'élève pilote porte une visière sur la tête qui l'empêche de voir dehors. Il peut juste apercevoir le tableau de bord.

– Merci d'avoir choisi Scenic Air Tour... Nous allons faire le maximum pour vous faire passer une journée fantastique.

Aujourd'hui, les touristes ont choisi l'excursion classée n° 5 sur le catalogue de SAT : la « *Volcano Special* ». Le programme prévoit que le Beech 18 décollera à 7 heures du matin d'Honolulu. L'itinéraire est défini avec précision dans la brochure : l'avion suivra la côte nord de l'île de Molokai puis il se dirigera vers l'île de Maui avant de mettre le cap en direction d'Hilo sur l'île d'Hawaii, où il atterrira aux environs de 9 heures du matin.

Le programme prévoit que les clients prendront alors un minibus pour visiter l'île jusqu'à midi. Ils déjeuneront ensuite dans un joli restaurant choisi par la compagnie sur les flancs du volcan. Puis ils reviendront à l'aéroport à 15 heures, où l'avion les attendra.

Le vol de retour est plus court que celui de l'aller car il se fait en direct. En général, l'atterrissage final à Honolulu a lieu aux environs de 16 h 30... La plupart du temps, les touristes rentrent enchantés à leur hôtel. Les rouleaux de pellicules sont terminés et les têtes pleines de souvenirs inoubliables. Les volcans d'Hawaii seront pendant longtemps l'objet de passionnantes soirées de diapositives en famille.

Ce matin, ils sont huit à embarquer pour l'excursion « Spécial Volcan ». Ce sera le vol SAT 22. En plus de ses passagers, Brian va prendre à bord un employé de la compagnie, un chauffeur de bus qui doit être déposé à Maui.

La demande est si forte pour cette excursion qu'un second avion est prévu une demi-heure plus tard : le vol SAT 23.

Brian décolle de l'aéroport d'Honolulu à 7 heures du matin comme prévu. Du fait de la présence à bord du chauffeur de bus, l'avion ne suit donc pas vraiment la route décrite dans la brochure. Contrairement à ce qui est prévu au programme, il se pose à Maui.

Sans même couper les moteurs, Brian dépose l'employé près de l'aérogare et redécolle presque aussitôt pour Hilo où il atterrit avec un léger retard de quinze minutes.

Sitôt sur le parking, les huit passagers du vol SAT 22 embarquent dans un minibus et partent en excursion vers les volcans du parc national d'Hawaii.

Une demi-heure plus tard, le second avion de la compagnie atterrit à son tour à Hilo pour débarquer ses clients.

Pour Brian et son collègue, la première partie de la journée est terminée. Les deux pilotes s'installent au bar de l'aéroport et attendent ensemble le retour de leurs passagers. Ceux-ci doivent revenir six heures plus tard... Conversations banales, mots croisés et lecture de la presse les aident à passer le temps. Aucun d'eux ne boit d'alcool. C'est strictement interdit par le règlement de la compagnie.

Le problème, c'est qu'à mesure que les heures passent, les conditions météorologiques se dégradent. Le ciel se couvre et le mauvais temps arrive sur l'archipel. La station météo rapporte qu'à 15 heures il y a des nuages épars à 1 500 pieds, un plafond morcelé à 4 000 pieds et un second plafond soudé à 6 500 pieds. Par endroits, il pleut même fortement. Les sommets des volcans sont complètement noyés dans les nuages, ce qui donne au paysage un aspect particulièrement lugubre.

Pourtant, aucun des deux pilotes ne se fait de souci pour le retour à Honolulu car la visibilité reste bonne. Elle dépasse 20 kilomètres entre les averses. En outre, le vent est faible, il est du nord pour 7 nœuds... Le vol à vue reste donc possible. Il faudra simplement rentrer à basse altitude.

Du fait de la météo, les passagers de Brian reviennent à l'aéroport un peu plus tôt que de coutume. Ils s'installent dans l'avion vers **14 h 55 mn.** C'est une jolie jeune femme qui prend la place droite à côté du pilote. Les mines sont plutôt renfrognées... Avant d'embarquer, les touristes font part à certains témoins de leur déception sur l'excursion qu'ils viennent d'effectuer. Ils sont montés sur les flancs du volcan Mauna Kéa, mais n'ont pratiquement rien vu. Il pleuvait et les nuages les ont empêchés de voir le paysage. Certains ne sont même pas sortis du minibus parce qu'ils avaient froid.

À **15 h 07 mn**, Brian met en route les deux moteurs de son Beech et roule pour la piste 08. Il décolle à **15 h 12 mn**.

Au moment où les roues quittent le sol, le minibus du vol SAT 23 arrive au parking. Ses passagers voient le Beech 18 s'éloigner vers le nord-ouest. Leur avion ne décollera qu'une demi-heure plus tard.

Le Beech 18 est un avion de conception ancienne. Il ne possède aucune boîte noire qui permettrait d'enregistrer les paramètres de vol ou les conversations dans l'avion. Pourtant, à partir des tracés radar et des contacts radio passés avec le contrôle aérien, il est possible de reconstituer le vol et de comprendre les graves erreurs commises par Brian.

L'avion est en montée… Brian rentre le train d'atterrissage. Il réduit légèrement la puissance des moteurs et vire à gauche pour rejoindre la balise VOR d'Upolu Point située à l'extrême nord d'Hawaii. Malheureusement, il ne monte pas très haut. Lorsqu'il arrive à 2 500 pieds [6], il est pratiquement à la limite des nuages [7]. À cet instant, Brian n'a pas le choix.

Il lui est strictement interdit de rentrer dans la couche car il est sous plan de vol VFR et son avion n'est pas suffisamment équipé pour le vol sans visibilité... Il doit donc se mettre en palier pour rester en permanence en vue du sol ou de l'eau. D'ailleurs, pour ses passagers, il sera plus agréable de regarder la côte défiler sous les ailes que de voler dans du coton…

Or, contre toute attente, Brian décide de poursuivre la montée. Ce faisant, il se met en infraction vis-à-vis de la réglementation aérienne.

6. *Environ 800 mètres.*
7. *Tous les éléments de la météo et du vol seront fournis en détail par le pilote du vol Scenic 23 qui décollera une demi-heure après le Scenic 22.*

Le plus étonnant est qu'au moment où il rentre dans les nuages, il contacte le contrôle FSS d'Honolulu [8] pour faire activer son plan de vol VFR. En fait, il informe le contrôle qu'il fait quelque chose et il agit de manière exactement opposée. Étrange attitude pour un commandant de bord dont le souci principal devrait être d'assurer la sécurité de ses passagers.

Sans hésiter Brian prend donc de l'altitude. Il monte dans une couche nuageuse soudée et se stabilise à… 9 000 pieds [9]. Il est probable qu'il ne grimpe pas plus haut parce que son avion n'est pas équipé en oxygène. Étant donné les conditions météo de ce jour, les enquêteurs sont pratiquement certains qu'à cette altitude l'avion est encore dans les nuages. Plutôt gonflé car à 5 kilomètres sur la gauche de l'appareil, il y a les flancs abrupts du volcan Mauna Kea qui, rappelons-le, culmine à 4 205 mètres. Cela signifie que Brian longe une paroi rocheuse sans la voir et celle-ci est bien plus haute que lui… Inconscient ?

Il est **15 h 40 mn** lorsque Brian arrive à la verticale du VOR d'Upoli Point au nord d'Hawaii.

C'est maintenant qu'il va commettre une erreur impardonnable… Toujours dans les nuages, il annonce au contrôle au contrôle FSS qu'il compte se diriger vers l'île de Kahoolawe. Brian en a parfaitement le droit car il est en VFR. Contrairement à un avion en vol aux instruments, c'est le pilote qui choisit sa route. Il n'a pas besoin d'autorisation, il ne fait qu'informer le contrôleur de ses décisions.

Pour aller vers Kahoolawe, Brian doit prendre le cap 287. Cependant, comme il n'y a pas de balise sur cette île, il lui faut utiliser le VOR d'Upolu Point pour se faire « pousser » dans la bonne direction.

Il doit afficher le chiffre 287 sur la molette OBS [10] de son récepteur et garder l'aiguille de l'instrument au milieu. La

8. Flight Service Station.
9. Environ 2 700 mètres.
10. Omni Bearing Selector.

balise étant derrière l'avion, l'instrument affichera « *from* » sur son écran. C'est un exercice de navigation très simple que tout jeune élève pilote apprend dès ses premières heures de vol... Si tout va bien, Brian devrait arriver à la verticale de l'île de Kahoolawe dans une petite demi-heure.

Malheureusement, le pilote commet une bourde énorme : en tournant la molette OBS sur son instrument de navigation, il se trompe de chiffre. Au lieu de se caler sur le 287, il affiche 310 degrés. Une erreur de 23 degrés !

Il est aisé de comprendre pour quelles raisons Brian affiche ce chiffre : il correspond à une route qu'il emprunte très fréquemment lorsqu'il rentre de Hilo par beau temps. Ainsi, la veille, il l'a empruntée à quatre reprises ! Elle le mène directement vers le sommet du volcan d'Haléakala. Ainsi, ses passagers peuvent admirer l'immense cratère de lave noire. Moins haut que les autres volcans d'Hawaii, l'Haléakala (3 055 mètres) n'en est malgré tout pas moins très pittoresque avec la superbe crête de Red Hill.

Viscosité mentale... Discussion avec les passagers... En affichant le radial 310, Brian agit certainement machinalement. Comme il n'a pas sa carte sous les yeux (elle est soigneusement pliée dans sa sacoche de vol), rien ne vient lui rappeler qu'il est en train de se diriger vers un énorme obstacle.

Ce manque d'attention n'aurait aucune conséquence s'il faisait beau. En apercevant de très loin le sommet du volcan, Brian réaliserait qu'il s'est trompé de route. Malheureusement, l'avion est dans les nuages et le pilote ne voit rien de ce qui se présente devant lui.

Il y a environ 80 kilomètres entre la balise d'Upolu Point et le volcan Haléakala. À 300 km/h, cela représente seize minutes de vol. Ce serait amplement suffisant pour permettre au pilote de réaliser son erreur. Mais malgré le temps qui passe, Brian ne se rend compte de rien.

Le drame se joue à **15 h 53 mn**...

L'enquête a établi de façon certaine que le pilote a aperçu le volcan quelques secondes avant l'impact. Dans un réflexe désespéré, il tire de toutes ses forces sur le manche pour tenter de passer au-dessus de la crête de Red Hill. L'action sur les commandes est très brutale. Les passagers hurlent de peur. Le Beech 18 se cabre, il reprend de l'altitude. La vitesse chute jusqu'à atteindre pratiquement le décrochage. Malheureusement, la crête de Red Hill monte à 12 000 pieds et l'avion n'est qu'à 9 000 pieds.

Le Beech 18 percute la paroi de lave à une altitude de 9 632 pieds. Sous le choc, Brian et la jeune fille assise à sa droite sont projetés à travers le pare-brise... Le siège du passager assis derrière le pilote se détache et le malheureux est également éjecté de l'avion.

Tous les occupants de l'appareil sont tués sur le coup. C'était la dernière heure de vol de Brian !

Les enquêteurs désigneront deux responsables de cette catastrophe. Ils seront bien évidemment très sévères à l'encontre du pilote. On lui reprochera d'avoir menti outrageusement sur ses compétences et sur son nombre d'heures de vol. Il n'était pas qualifié pour effectuer ce travail. Imprudent, trop sûr de lui et tricheur, il n'était pas davantage autorisé à rentrer dans les nuages... L'erreur grave commise sur l'OBS de son récepteur VOR lui a été fatale.

Mais les enquêteurs reprocheront également à la compagnie Scenic Air Tour sa légèreté impardonnable au moment de l'embauche de Brian. Aucune vérification réelle n'a été faite sur la réalité de son CV aussi bien que sur ses capacités de pilotage. La responsabilité sera totalement engagée dans le crash. Suite aux différents procès intentés par les familles des victimes, la compagnie fera faillite.

LE PILOTE SE TROMPE DE PISTE

31 octobre 2000.

Il fait un temps épouvantable sur l'île de Taïwan… Le cyclone Xangsane est sur la mer de Chine et il s'approche par le sud. C'est l'un des plus violents que l'Asie ait connus [1]. Il s'est formé une semaine plus tôt sur la mer des Philippines et a commencé à se déplacer lentement vers l'ouest. Puis, à mesure que les jours ont passé, il a pris une puissance phénoménale. Le 30 octobre, alors qu'il passait au sud de Manille, il a brusquement changé de route et s'est dirigé vers le nord en direction de Taïwan. Alimenté par les eaux chaudes de la mer de Chine, il a encore grossi jusqu'à devenir un monstre comme on en a rarement vu, même en Asie.

Sur l'île, c'est l'alerte générale… Chacun sait que la tempête

1 Le cyclone Xangsane sera très meurtrier. Rien qu'à Taïwan, il fera 61 morts et 48 blessés graves. Les dégâts causés à l'agriculture seront estimés à 70 millions de dollars.

risque de provoquer des dégâts considérables. Il faut faire vite. Ce 31 octobre, à 23 heures, les photos satellites montrent que l'énorme dépression approche de la pointe sud de Taïwan. Sur l'aéroport international Tchang-Kai-Shek à côté de Taï-Peï, les avions continuent à décoller, mais les conditions météorologiques deviennent de plus en plus difficiles. Il pleut si fort que, par moments, la visibilité tombe à moins de 450 mètres.

Le vent souffle à 36 nœuds[2] avec des rafales à 56 nœuds[3]. C'est très fort, même pour les plus gros avions de ligne.

Il est **22 h 07 mn**... Un 747/400 de la compagnie Singapore Airlines vient de quitter la porte B 5.

C'est le vol SQ 006 qui part pour Los Angeles. À son bord se trouvent 159 passagers et 20 membres d'équipage. Décoré avec des couleurs bariolées qui rappellent les mouvements hippies des années 1970, le Jumbo Jet est un appareil presque neuf[4]. C'est un mastodonte de près de 400 tonnes. Bourré d'électronique et des derniers perfectionnements informatiques, il peut parcourir 13 500 kilomètres sans escales.

Le décollage du vol SQ 006 était normalement prévu à **22 h 55 mn,** mais l'équipage a anticipé au maximum le départ pour essayer d'éviter le cyclone. En effet, plus les minutes passent et plus la météo s'aggrave... Tout le personnel au sol de Singapore Airlines a été mis à contribution pour accélérer les formalités. Grâce à la coopération de chacun, les passagers ont embarqué avec trois quarts d'heure d'avance.

À **22 h 07 mn**, un énorme tracteur repousse le Jumbo Jet en arrière de la passerelle et l'appareil commence à rouler pour passer devant les bâtiments du Terminal 1 puis ceux du Terminal 2.

Il y a trois navigants dans le poste de pilotage : le commandant de bord assis à la place gauche, le copilote à droite et un

2. *66 km/h.*
3. *103 km/h.*
4. *C'est un Boeing 747/412. Il est sorti d'usine trois ans plus tôt avec le numéro de série 28023/1099 et porte l'immatriculation 9V-SPK. Il totalise 18 458 heures de vol et a effectué 2 274 atterrissages.*

second commandant de bord installé sur le *jump seat* arrière[5]. Le vol jusqu'à Los Angeles étant particulièrement long (11 000 kilomètres), le pilote « remplaçant » prendra régulièrement la place des deux hommes aux commandes pour leur permettre de se reposer.

Pour le départ, c'est le commandant de bord qui pilote l'avion[6]. Le copilote se charge des communications radio avec le contrôle. Le pilote remplaçant observe depuis la place arrière et donne un coup de main de temps en temps.

Alors que l'avion commence à rouler sur le taxiway, le principal sujet de conversation dans le poste de pilotage est bien évidemment la météo épouvantable qui règne sur la région. Pour avoir des nouvelles du cyclone, le commandant vient de discuter avec le chef d'escale de Singapore Airlines sur la fréquence de la compagnie. Ce n'est pas bon...

Tout autour de Taïwan, la météo empire de manière dramatique.

23 h 08 mn 27 sec (pilote remplaçant) : *Ils t'ont dit que Hong Kong est fermé, hein ?*

23 h 08 mn 28 sec (commandant de bord) : *C'est ce qu'ils viennent de me dire. Ils n'acceptent plus personne là-bas.*

23 h 08 mn 29 sec (copilote) : *Je vois...*

Hong Kong n'est qu'à 800 kilomètres de Taï-Peï. Le fait que les contrôleurs de cet aéroport n'acceptent plus aucun avion signifie que la tempête déborde largement au-dessus des côtes

5. Strapontin.

6. Le commandant est PF (pilote en fonction). Le copilote est PNF (pilote non en fonction). La procédure veut que le commandant de bord reste toujours le responsable du vol, mais, à chaque étape, les rôles sont inversés entre le PF et le PNF. Une fois sur deux, c'est donc le copilote qui est aux commandes et le commandant de bord qui s'occupe des communications radio.

chinoises. Bien que l'on ne soit pas dans la saison des cyclones[7], Xangsane est en train de prendre une dimension et une force inhabituelles. Pour donner une idée de la taille de la dépression, il faut savoir qu'elle s'étend des îles de la Sonde jusqu'à Shanghai, ce qui représente près de 3 000 kilomètres. Quant au corps du cyclone lui-même, il mesure plus de 1 000 kilomètres de diamètre.

23 h 08 mn 30 sec (commandant de bord) : *Je pense qu'il y en a certains qui ont essayé de se dérouter là-bas. Ils sont surchargés. Hein ?*

À faible vitesse, le 747 commence à rouler vers la piste en service par le taxiway Sierra Papa. Il laisse sur sa droite les bâtiments du terminal 1, puis passe devant la tour de contrôle et le terminal 2. Dehors, les conditions sont incroyablement mauvaises. Des trombes d'eau s'abattent sur le pare-brise et les rafales de vent sont si fortes qu'elles font bouger imperceptiblement le Jumbo Jet. C'est le commandant de bord qui dirige l'avion à l'aide du tilt, un petit volant situé sur la paroi latérale gauche. Lorsqu'il sera arrivé au niveau du dernier bâtiment, il virera à droite pour rejoindre l'intersection West Cross. Ensuite, il virera à gauche pour s'engager sur le taxiway November Papa qui lui permettra d'atteindre le point d'attente de la piste.

Il y a trois pistes sur l'aéroport Tchang-Kai-Shek.

La 06/24 est située au sud de l'aérogare[8]. N'étant pas classée en catégorie II, elle ne permet pas les atterrissages et les décollages avec des visibilités très réduites. Elle est donc peu utilisée lorsque les conditions météo sont marginales. Ce n'est pas celle-là vers laquelle le 747 se dirige ce soir.

7. Les cyclones se forment généralement en juillet, août ou septembre.

8. Les chiffres correspondent aux orientations magnétiques des deux directions opposées de la piste (06/24 = 060 degrés et 240 degrés). Ces chiffres ont évidemment toujours une différence de 180 degrés.

La seconde piste utilisable est la 05 gauche. Elle est très large (60 mètres) et très longue (3 660 mètres). En outre, elle est équipée d'un ILS catégorie II qui permet une plus grande précision d'atterrissage.

De manière tout à fait logique, c'est cette piste que le commandant a choisie pour son décollage.

Il y en a une troisième : la 05 droite. Elle est plus étroite que la précédente (45 mètres), beaucoup moins longue (2 750 mètres) et n'est équipée d'aucun instrument pour l'atterrissage sans visibilité. En outre, elle est fermée depuis un mois et demi car on y effectue des travaux importants. C'est un véritable chantier qui a commencé le 13 septembre 2000. Il y a des engins un peu partout et des blocs de béton en plein milieu de la bande. Comme cette piste ne présente pas vraiment d'intérêt comparée aux deux autres, il est prévu, à terme, de la transformer en un taxiway qui s'appellera November Charlie.

Malgré les travaux, la première moitié de cette « piste » peut être utilisée pour des déplacements au sol lorsque le trafic est important. On y trouve donc un éclairage de couleur verte sur la ligne centrale. Par sécurité, des barrières et des feux à éclats rouges ont été mis en place une centaine de mètres avant le chantier.

Comme toujours lorsque des travaux ont lieu sur un aéroport, les navigants ont été informés par la publication d'un Notam disponible dans tous les services de contrôles aériens [9]. Ce bulletin concernant la fermeture de la piste 05 droite a été publié le 31 août dernier, soit exactement deux mois avant.

Il porte le numéro A 0606 et indique avec précision qu'une portion de la piste 05 droite entre les taxiways N4 et N5 sera fermée entre le 13 septembre et le 22 novembre 2000 à cause de

9. *Notam :* Notice to Airmen. *Bulletin d'information délivré par les autorités aéronautiques à l'intention des navigants. Un Notam peut concerner n'importe quel type d'activité sur un aéroport ou une zone aérienne définie : travaux, interdiction de survol, parachutage, dangers potentiels, etc.*

travaux importants. Le commandant de bord a reçu ce bulletin d'information.

Pour rejoindre la piste 05 gauche en service, le 747 va donc devoir aller jusqu'à l'intersection West Cross virer à gauche sur le taxiway November Papa, puis à droite sur le November 1.

Ensuite, il va devoir traverser la piste fermée, parcourir encore quelques dizaines de mètres sur le November 1 et virer encore à droite pour s'aligner sur la piste 05 gauche qui est en service.

Comparé aux labyrinthes inextricables que l'on rencontre sur les grands aéroports internationaux, le trajet de roulage à Tchang-Kai-Shek est très simple.

23 h 08 mn 55 sec (commandant) : *OK, mon vieux, on fait la check-list avant décollage.*

23 h 08 mn 56 sec (copilote) : *Oui, monsieur.*

Le copilote sort donc son livret plastifié sur lequel se trouvent tous les points essentiels à vérifier avant de décoller. Il le lit sur un ton particulièrement appliqué, presque scolaire :

23 h 08 mn 58 sec (copilote) : *Check-list avant le décollage... Les volets ?*

23 h 09 mn 02 sec (commandant) : *20 degrés, vert...*

23 h 09 mn 03 sec (copilote) : *OK... 20 degrés, vert.*

23 h 09 mn 06 sec (copilote) : *Les commandes ?*

23 h 09 mn 07 sec (commandant) : *Vérifiées.*

23 h 09 mn 08 sec (copilote) : *OK... Vérifiées...*

23 h 09 mn 08 sec (copilote) : *EPR*[10] *et vitesse ?*

23 h 09 mn 09 sec (commandant) : *OK... EPR... 1,52 et euh... Vitesse V1 : 142 nœuds... V2 : 169 nœuds.*

Le commandant vient d'annoncer les deux vitesses importantes qui vont conditionner la sécurité de son décollage :

– V1 sera la vitesse de décision à partir de laquelle il ne lui sera plus possible de freiner. Quoi qu'il arrive, il faudra décoller... Elle correspond à 263 km/h ;

– V2 sera la vitesse de rotation à laquelle il tirera sur le manche pour arracher les 400 tonnes de métal. Ce sera 313 km/h.

Les voix des deux navigants sont tout à fait calmes. Pour l'instant, les conditions climatiques difficiles ne semblent pas les troubler outre mesure.

23 h 09 mn 24 sec (copilote) : *Route de départ ?*

23 h 09 mn 25 sec (commandant) : *OK... Taï-Peï... Piste 06 gauche.*

23 h 09 mn 27 sec (copilote) : *05 gauche !!!*

23 h 09 mn 29 sec (commandant) : *Ah oui... la 05 gauche.*

Le commandant vient de commettre une erreur corrigée aussitôt par son copilote. Ils ne vont évidemment pas décoller de la piste 06 gauche pour la bonne raison que celle-ci n'existe pas. Nous l'avons vu, il y a seulement une 06 qui est unique et qui n'est pas utilisée ce soir. Cette erreur n'est qu'un lapsus sans gravité car la piste 06 se trouve tout à fait de l'autre côté des bâtiments de l'aérogare et il n'y a aucun risque de se tromper

10. Engine Pressure Ratio : *puissance des réacteurs.*

réellement. À cet instant, le 747 est en train de suivre le taxiway qui va le conduire vers l'intersection West Cross. Il est en train de passer le long du Terminal 2. En temps normal, il n'y a aucune difficulté à rouler mais, ce soir, le commandant semble avoir du mal à se repérer à travers le rideau de pluie. Même les lumières de l'aérogare ne sont plus qu'un halo brouillé à travers le pare-brise.

23 h 09 mn 38 sec (commandant) : *J'ai l'impression que c'est par là que je dois aller ??*

Le commandant doit faire un geste dans une mauvaise direction car le copilote le corrige aussitôt pour le remettre sur le droit chemin.

23 h 09 mn 40 sec (copilote) : *La prochaine, il faut tourner à droite, après !*

23 h 09 mn 41 sec (commandant) : *Ouais... tout droit et on tourne à droite, là-bas... Jusqu'au bout vers l'intersection West Cross... Tourne à droite ici.*

Bien que le commandant se soit déjà posé une dizaine de fois à Taï-Peï, ses hésitations n'ont rien d'anormal. Tout équipage qui se déplace sur un aéroport peut éprouver des difficultés à trouver son chemin dans l'enchevêtrement des taxiways et des différents parkings.

Sur les grandes plates-formes comme Chicago, Atlanta ou Roissy, il y en a souvent des centaines. Pour s'y retrouver, les équipages ont toujours le plan des pistes à portée de main et ils vérifient leur « route » au sol en permanence afin de ne pas se perdre. C'est la procédure ! Chaque taxiway est soigneusement identifié par une lettre et par un numéro et il y a même des petits panneaux au sol afin de guider les pilotes...

Le problème, c'est que justement l'aéroport de Tchang-Kai-Shek n'est pas très compliqué ! Avec ses trois pistes et leurs taxiways parallèles, il n'y a aucune raison de se perdre. Du coup, le commandant de bord ne prend pas vraiment la peine de consulter son plan avec attention… Il se contente d'écouter son copilote qui récapitule les éléments du départ.

23 h 09 mn 46 sec (copilote) : *Alors… ce sera la piste 05 gauche… la route de départ, ce sera Kikit transition. On monte initialement vers le niveau 200*[11]*. Transpondeur 2657. Ensuite, ce sera le 290 vers Bulan.*

23 h 09 mn 58 sec (commandant) : *Pour le décollage, il va y avoir beaucoup de travail à la direction*[12]*…*

23 h 10 mn 01 sec (pilote remplaçant) : *Le vent est de travers, hein ?*

23 h 10 mn 02 sec (commandant) : *Ouais…*

Si l'équipage semble préoccupé par la direction du vent, c'est que l'avion vibre toujours imperceptiblement. Il faut dire qu'à cet instant les rafales montent régulièrement à plus de 50 nœuds. C'est d'autant plus impressionnant que le vent semble venir du 020[13], c'est-à-dire qu'il sera légèrement sur la gauche de l'appareil lorsqu'il sera aligné sur la piste. Le décollage se fera donc avec une composante traversière importante.

Dans ces conditions, une telle tempête pose des problèmes pour stabiliser un avion même s'il s'agit d'un Jumbo Jet. Alors que le 747 continue sa progression vers West Cross, un autre appareil quitte l'aérogare et le commandant l'aperçoit. Après

11. 20 000 pieds.
12. Il s'agit ici de la gouverne de direction qui se contrôle au pied à l'aide du palonnier.
13. Sensiblement du nord.

avoir jeté un coup d'œil à sa montre, il réalise que le collègue a également anticipé son départ, mais qu'il s'est tout de même arrangé pour le laisser passer devant.

23 h 10 mn 14 sec (commandant) : *Tout le monde attend que l'autre décolle pour voir ce que ça donne... hein* (rire).

23 h 10 mn 18 sec (commandant) : *Ouais, ce connard nous a entendus partir. Et maintenant, il fait pareil...*

23 h 10 mn 21 sec (pilote remplaçant) : *Oui, ils y vont maintenant parce que plus ils attendent, et plus ça va cogner.*

23 h 10 mn 23 sec (commandant) : *Ouais, ça va être pire... Si on attend trop, je ne décolle pas.*

Tout en parlant, le commandant montre le virage devant lui qui va lui permettre de sortir du parking général. Sous le rideau de pluie, il aperçoit l'intersection West Cross qui rejoint le taxiway November Papa...

23 h 10 mn 23 sec (commandant) : *Il va falloir tourner très doucement ici... hein. Parce qu'on peut déraper.*

Sur ce point, le commandant a parfaitement raison... Malgré son poids de près de 400 tonnes, le Boeing 747 possède de très grandes surfaces de prise au vent et il est vulnérable aux rafales. Les pneus manquent d'adhérence.

Aussitôt, le copilote jette un rapide coup d'œil au GPS qui lui indique la vitesse de déplacement au sol[14].

14. *Du fait de la position très élevée du poste de pilotage du 747, il est très difficile pour l'équipage d'estimer visuellement la vitesse lorsque l'avion roule au sol. La tendance est de la sous-estimer. La procédure est donc de surveiller la vitesse à l'aide des instruments de bord (GPS et centrales inertielles).*

23 h 10 mn 24 sec (copilote) : *OK... 9 nœuds*[15]...

Malgré toutes les précautions prises par l'équipage et la lenteur avec laquelle l'avion se déplace, le mastodonte vibre toujours sous les coups de boutoir de la tempête.

23 h 10 mn 33 sec (pilote remplaçant) : *Ok... On sent qu'on prend le vent !*

23 h 10 mn 35 sec (copilote) : *C'est toute cette humidité. Ça glisse.*

23 h 10 mn 41 sec (copilote plaisantant) : *On dérape à gauche... on dérape à droite... on dérape à gauche.*

23 h 10 mn 42 sec (pilote remplaçant) : *Le radar météo va être tout rouge* (rire)...[16]

Le silence s'installe pendant quelques instants dans le poste de pilotage. Impossible de savoir à quoi pensent les trois hommes, mais, à mesure que le temps passe, on croit deviner que la tension commence à monter. Le ton du commandant semble plus soucieux lorsqu'il déclare :

23 h 11 mn 22 sec (commandant) : *Sacré cyclone... ce mec qui arrive demain va être terrible*[17].

Les bulletins météo ont été soigneusement étudiés par les

15. *17 km/h.*
16. *Pour indiquer les dangers météo qui se présentent en vol devant l'avion, l'écran du radar affiche une « carte » des nuages avec différentes couleurs : vert, jaune et rouge. Les zones rouges sont évidemment les plus dangereuses et doivent être évitées car elles recèlent des grêlons, de la turbulence et les risques de givrage y sont très forts.*
17. *Le nom Xangsane qui désigne le cyclone est un nom d'homme. En fait, le commandant désigne le cyclone sous le nom de Terok pour dire « terrible », sorte de jeu de mots faisant référence à un monstre d'une série télévisée asiatique.*

enquêteurs. À cet instant, la visibilité sous la pluie évolue entre 600 et 200 mètres. Les trois hommes doivent faire un effort pour apercevoir les balises lumineuses devant l'avion.

Pour avoir des informations plus précises, ils décident alors d'écouter le dernier message donnant les nouvelles de la météo. Il a été enregistré, il y a une dizaine de minutes sur l'Atis[18]. L'information *« Uniform »* indique que la pluie est de plus en plus forte. Le vent est du 020 degrés pour 36 nœuds avec des rafales à 56 nœuds. La visibilité est de 600 mètres au niveau du seuil de la piste 05, mais elle est de seulement 450 mètres au seuil de la piste 06. Le plafond des nuages est à 200 pieds[19].

Nul doute qu'on peut rêver mieux comme conditions météo pour partir en vol ! À cet instant, le 747 arrive au niveau de West Cross.

23 h 12 mn 06 sec (copilote) : *On y arrive, euh November Papa...*

23 h 12 mn 07 sec (commandant) : *OK, jusqu'au bout et on tourne à gauche. Jusqu'au bout.*

23 h 12 mn 22 sec (commandant) : *OK, première à gauche...*

23 h 12 mn 23 sec (copilote) : *Affirmatif... Première à gauche.*

23 h 12 mn 24 sec (commandant) : *À gauche.*

23 h 12 mn 25 sec (copilote) : *C'est ça... à gauche...*

18. Automatic Terminal Information Service. *Messages enregistrés par le contrôle aérien sur une fréquence spéciale actualisée toutes les heures. L'Atis permet de décharger les contrôleurs en fournissant au pilote la plupart des paramètres dont ils ont besoin pour l'atterrissage ou le décollage. Toutes les heures, le message se voit attribuer une lettre différente afin de l'identifier clairement.*
19. *Environ 60 mètres.*

Encore une fois, l'équipage est en train de discuter de son chemin, mais aucun des trois hommes ne regarde vraiment le plan. La simplicité de la disposition des lieux rend les choses apparemment évidentes. Nous allons voir qu'elles ne le sont pas autant que cela.

Une fois sur November Papa, le 747 poursuit sa progression sur le taxiway vers le point d'attente. Une minute plus tard, le contrôleur appelle sur la fréquence sol.

23 h 12 mn 58 sec (contrôleur fréquence sol) : *Singapore 6, contactez la tour sur 129.3, bonne journée.*

23 h 13 mn 02 sec (copilote) : *Bien reçu, Singapore 6, 129.3. Bonne journée à vous aussi.*

Le copilote contacte alors la tour comme on vient de lui demander.

23 h 13 mn 25 sec (copilote) : *Taï-Peï Tour, bonsoir monsieur, Singapore 6.*

23 h 13 mn 28 sec (tour de Taï-Peï) : *Singapore 6, bonsoir, Taï-Peï Tour, approchez-vous du point d'attente et maintenez la position auprès de la piste 05 gauche.*

23 h 13 mn 33 sec (copilote) : *Bien reçu, on maintient au point d'attente, piste 05 gauche… Singapore 6.*

23 h 13 mn 38 sec (tour de Taï-Peï) : *Singapore 6, pour votre information, le vent actuel est du 020 degrés pour 24 nœuds, mais nous avons des rafales à 43 nœuds… Quelles sont vos intentions ?*

Cette question n'a rien d'innocent, le contrôleur cherche avant tout à dégager sa responsabilité. S'il arrivait un accident avec cette météo limite, il sait qu'il pourrait être incriminé. Il veut prouver qu'il a donné au commandant de bord toutes les informations nécessaires sur les conditions extrêmes de son décollage.

En lui demandant « quelles sont ses intentions », il souhaite garder une trace sur la bande magnétique : le pilote doit annoncer clairement s'il continue ou s'il revient au parking. En fait, le contrôleur utilise un instrument administratif bien utile en temps de pluie : le « parapluie ».

Tout cela est bien inutile aux yeux du commandant car celui-ci a pris sa décision. Il part...

Ce n'est pas la première fois qu'il décolle dans de telles conditions météorologiques. Il a même fait pire et ne semble pas vraiment inquiet.

La question aurait même tendance à l'amuser.

23 h 13 mn 44 sec (commandant pour lui-même) : *Rafales à 43 nœuds, eh ben dis-donc !*

C'est le copilote qui va répondre sans toutefois apporter beaucoup de précisions sur les intentions de l'équipage.

23 h 13 mn 46 sec (copilote à la radio) : *Merci pour l'info... Singapore 6.*

La réponse est particulièrement vague, mais le contrôleur a fait son travail en avertissant l'équipage. Il ne risque plus rien du point de vue de la réglementation.

23 h 13 mn 47 sec (commandant) : *OK... OK... J'aimerais mieux un peu moins !*

23 h 13 mn 48 sec (pilote remplaçant) : *Moins de rafales... Moins de rafales...*

23 h 13 mn 54 sec (commandant) : *Si le vent vient du 020, ça vient de notre gauche, hein ?*

23 h 13 mn 56 sec (pilote remplaçant à voix basse) : *24 nœuds avec des rafales à 43 !!!*

Le ton du pilote remplaçant est un peu moins confiant que celui du « patron ». Il semble à la fois stupéfait et légèrement inquiet. Répétons-le, même pour un appareil de 400 tonnes, une telle tempête n'est pas sans conséquences. D'autant que le vent n'est pas tout à fait dans l'axe et qu'il va avoir tendance à pousser l'avion hors de la piste.

23 h 14 mn 05 sec (copilote) : *Il vient du 020...*

23 h 14 mn 18 sec (commandant) : *Oui, OK... Ça vient de cette direction.*

23 h 14 mn 20 sec (pilote remplaçant) : *Ouais, ça vient de la gauche.*

Pour le moment, le 747 est toujours en train de remonter le taxiway November Papa. Malgré la puissance des phares de roulage, l'équipage ne voit pas grand-chose devant l'avion.

23 h 14 mn 21 sec (commandant) : *On va jusqu'au bout de la piste... bout de la piste et puis on tourne, OK ?*

Étrange ! Il y a dans les paroles du commandant une légère erreur qui pourrait être révélatrice... Bien qu'il soit sur le taxiway, l'homme vient de dire qu'il faut aller jusqu'au bout de *la piste*. Cela peut sembler un lapsus sans importance. Pourtant si l'on y réfléchit, cela signifie que, quelque part dans son esprit, l'homme imagine qu'il est train de remonter la piste 05 droite. Si c'est le cas, ce n'est pas un détail et cela change tout pour la suite des événements. Cela pourrait expliquer l'erreur énorme qu'il s'apprête à commettre.

23 h 14 mn 31 sec (pilote remplaçant) : *Il va falloir mettre un peu d'ailerons pour le décollage.*

23 h 14 mn 35 sec (copilote) : *OK...*

Le conseil du pilote remplaçant est judicieux. Étant donné la violence du vent, le 747 doit être piloté comme un petit avion de tourisme. Il faut appliquer une méthode classique pour le décollage vent de travers : mettre « des ailerons dans le vent et du pied contraire [20] ». Si cette technique a été mise au point par les pionniers de l'aviation... elle reste toujours valable, même sur un Jumbo Jet.

À cet instant, le Boeing arrive presque au bout du taxiway November Papa. Il approche de l'avant-dernière bretelle qui mène aux pistes. Mais le commandant semble hésiter. Il est dans la situation d'un conducteur qui cherche son chemin sous la pluie dans un quartier qu'il ne connaît pas.

Autour de lui, on cherche à l'aider.

23 h 14 mn 40 sec (copilote) : *La prochaine...*

23 h 14 mn 41 sec (copilote) : *La prochaine, c'est November Unité.*

Nouvelle erreur mais, cette fois, elle vient du copilote. La

20. Plus tard, les enquêteurs apprendront qu'à cet instant le pilote remplaçant a fait un rapide calcul : avec des rafales à 43 nœuds, un vent de 020 degrés pour une piste orientée au 050, la composante de travers est de 22 nœuds. Le 747 est limité à 30 nœuds de travers, mais ce chiffre est donné pour une piste sèche. La piste étant humide, on est aux limites.

prochaine intersection, c'est Novembre 2. Cette fois, c'est le commandant qui rectifie les choses.

23 h 14 mn 42 sec (commandant) : *OK, alors, c'est la seconde à droite.*

23 h 14 mn 44 sec (copilote) : *La deuxième à droite, c'est ça !*

Léger cafouillage qui révèle une fois de plus combien l'équipage a du mal à s'y retrouver. Malgré tout, le ton des navigants n'est pas vraiment stressé.

Pour preuve, le commandant profite des hésitations de son second pour se moquer de lui. Rien de bien méchant. Juste un peu de dialectique !

23 h 14 mn 47 sec (commandant) : *Pour les Australiens, la prochaine intersection, c'est celle-là... C'est la première, tu sais. Pas la seconde...*

23 h 14 mn 50 sec (copilote) : *La prochaine, c'est celle-là !*

23 h 14 mn 41 sec (commandant) : *Ouais, ouais* (rire).

23 h 14 mn 52 sec (commandant) : *Espèce d'Australien !*

23 h 14 mn 53 sec (commandant) : *Je crois que le mieux est de dire la deuxième à droite ou la première à droite ou la deuxième à droite...*

Pas vraiment claire comme démonstration pour expliquer qu'il vaut mieux éviter d'utiliser que l'expression « prochaine à droite » et lui préférer « première ou seconde à droite ». Tout cela ne serait pas grave si justement les trois hommes ne s'apprêtaient à commettre une erreur qui sera lourde de conséquences.

Comme l'avion est en train de s'approcher du point d'attente, le commandant demande au copilote d'appeler la tour.

23 h 14 mn 58 sec (commandant) : *Dis-leur qu'on est prêt.*

23 h 15 mn 02 sec (copilote à la radio) : *Singapore 6, nous sommes prêts.*

23 h 15 mn 04 sec (tour de Taï-Peï) : *Roger Singapore 6. Piste 05 gauche. Pénétrez sur la piste et attendez.*

23 h 15 mn 08 sec (copilote) : *Bien reçu. On pénètre et on maintient.*

Le contrôleur a appliqué parfaitement la réglementation qui lui impose de mentionner la piste sur laquelle l'avion est autorisé à s'aligner. Consciencieux, il a également ajouté le mot « piste » devant le chiffre 05, ce qui est obligatoire afin qu'il n'y ait pas de confusion[21]. En revanche, le copilote n'a pas vraiment appliqué la réglementation. Il aurait dû collationner le message et préciser qu'il avait compris qu'il s'agissait de la piste 05 gauche. Il ne l'a pas fait. Mauvais présage...

23 h 15 mn 12 sec (copilote) : *Je les fait asseoir ?*

Le décollage étant imminent, le copilote veut savoir s'il peut ordonner aux hôtesses et stewards de rejoindre leur position assise.

23 h 15 mn 12 sec (commandant) : *OK... et on reprend la check-list.*

21. *Certains problèmes graves sont survenus à cause de cet oubli. Par exemple, il n'est pas correct de dire : « Autorisé à atterrir 05 gauche.» Il faut dire : « Autorisé à atterrir "piste" 05 gauche.»*

23 h 15 mn 15 sec (copilote au micro du «*public adress*») : *PNC*[22]*, position décollage, merci...*

Les choses vont vite à présent. Le Boeing 747 n'a pas encore pénétré sur la piste que la tour lui donne l'autorisation de décollage. Le contrôleur sait que l'équipage est pressé.

23 h 15 mn 22 sec (tour de Taï-Peï) : *Singapore 6, piste 05 gauche... Vent du 020 à 28 nœuds avec des rafales à 50 nœuds, autorisation de décoller.*

23 h 15 mn 30 sec (copilote à la radio) : *Bien reçu, nous sommes autorisés à décoller piste 05 gauche Singapore 6.*

23 h 15 mn 31 sec (commandant) : *OK, les gars...*

Rafales à 50 nœuds[23] !!! Le vent a encore augmenté. De manière inhabituelle, le copilote n'a pas répété les derniers paramètres. Est-il impressionné par le vent ? Ce ne serait pas anormal...

D'autant que, dans quelques minutes, les rafales vont encore augmenter jusqu'à 61 nœuds[24].

Alors que le Boeing commence à virer par la droite, le copilote reprend la lecture de la check-list.

23 h 15 mn 34 sec (copilote) : *OK... On reprend à la ligne*[25]*. Annonce passagers ?*

23 h 15 mn 38 sec (commandant) : *OK...*

22. *Personnel navigant commercial : hôtesses et stewards.*
23. *93 km/h.*
24. *113 km/h.*
25. *Expression conventionnelle qui signifie : on reprend à la ligne de la check-list où nous nous sommes arrêtés. Phrase utilisée lorsqu'une check-list est interrompue. Les pilotes le disent très souvent en anglais en disant :* « Below the line.»

23 h 15 mn 40 sec (copilote) : *Feux à éclats... branchés... Phares... tous branchés.... Autorisation de décollage ?*

23 h 15 mn 45 sec (commandant) : *C'est bon, on l'a.*

23 h 15 mn 46 sec (copilote) : *Oui, c'est bon, on l'a, monsieur...*

23 h 15 mn 47 sec (commandant) : *OK, merci...*

23 h 15 mn 48 sec (copilote) : *Check-list avant décollage terminée...*

À cet instant, le Boeing arrive tout au bout du taxiway. Si tout se passait bien, il devrait s'engager sur la petite portion perpendiculaire November 1 qui doit le conduire à la piste 05 gauche... Il devrait faire un virage de 90 degrés, passer l'extrémité de la piste 05 droite qui n'est pas en service, puis s'avancer encore sur le taxiway jusqu'à trouver le seuil de la piste 05 gauche à partir duquel il devrait s'élancer.

Au lieu de faire ce virage de 90 degrés, le commandant continue par la droite en suivant les lampes vertes qui conduisent sur ce qui est considéré comme un taxiway. Il fait carrément un virage de 180 degrés pour s'engager sur la piste 05 droite. Celle qui est fermée depuis plus d'un mois...

Difficile de comprendre pourquoi il fait une telle gaffe. Bien sûr, les conditions sont marginales, la visibilité est réduite, la piste est glissante, il y a un vent très fort et le commandant est pressé de partir.

Pourtant, les indices sont nombreux pour l'avertir qu'il n'est pas au bon endroit :

1. les balises lumineuses blanches qui bordent la « piste » ne sont pas allumées. Or aucun avion ne décolle de nuit sans balisage lumineux ;

2. Les lampes au centre de la « piste » sont de couleur verte, ce qui signifie qu'il s'agit d'un taxiway et non pas d'une véritable piste[26] ;

3. à l'entrée de la « piste » se trouve écrit en grandes lettres blanches l'inscription 05 R (pour *Right*). Il devrait y avoir 05 L (pour *Left*) ;

4. la logique veut que pour atteindre la piste « gauche », il faut d'abord franchir la « droite ». Or, il n'a passé aucune piste !

5. la piste 05 droite est beaucoup plus étroite que la 05 gauche. Il y a 15 mètres de moins, ce n'est pas négligeable ;

6. certains instruments sur le tableau de bord montrent clairement que l'avion n'est pas sur la bonne piste ?

Dans la tour de contrôle, le contrôleur de service n'aperçoit pas le Boeing...

Celui-ci est à plus de 2 kilomètres. Étant donné la pluie qui limite la visibilité, il ne parvient même pas à distinguer la lueur des phares dans l'obscurité.

Quoi qu'il en soit, aucun des trois navigants présents dans le poste de pilotage ne remarque que le Boeing vient de s'engager sur une voie sans issue. Pourtant, ils ont tous la carte de roulage au sol de Taï-Peï (référence Jeppesen CSK 20-9) qui leur indique le plan des taxiways. Personne ne remarque qu'il aurait fallu continuer tout droit sur le taxiway November Unité...

Le commandant est déjà venu à plusieurs reprises sur cet aéroport. Il s'y est posé deux heures plus tôt... Cela ne l'empêche pas de se focaliser sur la première ligne de balises vertes qui le guide vers la mauvaise piste.

23 h 15 mn 50 sec (copilote) : *OK, les lampes vertes sont ici.*

Il s'agit des lampes qui conduisent à la « piste » 05 droite. Si la piste était en service, le balisage serait blanc et non pas vert. Mais apparemment, l'équipage ne le remarque pas. En outre, les

26. *Suivant qu'il s'agisse d'une piste ou de taxiway, la couleur des balisages lumineux est parfaitement définie par l'OACI ?*

balises lumineuses latérales sont éteintes. Là encore, personne ne s'en étonne. Stress ou conditions météo... impossible de comprendre pourquoi aucun des trois hommes ne réalise ce qui se passe.

23 h 15 mn 52 sec (commandant) : *Ça va être très glissant. Je vais ralentir un peu pour le virage... Voilà... virage à faible vitesse...*

23 h 15 mn 53 sec (copilote) : *Ça tourne par là...*

Il reste un espoir... Alors que le 747 est en train d'arriver au centre de la piste, le copilote remarque immédiatement que quelque chose ne colle pas sur son tableau de bord. Deux instruments indiquent que l'avion n'est pas sur la bonne piste : le *Primary Flight Dipslay* et le *Para Visual Display*[27]. Ce dernier instrument n'est pas activé parce que l'avion n'est pas aligné avec le *localizer* de la piste 05 gauche. Tout cela est parfaitement logique, mais le copilote ne cherche pas à comprendre la raison de cette incohérence.

Il s'étonne seulement.

23 h 16 mn 07 sec (copilote) : *Le PVD n'est pas aligné ?*

23 h 16 mn 10 sec (commandant) : *Il faut d'abord qu'on soit alignés.*

23 h 16 mn 12 sec (pilote remplaçant) : *Encore 45 degrés...*

Lentement, le 747 termine donc son virage de 180 degrés et se retrouve exactement au centre de la « piste » 05 droite. À cet

27. *Le PVD est utilisé pour les décollages avec une visibilité très réduite. Très performant, il permet de garder l'axe de la piste lorsque la visibilité est inférieure à 50 mètres. Il se présente sous la forme d'un ensemble de diagonales noires défilant sur un fond blanc qui permet au pilote de rester parfaitement au centre de la piste de décollage sans rien voir dehors. Encore faut-il que l'avion soit sur la piste concernée et la 05 droite n'est pas équipée de ce système !*

instant, le commandant est loin de se douter que devant lui il y a des blocs de béton et des engins de terrassement. Un peu avant le chantier, les autorités de l'aéroport ont même fait installer des feux à éclats rouges tous les 5 mètres, mais, étant donné la visibilité réduite, l'équipage ne peut pas les apercevoir. Au lieu de chercher à comprendre pourquoi le PVD donne une information apparemment incohérente, les trois hommes ont donné d'office une explication. Avant de se demander « pourquoi », ils répondent déjà « parce que ». À aucun moment, l'un d'eux n'émet l'hypothèse que l'information du PVD est fiable et que l'avion n'est pas au bon endroit. Mauvais raisonnement !

23 h 16 mn 15 sec (copilote ironisant) : *Je vois, mon bon monsieur...*

23 h 16 mn 16 sec (commandant) : *Ouais...*

Sauf que l'avion est maintenant bien axé avec la piste et que le PVD n'est toujours pas actif. De toute évidence, quelque chose ne colle pas... C'est un signe indiscutable que l'avion n'est pas sur la bonne piste. Mais encore une fois, le commandant refuse d'analyser sainement le symptôme... Il se dit que le PVD n'est pas indispensable ce soir. C'est seulement lorsque la visibilité est inférieure à 50 mètres qu'il est vraiment utile. Or, il y a environ 500 mètres, c'est tout à fait suffisant pour décoller sans l'aide de l'instrument.

Encore une fois, le raisonnement est mauvais...

23 h 16 mn 23 sec (commandant) : *Il n'est toujours pas activé, heu le PVD... Ça n'a pas d'importance. On arrive à voir la piste. C'est pas si mauvais. OK, je vais les mettre sur grande vitesse* [28]*. OK, on est prêts... Le vent du 010, ça vient toujours de la gauche... OK ?*

28. Les essuie-glaces.

23 h 16 mn 27 sec (copilote) : *OK.*

23 h 16 mn 30 sec : Le *cockpit voice recorder* enregistre le bruit des essuie-glaces balayant le pare-brise à grande vitesse.

23 h 16 mn 31 sec (copilote) : *On est prêts monsieur. Le vent toujours du 020... OK ?*

23 h 16 mn 33 sec (commandant) : *L'aile gauche dans l'aileron. Aileron gauche dans la direction du vent. Hein... La cabine est prête ?*

23 h 16 mn 37 sec (pilote remplaçant) : *Oui la cabine est prête.*

23 h 16 mn 37 sec (commandant) : *D'accord, merci.*

23 h 16 mn 43 sec (pilote remplaçant) : *OK, les gaz toga toga...*[29]

23 h 16 mn 43 sec (commandant) : *Les gaz toga toga.*

23 h 16 mn 44 sec (copilote) : *Les gaz toga toga...*

Lentement, le commandant avance les quatre manettes de puissance vers l'avant. Le sifflement des réacteurs se fait plus présent dans le cockpit. Pendant deux secondes, le pilote tient son avion sur les freins puis il lâche tout....

Et le Jumbo Jet commence à prendre de la vitesse. Chaque moteur délivre alors près de 30 tonnes de poussée. Les bandes blanches commencent à défiler de plus en plus vite sous le nez de l'avion.

29. *Puissance affichée Toga pour* Take Off and Go Around (*Décollage et remise de gaz*).

23 h 16 mn 54 sec (pilote remplaçant, vérifiant les paramètres de poussée) : *C'est bon...*

23 h 16 mn 54 sec (copilote) : *C'est bon...*

23 h 16 mn 54 sec (commandant) : *Roger.*

23 h 16 mn 55 sec (pilote remplaçant) : *80 nœuds*[30].

23 h 16 mn 55 sec (copilote) : *80 nœuds...*

23 h 16 mn 56 sec (commandant) : *OK, c'est moi qui contrôle.*

La vitesse de 80 nœuds est un point clé du décollage. C'est à partir de maintenant que la gouverne de direction devient efficace et que le pilote peut cesser de diriger l'avion à l'aide du volant latéral pour le remplacer par le palonnier. Et le Boeing poursuit son accélération.

L'avion atteint la vitesse de 142 nœuds[31]. C'est V1, la vitesse au-delà de laquelle il n'est plus possible de freiner. À présent, quoi qu'il arrive, il faut décoller ou se crasher...

L'accélération est normale. Cela fait exactement trente-trois secondes que le pilote a lâché les freins

23 h 17 mn 13 sec (copilote) : *V1.*

23 h 17 mn 13 sec (pilote remplaçant) : *V1...*

La vitesse atteint maintenant 158 nœuds[32]. Lorsqu'elle atteindra 169 nœuds, le commandant pourra tirer sur le manche.

Soudain, il pousse un véritable cri.

30. 148 km/h.
31. 256 km/h.
32. 293 km/h.

23 h 17 mn 16 sec (commandant) : *Merde... Il y a quelque chose devant !!!*

L'apparition est terrible... C'est un véritable chantier qui se présente juste devant l'avion. Il y a des barrières en ciment de 80 centimètres de hauteur. Elles sont de couleur jaune et orange avec des bandes noires semblables à celles qu'on utilise sur les autoroutes. Mais il y a également d'énormes engins de terrassement : deux rouleaux compresseurs, deux excavatrices, un bulldozer Caterpillar, un gros compresseur à air et des dizaines de plaques à sable empilées en longues rangées infranchissables.

Une seconde plus tard, c'est le choc... Un premier coup sourd retentit lorsque le train avant rentre en collision avec les barrières de ciment.

23 h 17 mn 18 sec (commandant) : *Merde... Aaaah. Merde...*

Le *cockpit voice recorder* enregistre encore une longue série de coups et d'impacts puis quatre secondes plus tard l'enregistrement s'arrête.

Une immense gerbe d'étincelles déchire l'obscurité... L'appareil se disloque littéralement sur les engins de chantier. Les réservoirs pleins sont éventrés et le carburant prend feu immédiatement. D'énormes flammes jaillissent dans la nuit.

Aussitôt, dans sa tour, le contrôleur se précipite sur l'alarme.

Il est exactement **23 h 17 mn et 36 sec**. Dans un premier temps, les véhicules d'incendie se dirigent sur la piste 05 gauche parce qu'ils pensent très logiquement que c'est là que l'avion s'est écrasé. Ils mettent de longues minutes pour y arriver car les chauffeurs ne voient rien sous la pluie battante.

Ce n'est qu'en arrivant sur place qu'ils comprennent leur erreur (et par là même celle du commandant de bord).

Dans l'impact, l'avion a été pratiquement coupé en deux au niveau des ailes. Toute la partie centrale est dévorée par les flammes. Seule la section arrière du fuselage est relativement préservée.

Le bilan est lourd... sur les 179 occupants du Boeing, 83 sont tués sur le coup. Parmi les victimes, on dénombrera 4 hôtesses. Tous les passagers décédés se trouvaient entre les rangées 31 et 48, c'est-à-dire au milieu de la cabine juste au-dessus de l'aile et du réservoir central.

Il y a 96 rescapés [33] dont les trois pilotes.

Au cours de l'enquête, le commandant de bord sera longuement interrogé. Les enquêteurs tenteront de comprendre quels paramètres l'ont empêché de réaliser qu'il pénétrait sur une piste fermée. Leur but est d'essayer de comprendre pour en tirer une leçon. L'homme aura du mal à analyser sainement ce qui s'est réellement passé. Il expliquera que, dans son esprit, une piste en chantier aurait dû être matérialisée par des barrières jaunes bien visibles et situées juste à l'entrée comme celles qu'on trouve sur une route barrée.

Il sera jugé totalement responsable de cette erreur même si certaines négligences seront malgré tout relevées à l'encontre des autorités de l'aéroport de Tchang-Kai-Shek (notamment à propos de la signalisation insuffisante à l'entrée de la piste).

Pour clore ce récit, il faut signaler que les erreurs de pistes sont plus fréquentes qu'on ne l'imagine. En général, elles se produisent plutôt pendant les atterrissages. En effet, au moment du décollage, l'avion reste en vue du contrôleur qui peut avertir le pilote.

Parmi les gaffes célèbres, on peut citer celle de ces pilotes qui se sont posés par erreur sur un taxiway à Casablanca [34].

On peut également citer les cas très fréquents des pilotes qui se trompent carrément d'aérodromes. L'une des confusions les plus célèbres se produit de temps en temps entre les aéroports

33. Comme c'est très souvent le cas au cours d'un crash, la majorité des rescapés se trouvaient dans la queue de l'appareil.
34. Cet incident est survenu à deux reprises.

d'Eilat et d'Aqaba. Ces terrains, distants seulement de 5 kilomètres, sont situés dans deux pays différents [35].

La plupart du temps, ces bourdes restent sans autre conséquence que celle de faire du tort à la carrière du pilote (et à son ego...). Les passagers du vol SQ 006 n'ont pas eu cette chance...

35. *Eilat est en Israël et Aqaba en Jordanie. Les deux aéroports sont de part et d'autre de la frontière avec des pistes parallèles. À plusieurs reprises, des pilotes ont posé les roues au mauvais endroit, déclenchant une vague de protestations diplomatiques.*

EN VOL PLANÉ DE NUIT...

1er février 1994.

La plupart des avions de ligne sont équipés de *reverses*... Ces systèmes sont des inverseurs de poussée qui permettent de freiner. Au moment de l'atterrissage, des coquilles métalliques se déploient de part et d'autre du réacteur pour envoyer le flux de la puissance vers l'avant.

C'est un moyen de freinage efficace qui vient compléter les freins à disques terriblement sollicités dès le toucher des roues. Sur les avions à turbopropulseurs, les inverseurs agissent au niveau des hélices en inversant leur pas et peuvent aussi être utilisés pendant le roulage au sol.

Ils permettent également de reculer. Pour les pilotes, c'est très pratique lorsqu'il s'agit de rentrer en marche arrière dans un parking.

Mais ces systèmes sont conçus pour fonctionner uniquement au sol. À de très rares exceptions près, ils ne peuvent être utilisés en vol sous peine d'endommager gravement les moteurs ou même la cellule de l'avion [1].

L'histoire qui suit se déroule à bord d'un Saab 340 B motorisé par deux turbopropulseurs General Electric CT7-9B. Les moteurs développent une puissance globale de 3 740 chevaux et sont équipés d'un système de *reverse « beta range »* semblable à celui qui vient d'être évoqué plus haut...

L'avion appartient à la compagnie Simmons Airlines Inc [2]. Affrété par American Eagle, c'est le vol régulier numéro 3641 qui effectue la liaison entre Dallas et Baton Rouge. La distance entre les deux villes est de 450 kilomètres et le vol doit normalement durer quarante-cinq minutes.

Ce soir, l'avion n'est pas plein. Il n'y a que 23 passagers à bord et 3 membres d'équipage. Il est tranquillement en vol de croisière à 22 000 pieds.

Il est **21 h 05 mn** et il fait nuit...

L'appareil est sur le point de franchir la frontière qui sépare le Texas de la Louisiane. Dans quelques minutes, il va commencer son approche sur l'aéroport de Baton Rouge. Depuis son décollage, il vole au cap 130, ce qui est bien pratique pour la procédure d'arrivée. En effet, cela va permettre au commandant de bord d'envisager une approche directe sur la piste 13 [3].

La météo est très bonne ce soir. Alors que le Saab 340 survole le lac de Toledo Bend, l'équipage peut déjà deviner les lumières de Baton Rouge qui se trouve encore à plus de 120 kilomètres. Sur la droite de l'appareil, les deux hommes peuvent également apercevoir le halo de la ville de Lafayette au bord du golfe du Mexique. Pendant quelques instants, ils discutent du plaisir de voler la nuit lorsque la visibilité est aussi bonne.

Pas de souci... L'ambiance est détendue... L'atterrissage ne devrait présenter aucun problème ce soir. C'est plutôt rare dans

1. *Le 26 mai 1991, la sortie intempestive d'une* reverse *sur un Boeing 767 de la compagnie Lauda Air a été l'origine d'une catastrophe.*
2. *Il est immatriculé N 349SB.*
3. *La piste 13 est exactement dans l'axe de la trajectoire du Saab (13 = 130 degrés).*

cette région réputée pour la violence de ses orages. Seul un léger détail vient gêner la quiétude de l'équipage.

À **21 h 16 mn**, le copilote écoute l'Atis [4] de Baton Rouge pour savoir quels sont les paramètres de l'arrivée. Pas de chance ! La piste 13 n'est pas en service. Ce sont les pistes 31 et 22 droite qui sont utilisées. Nous venons de le voir, étant donné la route de l'avion, la 13 aurait été bien plus pratique car l'appareil aurait pu se présenter directement en finale. Au lieu de cela, il va lui falloir contourner l'aéroport et faire un demi-tour vers le sud-est pour atterrir en sens inverse. Ce sont de précieuses minutes qui vont être gaspillées.

Le copilote s'étonne :

– *C'est bizarre qu'ils utilisent cette piste... Pourtant, le vent est calme.*

– *Il y a peut-être quelque chose qui déconne sur l'ILS de la 13. C'est pour ça qu'ils ne l'ont pas mise en service ce soir,* suggère le commandant en bougonnant.

– *Ouais... On n'aura qu'à leur demander,* propose le copilote... *Si ça se trouve... heu... tout va bien et ils vont nous la donner...*

À **21 h 15 mn**, le contrôle ARTCC [5] de Houston autorise l'avion à quitter l'altitude de 22 000 pieds pour rejoindre 11 000 pieds. Pour le moment, il est seul dans le secteur. Le contrôleur précise que la descente peut se faire « à la discrétion [6] » du pilote. C'est-à-dire que ce dernier peut prendre la route la plus directe possible en direction de l'aéroport. Si ça l'arrange, il peut même adopter un taux de descente très fort.

Et justement, ça arrange bien le commandant de descendre

4. Automatic Terminal Information Service : *système délivrant des messages enregistrés sur les conditions météo et la piste en service sur un aérodrome.*
5. *Air Route Trafic Control Center : centre de contrôle aérien pour le trafic en route.*
6. *Formule aéronautique habituellement utilisée.*

rapidement. Comme tous les travailleurs en fin de journée, il est pressé de rentrer chez lui. Puisqu'il est seul dans le coin, il va essayer de se positionner directement en longue finale sur la 13. Une fois dans l'axe, les contrôleurs ne lui refuseront certainement pas de le faire atterrir sur cette piste.

Légère réduction des gaz... Dans un premier temps, le commandant affiche les paramètres d'une descente normale. La vitesse est alors de l'ordre de 210 nœuds[7] et le taux de chute est de 1 300 pieds par minute.

Mais ça ne va pas vraiment !

Trois minutes plus tard, alors que l'avion approche de 18 000 pieds, le commandant fait un rapide calcul mental et réalise qu'il ne descend pas assez vite. Il vient de dépasser le travers d'Alexandria. Baton Rouge n'est plus qu'à 80 kilomètres... L'avion est encore beaucoup trop haut. S'il continue ainsi, il lui sera impossible de se placer directement en finale pour la piste 13.

Aussitôt, il en fait la remarque à son copilote :

À 21 h 24 mn et 32 sec (commandant) : *Mince, il faut qu'on descende !!!*

Le commandant saisit donc les deux manettes de puissance et les ramène complètement en arrière. Il va procéder maintenant à une descente « tout réduit ». À cet instant, il est encore à 17 000 pieds...

L'angle de piqué s'accentue franchement.

À 21 h 24 mn et 47 sec l'avion franchit l'altitude de 15 500 pieds. La vitesse est de 240 nœuds[8] et comme il n'y a aucune turbulence dans la nuit, les passagers ne se rendent même pas compte que l'avion est en descente prononcée. Seuls les habitués de la ligne pourraient remarquer que le bruit des turbopropulseurs

7. 390 km/h.
8. 444 km/h.

est beaucoup moins fort que d'habitude. Au même moment, l'ARTCC de Houston appelle l'avion pour lui demander de changer de fréquence. L'équipage doit passer avec l'approche « West » de Baton Rouge sur 120.30 MHz.

Avant même que le copilote n'ait changé de fréquence, le commandant donne des instructions à son second :

21 h 24 mn et 58 sec (commandant au copilote) : *Demande-lui une approche directe sur la 13.*

21 h 25 mn et 04 sec (copilote) : *Approche, est-ce qu'on pourrait pas avoir une directe sur la 13 pour l'atterrissage ?*

Coup de chance, le contrôleur est conciliant… Cela ne lui pose aucun problème. Mieux, il propose au pilote un guidage radar pour l'amener lui-même en finale pour la piste 13 et il l'autorise dès à présent à descendre à 2 000 pieds [9]. La visibilité est si bonne que le contrôleur précise que l'équipage pourra ensuite procéder à une approche à vue.

Que demander de plus ? Le Saab 340 a toutes les autorisations nécessaires pour augmenter la cadence... Tout devrait aller très vite. Un coup d'œil au tableau de bord : l'appareil est encore à plus de 13 000 pieds [10] et le terrain n'est plus qu'à 70 kilomètres. Il faut juste accélérer encore la descente…

Instinctivement, le commandant tente de ramener les manettes des gaz encore plus loin vers l'arrière, mais cela ne sert à rien. Elles sont déjà complètement en position réduite. Alors, le pilote déconnecte le pilote automatique et pousse franchement sur le manche.

Et l'angle de descente s'accentue encore… Le problème, c'est que rapidement le badin indique 280 nœuds [11]. Difficile d'in-

9. Environ 600 mètres.
10. Environ 4 000 mètres.
11. 518 km/h.

sister davantage car la vitesse maximum autorisée sur le Saab 340 est de 285 nœuds [12]. On est pratiquement à la limite de la zone rouge.

La destination n'est plus qu'à 50 kilomètres... À mesure que l'avion entre dans les basses couches de l'atmosphère, l'équipage réalise qu'il lui est impossible de continuer à ce rythme d'enfer. Il faut ralentir ou ils vont dépasser la vitesse maximale autorisée. Le commandant se résout donc à ramener le manche en arrière, faisant ainsi revenir la vitesse à 226 nœuds [13]. L'avion est remis sur pilote automatique et la descente se poursuit.

Cette fois, il n'y a aucun problème et les choses pourraient continuer ainsi jusqu'à 2 000 pieds si l'air restait toujours aussi calme. Malheureusement, alors que l'appareil arrive aux environs de 10 000 pieds, il se trouve confronté à une violente zone de turbulence. Ça secoue durement ! Aussitôt, le commandant bascule l'interrupteur allumant les consignes passagers *« Fasten seat belt »* [14] puis il s'adresse à son copilote :

21 h 27 mn 19 sec (commandant) : *C'est plutôt agité par ici... Je me demande ce qui peut bien provoquer ça ?*

Il est vrai que les turbulences sont plus rares la nuit que le jour. Les mouvements de l'air étant principalement causés par la chaleur, les ascendances thermiques sont pratiquement nulles dès que le soleil se couche.

21 h 27 mn 24 sec (copilote) : *Je ne sais pas. Avec ce vent calme, là-dessous. Il doit y avoir quelque chose dans cette couche ou quelque part là-dessous...*

21 h 27 mn 37 sec (commandant) : *Ouais... Peut-être.*

12. 527 km/h.
13. 418 km/h.
14. Attachez vos ceintures.

À mesure que l'avion perd de l'altitude, les secousses se font de plus en plus violentes. En cabine, les passagers ont serré instinctivement leur ceinture.

Le vol devient pénible.

21 h 27 mn 39 sec (commandant) : *Ouais, il va juste falloir qu'on ralentisse un peu le bébé.*

Le commandant a raison... Les turbulences et les grandes vitesses ne font pas bon ménage. Lorsque l'air devient instable, les secousses sont d'autant plus brutales que l'avion va vite. Le vol devient alors très inconfortable et certains passagers peuvent être malades. Par ailleurs, la cellule doit encaisser des facteurs de charge plus importants. Dans certains cas extrêmes, la turbulence peut même provoquer des ruptures dans l'avion [15].

Comme vient de le dire le commandant, la procédure est donc de ralentir le « bébé ».

Mais il y a un problème ! Comment concilier la nécessité de perdre de l'altitude tout en ralentissant fortement. Bien sûr, il pourrait sortir le train d'atterrissage. Cela augmenterait la traînée et permettrait de plonger plus fort. Mais le ralentissement serait cette fois beaucoup trop important, ce serait pénalisant. Et puis, l'avion n'est quand même pas sur le point d'atterrir...

Pour tenter de résoudre le problème, le commandant va alors faire un geste complètement aberrant !

À **21 h 27 mn 43 sec**, il ramène les deux manettes de gaz en position *« beta »*. Dans cette configuration, les hélices vont continuer à tourner dans le même sens mais la position des pales va être inversée et envoyer la puissance des moteurs vers l'avant...

Rappelons que ce système ne doit jamais être passé en vol...

15. *À plusieurs reprises, des avions de ligne ont subi des avaries graves dans la turbulence. Un passager a même trouvé la mort sur un Boeing 747 (lire* Catastrophes aériennes *« Les passagers ont le droit de savoir » du même auteur aux éditions Altipresse).*

Pour éviter toute fausse manœuvre, il y a d'ailleurs une protection... Le pilote doit d'abord soulever les deux manettes d'environ un centimètre et demi vers le haut[16]. Ce faisant, il passe un cran de sécurité qui lui permet de les ramener franchement en arrière. Ce n'est pas un mouvement facile. Il ne peut se faire qu'en passant deux doigts sous les poignées pour libérer la sécurité. Le système est protégé par un ressort taré à 5,4 kilos afin d'exiger un effort volontaire du pilote. Un non-initié ne pourrait pas engager les inverseurs en faisant un geste maladroit d'avant en arrière sur les manettes des gaz. En revanche, si le mouvement d'enclenchement est correctement effectué, les pales des hélices s'inversent immédiatement, et ce même si l'avion est en vol. Et c'est exactement ce qui se passe... Le commandant passe deux doigts sous les manettes, il les soulève, franchit le cran de sécurité et passe la *reverse* en plein vol ! Pour expliquer ce qui arrive alors, il faut imaginer qu'un automobiliste farfelu enclenche la marche arrière de sa voiture alors qu'il roule à 130 km/h sur l'autoroute. Chacun peut comprendre que le moteur ne résisterait pas.

Il est très difficile de savoir pourquoi le pilote agit ainsi. Geste délibéré ou maladresse incroyable ? C'est inexplicable... L'homme est pourtant un vrai professionnel. De par son entraînement, il connaît parfaitement son avion. Il sait que le manuel de vol interdit formellement de passer les inverseurs dans ces conditions. Comme tous les pilotes, il suit régulièrement des cours théoriques et pratiques pour rester au plus haut niveau. En outre, il est au courant du moindre détail concernant les mesures de sécurité du Saab 340.

Geste aberrant... Incompréhensible... Et pourtant, il le fait.

Au moment où les *reverses* s'enclenchent, l'avion vole à 418 km/h. Il est exactement à 9 232 pieds[17]... Ses deux hélices

16. Le manuel de vol du Saab 340 précise que les manettes de gaz doivent être soulevées d'un demi-pouce ce qui fait exactement 1,27 centimètre.
17. Environ 3 000 mètres.

tournent à 1 225 tours par minute, ce qui est un régime normal en descente (le régime maximum à ne jamais dépasser en toutes circonstances est de 1 400 tours par minute).

À **21 h 27 mn 52 sec**, soit exactement neuf secondes après que cette erreur a été commise, les conséquences mécaniques commencent à se manifester sous la forme d'un grondement impressionnant. C'est un véritable feulement qui fait sursauter les passagers et s'entend jusqu'à plusieurs dizaines de kilomètres dans la campagne. Les deux hélices passent simultanément en survitesse et l'aiguille du compte-tours bondit bien au-delà de la ligne rouge. Sous cet énorme coup de boutoir, elles montent respectivement à 1 965 tours pour la droite et 2 190 pour la gauche. Ces valeurs sont tellement fortes que l'aiguille se trouve très au-delà des chiffres inscrits sur l'instrument (il s'arrête à 1 500 tours...).

Par rapport au régime maximum autorisé, cela représente des survitesses respectives de 142 et 158 % !

Tout automobiliste peut imaginer les dégâts qu'il causerait à sa voiture s'il poussait son moteur dans de tels surrégimes... [18].

Par ailleurs, il faut bien comprendre que lorsqu'une hélice entre en survitesse, les extrémités des pales sont en supersonique. Il se produit alors une violente onde de choc qui provoque ce grondement sonore entendu par les témoins au sol. Le tout est accompagné de vibrations terribles.

Les paliers des turbines ne résistent pas.

Immédiatement, sur le tableau de bord, les alarmes clignotent de toutes parts. Le voyant Master Caution se met à flasher comme un arbre de Noël. Il est accompagné d'un klaxon aigu qui hurle lugubrement.

Pire... L'équipage ne le sait pas, mais des passagers assis en arrière des ailes aperçoivent de longues flammes qui s'échappent des turbopropulseurs. Deux gigantesques torchères qui illu-

18. Un calcul simple montre que sur la plupart de nos voitures modernes cela correspondrait à un régime d'environ 9 000 tours par minute...

minent la nuit. L'incendie ne dure que quelques secondes puis s'éteint de lui-même faute de carburant. Comme on pouvait s'y attendre, les dégâts sur la mécanique sont considérables. Trois secondes plus tard, l'alimentation électrique est coupée dans tout l'avion. Le système fonctionne à présent sur les batteries, mais le peu d'énergie qu'elles délivrent est utilisé pour alimenter les instruments de bord indispensables.

Tout le reste est mort !

En cabine, les plafonniers se sont éteints tous ensemble. Seuls les marquages lumineux au sol et les panneaux « exit » sont encore allumés. Ambiance surréaliste... C'est une chape de plomb qui tombe sur les passagers. On n'entend plus rien d'autre que le bruit de l'air qui glisse sur le fuselage.

N'étant plus alimenté, le FDR [19] cesse tout enregistrement, ce qui signifie qu'à partir de cet instant, les paramètres du vol ne sont plus accessibles. En revanche, le *cockpit voice recorder* fonctionne toujours et il est encore possible d'entendre les conversations des deux hommes aux commandes.

21 h 28 mn 06 sec (copilote) : *Qu'est-ce qui s'est passé ?*

21 h 28 mn 07 sec (commandant) : *Oh bordel !*

21 h 28 mn 08 sec (copilote) : *Tes deux moteurs sont arrêtés !!! Merde... Tes deux moteurs sont arrêtés...*

La voix du copilote est particulièrement aiguë. Nul doute qu'il est à la limite de la panique... C'est la première fois qu'il se trouve confronté à une telle situation. Le commandant de bord semble moins stressé. Il doit pourtant réaliser la gravité de ce qui vient de se passer.

La première réaction des navigants est évidemment de tenter

19. Flight Data Recorder : *boîte noire enregistrant les paramètres des moteurs, du vol et des commandes.*

une remise en route des turbopropulseurs. Fébrilement, ils lancent une séquence de démarrage. Pression sur les démarreurs, allumage, ouverture du carburant... Mais ça ne sert à rien, la mécanique est irrémédiablement endommagée. Les turbines cafouillent et les températures restent désespérément basses. Les « torques[20] » sont au minimum. Nul besoin d'être mécanicien pour comprendre que les moteurs ne repartiront jamais. Il n'y a rien d'autre à faire que de lancer un appel de détresse. C'est le copilote qui s'en charge alors que le commandant continue à s'acharner sur les différents interrupteurs pour tenter une seconde remise en route.

21 h 28 mn 43 sec (copilote) : *Mayday... Mayday... Mayday... Ici American Eagle 3641... Nous avons perdu les deux moteurs... Est-ce qu'il y a un aéroport en dessous de nous ???*

Par chance, ces événements se déroulent aux États-Unis où la couverture radar est la meilleure du monde. Dès que le contrôleur entend l'appel au secours, il repère le Saab 340 sur son écran.

Il ne lui faut que quelques secondes pour évaluer la situation et proposer une solution.

21 h 28 mn 56 sec (Tour de Baton Rouge) : *American Eagle 3641, Roger... Oui monsieur, il y a False River Airport. Et la piste devrait être... heu... allumée. Il y a une piste de heu... 1 525 mètres.*

Coup de chapeau au contrôleur. Pas de question stérile, pas de bla-bla inutile comme on en a entendu dans des circonstances analogues. Il vient de fournir toutes les informations indispensables à l'équipage avec une précision et une rapidité remarquables. Par ailleurs, on ne peut qu'être stupéfait par la chance

20. Unité de couple mesurant la puissance appliquée sur les pales des hélices.

inouïe des deux pilotes. Ils viennent de casser leurs deux moteurs juste au-dessus d'un aéroport... Même si les choses sont loin d'être gagnées, c'est tout de même plus facile d'essayer de rejoindre une piste que de se poser au hasard en pleine nuit dans la campagne.

False River n'est pas un aérodrome comme les autres... C'est ce que les Américains appellent un *air park*... En fait, un aérodrome privé où de riches propriétaires se font construire une maison avec un hangar personnel pour garer leur avion directement chez eux[21]. Contrairement aux grands aéroports, les taxiways ne conduisent pas à des passerelles pour passagers, mais à de superbes villas avec piscines et tennis... C'est un endroit paradisiaque. Il y a de la verdure partout et un joli lac à proximité. On peut y pratiquer le ski nautique, la pêche et le golf.

Bien évidemment, c'est un lieu de villégiature réservé aux hommes d'affaires richissimes.

Et c'est juste au-dessus de cette résidence quasi privée que l'avion de ligne vient de tomber en panne. Sauvé ? Malheureusement, ce n'est pas encore le cas... Rejoindre la piste n'est pas aussi simple... Sans moteur, le commandant n'a qu'une solution : évaluer visuellement sa position dans l'espace et tenter d'atteindre le terrain en vol plané. Car tous les avions planent. Contrairement à une croyance simpliste, même avec les moteurs coupés, n'importe quel appareil peut parcourir une certaine distance avant de toucher le sol. Même les plus gros et les plus lourds[22]... Sans avoir une grande finesse, le Saab 340 ne tombe donc pas comme une pierre.

Atteindre l'aérodrome de False River dépend uniquement de l'habileté de l'équipage !

Par chance, le ciel est clair et le commandant de bord n'a aucune difficulté à repérer les balises lumineuses de la piste

21. *Ce genre d'aéroport privé existe maintenant dans plusieurs régions de France (notamment en Vendée).*
22. *Aussi étrange que cela puisse paraître, un Boeing 747 de 400 tonnes plane mieux que la plupart des petits avions de tourisme.*

18/36 de New Roads Air Park. Celle-ci est orientée dans le sens sud/nord. Et comme le contrôleur vient de le dire, elle se trouve juste en dessous de lui…

En cabine, l'angoisse monte parmi les passagers. Tous ont compris que des événements très graves se préparaient. Certains se mettent à prier à voix basse, d'autres fouillent fébrilement dans le dossier en face d'eux. Ils cherchent la brochure plastifiée qui leur indiquera la bonne position à adopter au moment du crash. Étrangement, personne ne crie.

Chacun attend dans un silence de mort.

À l'avant de l'appareil, les deux navigants s'activent pour tenter de limiter les dégâts. Le commandant a commencé à décrire des cercles au-dessus de l'aéroport. Il est maintenant à 7 000 pieds. Le sort de ses passagers repose maintenant sur son talent. S'il est bon, il peut réussir à toucher la piste exactement au bon endroit… S'il ne l'est pas, tout peut arriver car les réservoirs du Saab sont encore lourdement chargés en carburant…

La piste de New Roads n'est pas équipée d'un ILS [23] complet. Elle possède seulement un *localizer* et un système de lampes Papi [24]. Mais pour l'avion en panne, ces aides à l'atterrissage sont totalement inutiles car les angles d'approche qu'elles imposent sont de l'ordre de 3 degrés. L'avion chute beaucoup trop vite pour pouvoir suivre les bonnes trajectoires. Il faudrait avoir des moteurs qui fonctionnent.

Si le commandant veut atteindre la piste, il doit piloter son avion comme s'il s'agissait d'un planeur… Il doit tout faire à vue. Pas évident dans l'obscurité, d'autant que la piste n'est pas très longue…

Il existe une fréquence d'atterrissage à New Roads Air Park : 122.80 MHz, mais c'est une fréquence dite « auto-information ».

23. *Voir note 21, page 22.*
24. Précision Approach Path Indicator : *système de lampes situées au bord de la piste. Suivant la hauteur à laquelle se trouve l'avion, le pilote les aperçoit de couleurs différentes : blanches ou rouges. En fonction de ce qu'il voit, il peut placer son avion sur un plan de descente correct.*

Il n'y a pas de contrôleur. Chaque pilote donne simplement sa position pour informer les autres avions. Personne ne lui répond et le trafic se régule à l'amiable en fonction de chacun[25]. Nous sommes sur un aérodrome où chacun se connaît. La plupart des avions qui se posent régulièrement à False River sont de petits quadriplaces de tourisme: des Cessna, Piper et autres Beechcraft...

La Saab 340 perd rapidement de l'altitude. Il y a un moment, le commandant souhaitait accélérer la descente. Cette fois, il peut être satisfait. Il va mettre moins de trois minutes avant d'être au niveau du sol.

Nous avons vu qu'il n'y avait plus d'alimentation électrique dans l'avion, mais il n'y a pas davantage de pression hydraulique. Cela pose donc un problème pour le train d'atterrissage. Il n'y a pas d'autre solution que de le sortir « à la main ». C'est le copilote qui se charge de ce travail. La technique est simple à décrire : couper le *breaker*[26], mettre la palette du train en position « roues sorties » et pomper énergiquement sur un grand levier situé entre les sièges des navigants. La pompe manuelle permet d'envoyer dans le circuit la pression hydraulique indispensable à la sortie des roues... Facile à expliquer, c'est en réalité un travail pénible qui demande beaucoup d'énergie.

– *Dépêche-toi, on n'a pas beaucoup de temps,* ordonne le commandant, alors que son second transpire à grosses gouttes.

Dans la nuit, le pilote a les yeux braqués sur la bande lumineuse. Cette petite piste allumée représente leur salut et il se demande s'il va réussir à l'atteindre. Ce n'est pas évident.

Tout en pompant, le copilote tente de lancer un message sur le «*public adress*». Il voudrait avertir les passagers qu'ils doivent

25. Ce type de fréquence d'auto-info existe également sur de nombreux aérodromes en France et le système fonctionne parfaitement.
26. Fusible.

se préparer à un crash. Mais dans l'affolement, il se trompe de micro et parle sur la fréquence de la tour de Baton Rouge. Ses paroles sont précipitées et presque inaudibles...

– *Mesdames, messieurs, nous avons un problème grave. Préparez-vous à un atterrissage d'urgence.*

Évidemment, les malheureux passagers n'entendent rien de cette annonce et n'ont donc aucune information sur ce qui va leur arriver.

Par chance, l'hôtesse rentre dans le cockpit pour avoir des nouvelles. En voyant le copilote en train de transpirer sur la pompe du train d'atterrissage, elle comprend que ça va vraiment très mal.

– *Qu'est-ce qui se passe ?* demande-t-elle.

Aucun des deux hommes ne lui répond.

– *On a un problème ?*

N'obtenant toujours pas de réponse, l'hôtesse décide de prendre elle-même l'initiative :

– *Je vais dire aux passagers de se préparer pour un atterrissage d'urgence...*

Sans répondre, les deux pilotes continuent leur manœuvre dans le cockpit. Ce silence insolite sera considéré plus tard comme une faute grave de la part du commandant de bord. En effet, dans ce genre de situation, la procédure veut que ce soit lui qui donne les instructions aux hôtesses sur la conduite à tenir. C'est à lui seul d'ordonner de prendre des dispositions d'*emergency*.

La jeune femme fait alors rapidement le tour des passagers situés dans la première rangée de la cabine. Elle vérifie leurs ceintures, relève les tablettes des dossiers et montre comment se placer au moment de l'impact. Mais les secondes passent vite. Le sol approche et elle sent qu'il est déjà trop tard. Pas le temps d'aller voir les autres passagers.

Au bord des larmes, elle se précipite vers son *jump seat* et attache sa ceinture très serrée.

L'enregistreur de vol FDR ne fonctionnant plus, il n'est pas possible de savoir à quel moment exact les roues prennent contact avec le terrain. Pourtant, les différents rapports des témoins qui ont assisté à la scène ainsi que les traces de pneus sur le ciment de la piste permettent de reconstituer ce qui s'est passé avec une très grande précision.

Sans aucun autre bruit que celui des filets d'air glissant sur le fuselage, le Saab 340 arrive en finale pour la piste 36. Pas de phares d'atterrissage, pas de feux de position, c'est une ombre noire qui se précipite vers le sol. Au sol, certains propriétaires sont assis sur leur terrasse. Ils lèvent la tête en entendant cet étrange sifflement qui rappelle celui d'un planeur [27]. C'est certainement la première fois qu'un appareil aussi gros se présente sur leur terrain en faisant aussi peu de bruit. Rappelons que le Saab 340 pèse près de 13 tonnes et mesure plus de 20 mètres d'envergure.

Dans les environs de la ville de New Roads, des promeneurs s'étonnent également en entendant cet étrange sifflement.

Le problème, c'est que l'approche du Saab ne se présente pas très bien. Obnubilé par sa volonté de se mettre dans l'axe de la piste, le commandant de bord oublie d'adopter une vitesse correcte. Par peur de décrocher en finale, il est beaucoup trop rapide. Une fois en finale, il lui est impossible de ralentir car le

27. *Les Saab 340 est un avion de construction suédoise. Il est conçu pour le transport de passagers, mais est également utilisé par certaines forces aériennes en tant qu'avion radar. Comme le Boeing 707, il peut être équipé d'une antenne radar extérieure sur le sommet de son fuselage.*

copilote a réussi à sortir le train d'atterrissage à la main, mais il n'a pas pu sortir les volets.

Les enquêteurs estiment que l'avion touche le sol aux environs de **21 h 32 mn**. On ne connaît pas la vitesse exacte sauf qu'elle est beaucoup trop forte. L'impact se produit pratiquement à la moitié de la piste 36... à 852 mètres exactement après le seuil.

Le Saab ayant beaucoup d'énergie, il rebondit aussitôt. Ce n'est pas un petit saut, mais une véritable remise en vol. D'après un témoin oculaire, il remonte à une dizaine de mètres de hauteur et parcourt exactement 488 mètres en l'air avant de reprendre contact avec la planète...

Rappelons que la piste ne mesure que 1 525 mètres. Cela signifie que lorsqu'il pose les roues au sol pour la seconde fois, il lui reste exactement *185 mètres avant la fin de la bande.* C'est évidemment très peu.

Au bord de la panique, le commandant essaye alors de contrôler son avion et surtout de l'arrêter... Il crie :

– Shit... Shit... Shit...

Coups de freins désespérés, dérapages à droite et à gauche, il est totalement impossible de stopper une telle machine en une distance aussi courte. Même un petit avion de tourisme aurait besoin de beaucoup plus.

Trois secondes plus tard, le Saab 340 franchit l'extrémité de la piste 36 et poursuit sa course folle dans la nature... Ou plus exactement à travers les pelouses bien entretenues de l'*air park*.

À partir de maintenant, la scène est digne d'un film à grand spectacle hollywoodien... À plus de 200 km/h, l'appareil enfonce une succession de jolies barrières blanches. Des morceaux de bois volent de toutes parts. Certains sont projetés jusque dans les fenêtres d'une résidence... Les énormes roues creusent de profonds sillons dans les parterres de fleurs parfaitement entretenus. C'est une véritable chevauchée destructrice à travers les villas.

Par un hasard inouï, l'appareil ne percute aucune construction.

Franchissement de fossés, de bosses, de bunkers... Dans l'avion, les passagers ont la sensation que la carlingue va se désintégrer autour d'eux. La sensation de terreur est d'autant plus forte qu'ils sont dans l'obscurité. Cette fois, les gens hurlent de terreur, sous la violence des coups de bélier. L'avion se précipite sur un parcours de golf qu'il traverse en coup de vent.

Finalement, à bout d'énergie, il vient terminer sa course contre une clôture de barbelés qui délimite un champ de cannes à sucre.

Il n'y a pas d'incendie. Chose étonnante, le Saab n'ayant percuté aucun obstacle réel, il est relativement intact.

Dans la cabine, c'est brusquement le silence. Stupéfiés d'être encore vivants, les occupants de l'appareil restent un moment cloués sur leur siège. Puis, l'équipage annonce qu'il faut évacuer l'avion.

C'est le copilote qui ouvre la porte extérieure. À son grand étonnement, celle-ci se déverrouille normalement et l'escalier se déploie sans difficulté.

Il annonce alors d'une voix étonnamment calme :

– Veuillez évacuer l'avion rapidement, s'il vous plaît.

Bizarrement, c'est pourtant à partir de maintenant que surviennent les plus gros problèmes. Au cours de sa chevauchée dans la nature, l'avion s'est empêtré dans des fils de fer barbelés. Il y en a partout sous le fuselage et dans le train d'atterrissage. Impossible de quitter l'avion dans l'obscurité sans s'accrocher de toutes parts sur les pointes acérées.

À l'aide d'une simple lampe électrique, l'hôtesse guide les passagers pour les faire traverser un à un le barrage des barbelés. L'opération prendra un certain temps, mais il n'y aura aucune trace de panique. Victime du stress, une passagère sera d'ailleurs victime d'un fou rire irrépressible qui se terminera en crise de larmes.

Seule l'hôtesse sera légèrement blessée dans la catastrophe. Et encore, ce ne sera qu'un lumbago provoqué par un effort effectué en se baissant pour ouvrir la porte droite.

La jeune femme était auparavant hôtesse au sol, et c'était un de ses tout premiers vols. Un baptême intéressant !

Miracle, tous les passagers et l'équipage sont sains et saufs. Une grosse erreur qui a été heureusement bien rattrapée...

Les enquêteurs tenteront de comprendre ce qui a pu pousser un navigant aussi chevronné à commettre une faute aussi grossière... Le commandant de bord totalisait plus de 20 000 heures de vol et était considéré par sa hiérarchie comme un navigant particulièrement expérimenté. Aucun antécédent d'imprudence ou de fautes caractérisées.

L'homme ne saura pas dire pour quelles raisons il a enclenché les inverseurs. Réflexe incontrôlé ou viscosité mentale, il est établi avec certitude que c'est bien le commandant qui a touché les manettes et non le copilote. Malgré un interrogatoire minutieux, il ne pourra pas dire s'il se souvient de son geste avec précision, ni même à quel moment il l'a effectué.

Les enquêteurs ont étudié avec minutie la mécanique de la *reverse.* Le système de verrouillage des *« beta »* fonctionnait parfaitement, et ce, même après le crash. Toutes les hypothèses laissant supposer qu'un faux mouvement a pu être à l'origine du passage des inverseurs ont été écartées. Le geste n'est pas une maladresse. Il y a même plus grave : une étude approfondie des paramètres du *Flight Data Recorder* montre que les manettes ont été ramenées « lentement » vers l'arrière. Ce qui laisse supposer que le mouvement a été effectué délibérément. Un peu comme si le commandant avait voulu effectuer une sorte de test pour « voir ce que ça donne » de freiner en vol…. Accusation que le commandant a niée farouchement.

Il est probable qu'on ne saura jamais la vérité.

Les dégâts au sol parmi les propriétés de l'*air park* resteront très limités. Quelques barrières arrachées, des dizaines de fleurs à replanter et des *« green »* à refaire. Les travaux seront facturés 10 000 dollars. Pas vraiment dramatique si l'on imagine ce qui se serait produit si l'avion avait percuté des villas !

Pour la petite histoire, il faut savoir que le Saab 340 était pratiquement neuf. Il sera réparé sur place pour une somme d'environ 2 millions de dollars et pourra repartir en vol quelques mois plus tard.

Depuis cet accident, les Saab ont été sensiblement modifiés. Même si le pilote ramène les manettes en position *« beta »* pendant le vol, une protection informatique empêche le système de s'enclencher.

Pour plus de sécurité, le NTSB [28] a ordonné qu'un petit panneau soit collé sur le tableau de bord pour rappeler aux navigants que « les inverseurs ne doivent jamais être utilisés en vol ».

On n'est jamais trop prudent !

PANNE SÈCHE !

21 mai 2000.

Tout commence dans l'État de New York sur le parking de l'aéroport de Farmingdale... Situé pratiquement au centre de Long Island, le terrain est utilisé par de petites compagnies aériennes régionales qui exploitent des lignes très courtes tout autour de la grande métropole. C'est là que se trouve le siège social d'Executive Airlines, une petite compagnie aérienne spécialisée dans le vol charter à la demande. Associée à un atelier d'entretien [1], la société possède sept appareils dont chacun a une capacité de l'ordre de 20 places. Au fil des ans, Executive Airlines a trouvé un créneau très porteur. Elle s'est spécialisée dans le transport de joueurs en direction des casinos d'Atlantic City [2]... Pour s'assurer une clientèle régulière, la

1. *East Coast Aviation Services.*
2. *Le tourisme d'Atlantic City est essentiellement fondé sur les jeux. C'est l'équivalent de Las Vegas sur la côte est des États-Unis.*

compagnie Airlines a d'ailleurs signé plusieurs contrats avec des grands hôtels du New Jersey.

Il est **8 h 15 mn** du matin… L'équipage du Jetstream 31 immatriculé N 16EJ est en train de préparer son avion pour les vols de la journée. Le moins que l'on puisse dire, c'est que le planning n'est pas vraiment chargé aujourd'hui. L'avion doit décoller à 10 heures pour Atlantic City avec 12 personnes à bord. Une fois là-bas, il déposera ses passagers et attendra sur place toute la journée. Le retour à Long Island est prévu le soir à 19 heures.

Sacré voyage : vingt minutes de vol pour l'aller et vingt minutes pour le retour… Le Jetstream a été affrété par le Ceasars Palace Casino. Des cadres d'une grande société d'informatique vont passer la journée devant les machines à sous et ils rentreront le soir à New York.

Pour l'équipage, c'est une journée plutôt relax qui s'annonce : quarante minutes de vol en tout, il n'y a pas vraiment de quoi épuiser le potentiel de l'avion.

Après avoir effectué l'inspection prévol de l'avion, le commandant de bord s'installe dans le cockpit pour calculer la quantité de carburant dont il a besoin pour accomplir ces deux mini-rotations. Étant donné la brièveté du trajet, il se dit qu'il va mettre le minimum de carburant dans ses réservoirs… Inutile d'alourdir son avion pour rien.

À **8 h 40 mn**, il contacte la tour de contrôle pour demander qu'on lui envoie un camion citerne.

Quelques minutes plus tard, un gros véhicule aux couleurs de Texaco vient se garer à côté du Jetstream. Alors que le chauffeur commence à dérouler son tuyau, le commandant de bord reçoit un coup de fil.

C'est le propriétaire de la compagnie Executive Airlines qui veut lui parler. L'homme est *chief executive officer,* une sorte de « manager chef pilote » qui se charge à la fois de la gestion de la société, de la formation des navigants et qui pilote lui-même ses propres avions.

Le patron informe le commandant de bord qu'il y a un léger changement de programme. Un vol a été annulé au cours de la nuit. Ça s'est passé à 1 heure du matin... Un appareil de la compagnie devait ramener 17 passagers d'Atlantic City à Wilkes-Barre. Manque de chance, les réservoirs de l'avion étaient vides et les services de ravitaillement étaient fermés à cette heure tardive. Pas moyen de faire du carburant.... Du coup, les clients ont dormi dans un hôtel d'Atlantic City et le vol a été reporté à 10 heures ce matin. Cet incident a été très mal perçu par les partenaires d'Executive Airlines qui menacent de s'adresser à une autre compagnie si leurs clients ne sont pas acheminés dans les meilleurs délais.

Le vol doit donc être effectué en priorité en tout début de matinée et c'est le Jetstream qui va effectuer cette rotation imprévue. L'équipage ne va donc pas rester toute la journée à Atlantic City comme c'était prévu. Dès son arrivée là-bas, il va faire un aller-retour jusqu'à Wilkes Barre pour y ramener les 17 passagers restés en rade dans la nuit. C'est un vol assez court puisque la distance entre Atlantic City et Wilkes Barre n'est que de 250 kilomètres.

Alors que le commandant de bord est sur le point de raccrocher avec son chef pilote, celui-ci précise :

– Débrouille-toi pour prévoir suffisamment de carburant pour éviter de ravitailler à Atlantic City. Les clients sont pressés de rentrer chez eux. Tu fais tout ton possible pour les ramener le plus vite possible !

Techniquement, on peut donc résumer la situation ainsi : en arrivant à l'aéroport ce matin, l'équipage pensait qu'il allait parcourir 340 kilomètres dans la journée. Avec ce vol imprévu, il va devoir en faire 840... Rien de bien méchant ! Pour un avion qui vole à 500 km/h, cela représente une heure de vol supplémentaire. Cette modification de programme a une conséquence :

le commandant doit prévoir de mettre davantage de carburant dans ses réservoirs puisqu'il ne pourra pas « refueler » après son atterrissage à Atlantic City.

Simple !

Le camion citerne est maintenant à côté de l'avion. Il pleut et il fait froid... Le soutier descend de sa cabine et attend des instructions. Ce n'est pas la première fois qu'il s'occupe des appareils d'Executive Airlines. Depuis trois mois qu'il travaille à Farmingdale, il a déjà ravitaillé une douzaine de Jetstream 31. Il pourrait parfaitement se débrouiller sans la présence de l'équipage, mais il a besoin de savoir combien de litres il doit rajouter dans les réservoirs.

Il attend...

Le commandant est toujours dans son cockpit. Il semble réfléchir. D'après ses fiches, il y a encore 150 gallons dans les réservoirs de l'avion. Étant donné les vols prévus aujourd'hui, il lui suffit de compléter avec 180 gallons. Cela lui permettra de faire les deux vols jusqu'à Wilkes Barre sans problème. Une fois là-bas, il aura tout le temps de rajouter du pétrole. C'est la meilleure solution.

Le soutier attend toujours...

Après avoir refait ses calculs, le commandant transmet ses ordres au copilote qui ouvre la porte du Jetstream :

– Dis-lui de mettre 45 gallons[3]*...*

– D'accord 45 gallons.

Mais la voix du commandant retentit aussitôt depuis le cockpit pour corriger :

3. *Aux États-Unis, les mesures de carburant se font en US gallons, aussi bien pour les voitures que pour les avions. Un gallon américain équivaut à 3,78 litres (à ne pas confondre avec le gallon anglais qui fait 4,54 litres). Dans le cas du Jetstream, 45 gallons correspondent donc à 170 litres. Étant donné la densité du carburant, cela représente un poids de 135 kilos.*

– Non, finalement, dis-lui de mettre 60 gallons[4].

Puis, enfin, quelques secondes après que le soutier eut commencé le remplissage, le copilote fait une nouvelle apparition à la porte[5]. Son commandant a encore changé d'avis.

– Finalement, mettez 90 gallons[6].

Et le copilote retourne à l'intérieur de l'avion.

Un témoin extérieur attestera plus tard que cet échange de propos a véritablement eu lieu.

Il est d'une très grande importance car les enquêteurs comprendront que c'est à cet instant que les éléments de l'accident se sont mis en place.

Car, en fait, le commandant ne veut pas mettre 90 gallons dans son avion mais 180 !!!

Pourquoi donc le copilote annonce-t-il ce chiffre alors qu'il faudrait le double ? La raison est simple. Il y a deux réservoirs de 227 gallons dans le Jetstream (un dans chaque aile). Or, dans la compagnie, il est fréquent d'annoncer la quantité de carburant désirée en annonçant ce que l'on veut *par réservoir.*

Aux yeux du commandant, demander 90 gallons signifie donc 90 gallons dans chaque réservoir soit un total de 180 gallons[7].

Le problème, c'est que le copilote répercute mot pour mot les instructions qu'il reçoit et que le soutier n'est pas censé être au courant des habitudes de ses clients.

Par ailleurs, il pleut sur l'aéroport et il souffle un vent froid

4. 227 litres.

5. En fait, le soutier ne se souvient pas exactement des galons sur les épaules de l'homme avec lequel il a parlé. Il n'affirme donc pas avec certitude que c'était le commandant ou le copilote. Il se rappelle seulement que celui qui lui a parlé était beaucoup plus petit et plus mince que l'autre. Les enquêteurs ont comparé les tailles et les poids des deux hommes d'équipage. Le commandant était grand et de forte corpulence et le copilote petit et beaucoup moins gros. Ils en ont déduit que c'était le copilote qui avait été en contact direct avec le soutier.

6. 340 litres.

7. Sur les documents de l'avion, le commandant de bord écrira qu'il a fait compléter les réservoirs avec 180 gallons.

qui perturbe encore la communication entre le copilote et le soutier. Pour se faire comprendre, les différents acteurs de cette scène doivent élever la voix.

Comme on le lui a demandé, le soutier procède alors au remplissage des réservoirs avec un total général de 90 gallons de carburant.

Pendant ce temps, le copilote et le commandant sont a l'intérieur du poste de pilotage. Ils terminent tranquillement la préparation de leur vol. À cause de la pluie, aucun d'eux ne descend pendant l'avitaillement. D'ailleurs, pour être au chaud, les deux hommes ont carrément fermé la porte.

Dans le cockpit se trouve également la fiancée du copilote. Employée dans les bureaux d'Executive Airlines à Atlantic City, elle voyage donc à titre gratuit et va accompagner son futur époux pendant la première partie du vol.

Il est prévu qu'elle attende là-bas pendant la rotation jusqu'à Wilkes Barre puis elle profitera de l'avion pour rentrer le soir à New York. Ce n'est la première fois que la jeune fille accompagne le copilote pendant son travail. Passionnée par le pilotage, elle est toujours très intéressée par ce qui se passe dans le cockpit. Ce jour-là, elle assiste à la « conversation » entre son fiancé et le soutier et comprend, elle aussi, que ce dernier doit mettre 90 gallons dans l'avion, c'est-à-dire 45 gallons par réservoir. Ce n'est que plus tard qu'elle réalisera la gravité du problème de communication. De son côté, le commandant de bord est persuadé qu'il a fait rajouter 180 gallons dans ses réservoirs. La preuve est qu'il remplit les documents de l'avion en indiquant cette quantité de carburant.

Quelques minutes plus tard, l'avitaillement est terminé et le soutier se présente à la porte du Jetstream. Il tient à la main le formulaire à deux volets qui tient lieu de reçu. Sur ce document se trouve écrite en chiffres et en lettres la quantité de kérosène délivrée dans les réservoirs. On peut y lire sans ambiguïté : 90 gallons...

– *Vous me mettez une petite signature, s'il vous plaît,* demande-t-il en protégeant soigneusement le document avec son bras pour éviter qu'il ne soit mouillé par la pluie.

Sans descendre de l'avion, le copilote récupère les deux formulaires fixés sur une tablette rigide. Il signe sans vérifier et rend l'ensemble au soutier.

Ce dernier ne détache pas le volet destiné à l'équipage. Il le garde comme c'est convenu avec la compagnie puisque celle-ci dispose d'un compte avec le pétrolier.

La machine infernale est en marche !

Pour couronner cette succession d'erreurs et de négligences, aucun membre de l'équipage ne descend de l'avion afin de contrôler visuellement la quantité de carburant reçu. Il est pourtant d'usage que le copilote monte sur une échelle et regarde par l'orifice du réservoir que le niveau sur les graduations internes correspond approximativement à ce qui a été demandé [8].

La pluie et le froid sont sans doute à l'origine de cet oubli.

À 9 h 05 mn, tous les passagers ont embarqué. Ils sont onze en tout qui espèrent faire fortune aux machines à sous. La fiancée du copilote est la douzième personne à bord. Elle est assise juste derrière son futur époux.

Du fait de l'importance du trafic au décollage à Farmingdale, le temps de roulage sur les taxiways est particulièrement long ce jour-là. Il faut en effet treize minutes et trente secondes au Jetstream pour atteindre le point d'attente.

À 9 h 21 mn, l'appareil s'aligne sur la piste 14. C'est le commandant de bord qui pilote l'avion. Le copilote s'occupe des communications radio. Le décollage se déroule normalement. Quelques minutes plus tard, l'avion est au-dessus de l'océan et

8. *Cette vérification est bien évidemment approximative, mais elle permet toutefois de remarquer certaines erreurs grossières. Nul doute que dans le cas évoqué le copilote aurait pu se rendre compte qu'il manquait du pétrole.*

vire à droite pour mettre le cap en direction d'Atlantic City. À cet instant, les deux hommes aux commandes sont persuadés d'avoir 330 gallons dans leurs réservoirs [9].

En réalité, il n'y en a que 240 [10]...

On pourrait s'étonner que l'équipage ne remarque pas cette différence importante sur le tableau de bord. Il faut bien savoir que les jauges de carburant des avions sont comme celles des voitures : elles sont relativement imprécises et parfois en panne. Seuls certains systèmes de débitmètres particulièrement modernes peuvent permettre aux pilotes d'avoir une connaissance parfaite de la quantité de carburant restant dans leurs réservoirs. Il n'y en a pas sur le Jetstream...

Tout reste donc un peu vague... À ce sujet, les enquêteurs apprendront plus tard que le copilote a fait une étrange remarque à l'intention de sa fiancée. Alors que l'avion passe par le travers de Long Beach, il pose le doigt sur les deux jauges de carburant :

– Regarde, celle de droite indique qu'on a 300 livres de pétrole dans le réservoir et celle de gauche indique 900 livres...

– Et alors ?

– Eh bien, en réalité, il y a pratiquement la même quantité de pétrole dans les deux réservoirs !!!

Devant la stupéfaction affichée par la jeune fille, le copilote rajoute avec un demi-sourire :

– Tu te rends compte que je ne sais même pas combien on a de pétrole dans les réservoirs !

9. 1 247 litres.
10. 907 litres.

Le copilote a-t-il un doute ou est-ce une simple plaisanterie pour souligner le mauvais fonctionnement des jauges ? Toujours est-il que cette phrase semble étrangement prémonitoire [11].

Comme prévu, la première partie du trajet ne dure même pas une demi-heure…

À **9 h 49 mn**, le Jetstream atterrit sur la piste 31 d'Atlantic City. Pendant ce vol, les enquêteurs estiment que l'avion a consommé un peu plus du tiers de ce qu'il y avait dans ses réservoirs. Cela signifie qu'une fois au sol il doit rester environ 130 gallons. C'est très peu quand on songe que le plein complet représente une capacité de 454 gallons.

Sitôt la porte ouverte, les onze passagers embarquent dans un minibus qui les emmène directement vers le casino. Cris de joie et manifestations bruyantes… Visiblement, les accros du « bandit manchot » sont pressés de dépenser leur argent.

Pour l'équipage, à partir de maintenant, il faut faire vite ! Nous l'avons vu, le temps presse. Il faut embarquer les dix-sept passagers qui n'ont pas pu partir cette nuit et qui doivent être ramenés rapidement à Wilkes Barre. Le décollage est prévu au plus tard dans une demi-heure.

Pour ce second vol, ce sera autour du copilote de prendre les commandes. Celui-ci fonce rapidement vers le bureau de piste. Il va déposer un plan de vol et vérifier les conditions météo sur la destination. Comme il s'y attendait, ce n'est pas très bon : le plafond à Wilkes Barre est à 500 pieds. Il y a un peu de bruine et la visibilité est de seulement 4 kilomètres. Rien pourtant qui pourrait empêcher le Jetstream d'atterrir. Le copilote dépose donc un plan de vol aux instruments. Étant donné la brièveté du trajet, il demande le niveau de vol 50 [12], ce qui est très bas par rapport aux niveaux généralement utilisés dans les avions de ligne. La raison est simple : il n'y a que 250 kilomètres à

11. Propos rapportés dans le rapport d'enquête.
12. 5 000 pieds. Environ 1 500 mètres.

parcourir et ça ne sert à rien de monter très haut. Le problème, c'est qu'à cette altitude les moteurs sont très gourmands... Le Jetstream est comme tous les avions : moins il monte et plus il consomme. En croisière normale à haute altitude, les deux turbines Honeywell TPE331-10UGR ingurgitent environ 6 livres de kérosène à la minute. Quand l'avion vole bas, cette consommation peut être multipliée par trois voire plus selon la puissance affichée.

Le commandant est bien conscient de ce problème, mais il se sent parfaitement tranquille.

Après un roulage qui dure six minutes et demie, le Jetstream décolle à **10 h 31 mn** et, trois minutes plus tard, il se stabilise à 5 000 pieds... Pour ce vol, tous les sièges de l'avion sont occupés. Si tout se passe bien, l'appareil sera de retour à Atlantic City dans un peu moins de trois heures [13].

Nous l'avons vu, ce 21 mai 2000, la météo n'est pas bonne sur le nord-est des États-Unis. Mais c'est sur les reliefs de Pennsylvanie que les conditions sont les plus mauvaises. Au nord de Philadelphie, le plafond des nuages est très bas et une méchante bruine réduit encore la visibilité à basse altitude. En outre l'aéroport de Wilkes Barre se trouve entre les Pocono Mountains et Susquehana River, une situation géographique qui génère souvent des météos difficiles.

À **10 h 57 mn**, le commandant prend contact avec l'approche de Wilkes Barre. C'est la piste 04 en service et le contrôleur l'informe que, comme prévu, le plafond est relativement bas.

Pour une raison mal expliquée, le *cockpit voice recorder* de l'avion ne fonctionne pas. Il n'est donc pas possible de connaître avec précision les conversations des deux navigants aux commandes. Pourtant, en écoutant les contacts radios passés avec la tour de contrôle, puis en les comparant avec les trajec-

13. Le planning prévoyait quarante minutes de vol pour l'aller, une heure sur place et quarante minutes de vol pour le retour.

toires du radar, il est relativement simple de comprendre ce qui s'est passé.

À 10 h 59 mn, l'avion est à 27 milles nautiques[14] de l'aéroport. Il est toujours complètement dans la couche et il est fort probable que l'équipage n'a pas aperçu le sol depuis son décollage d'Atlantic City. Étant donné la vitesse relevée par le radar, les enquêteurs sont persuadés que le copilote a mis « les manettes en avant ». Il a choisi de voler en croisière rapide. Difficile d'affirmer avec certitude la raison de ce choix, mais on peut penser que, pour différentes raisons, les deux hommes sont pressés de revenir à Atlantic City. Bien évidemment, la vitesse est un facteur aggravant pour la consommation car les moteurs sont poussés au maximum.

Au moment où l'avion approche de la balise de Crystal Lake, un autre appareil s'apprête à atterrir à Wilkes Barre. C'est un Beechjet. D'après les indications de son pilote, les conditions météo sont en dégradation par rapport à ce que la météo prévoyait.

La base des nuages n'est qu'à 300 pieds sur la piste 04.

À 11 h 02 mn et 07 sec, le contrôleur confirme au commandant de bord qu'il peut quitter 5 000 pieds pour descendre à 4 000. Il a un bon contact radar sur l'avion. Celui-ci se trouve à 9 kilomètres de Crystal Lake. Dans quelques instants, il pourra se présenter sur l'ILS de la piste 04.

Tout semble se dérouler normalement. On peut estimer qu'à cet instant il y a encore suffisamment de carburant dans les réservoirs pour atteindre la piste. Ce sera juste, mais ça devrait passer.

À 11 h 05 mn et 09 sec, le commandant de bord est autorisé à changer de fréquence pour passer avec la tour de contrôle de Wilkes Barre. L'avion descend alors jusqu'à 2 200 pieds. À partir de cet instant, il intercepte le plan de l'ILS et le taux de

14. 50 kilomètres.

descente reste normal. Pendant une vingtaine de secondes, tout se passe bien. L'avion est stabilisé en finale pour la piste 04. Il vient de passer le point Barty. Bien qu'il soit toujours dans la couche, son approche est correcte et il n'est plus qu'à 4 kilomètres de la piste. Dans une minute, il sera posé.

Et puis soudain à **11 h 07 mn et 26 sec**, le commandant prend le micro et annonce :

– N16EJ, nous faisons une remise des gaz…

Le contrôleur ne demande pas la raison de cette remise des gaz. Il se contente de noter l'information.

– Bien reçu N16EJ, gardez l'axe de la piste, montez à 4 000 pieds… et contactez l'approche sur la fréquence 124,5…

– Roger N16EJ…

Sur l'écran de son radar, le contrôleur voit alors les chiffres indiquant l'altitude du Jetstream recommencer à défiler vers le haut. Il monte à 2 000 pieds par minute, ce qui est beaucoup. Sa vitesse est de l'ordre de 360 km/h. Pourtant, si l'avion reprend effectivement de l'altitude, il ne reste pas vraiment dans l'axe de la piste comme le contrôleur lui a demandé, mais entame un très large virage à droite.

On ne sait pas pour quelles raisons le commandant a décidé de remettre les gaz alors qu'il était très bien placé pour atterrir. On sait seulement que le taux de montée qui suit est très fort. Cela signifie que les deux turbopropulseurs fonctionnent encore normalement.

Les enquêteurs sont persuadés que ce n'est pas une panne qui est à l'origine de la remise des gaz.

Au sol, personne ne s'inquiète. Un avion qui remet les gaz par mauvais temps, ce n'est pas un problème. Le contrôleur se dit que le pilote est particulièrement prudent et il se contente d'informer le radar de l'approche que le N16EJ va faire un « tour de plus » avant de se représenter en finale pour la même piste.

Cette remise des gaz va pourtant avoir des conséquences graves sur l'avion. D'une part, à partir de cet instant, les moteurs tournent plein pot pendant un long moment et leur consommation est évidemment très forte !

D'autre part, le temps de vol augmente considérablement. Guidé par le radar, le Jetstream passe légèrement à l'est de l'aéroport puis entame un nouveau virage à droite dans la couche pour remonter jusqu'à 3 800 pieds. Après avoir effectué une longue trajectoire au cap inverse de la piste, il vient se présenter une nouvelle fois en finale pour la piste 04.

Le lecteur doit comprendre qu'une remise des gaz n'est pas un simple virage qui permet au pilote de se représenter immédiatement à l'atterrissage. L'avion doit suivre une trajectoire prédéterminée assez longue et ce, tout en respectant des altitudes définies. Tout ce trajet prend environ seize minutes avant que le Jetstream ne soit de nouveau en position pour se présenter en finale.

Alors que l'avion arrive dans l'axe de la piste, le commandant de bord ne se doute pas qu'il est en train de consommer ses dernières gouttes de kérosène...

À 11 h 23 mn et 10 sec, le Jetstream est de nouveau stabilisé en très longue finale pour la piste 04 et recommence à descendre doucement.

Sur l'écran radar, le contrôleur le suit et un détail attire soudain son attention : la vitesse de l'avion décroît. Elle était à 170 nœuds et elle chute rapidement : 150... 140... jusqu'à atteindre 128 nœuds. Même si cette réduction de vitesse est particulièrement soudaine, il n'y a là rien d'inquiétant. Il est normal qu'arrivant en finale, le pilote réduise sa vitesse pour préparer son atterrissage. Le contrôleur se dit qu'il va certainement sortir le train et les volets.

Le problème, c'est que, dix secondes plus tard, le Jetstream commence à dévier franchement à droite de l'axe. La déviation est importante. Elle atteint très rapidement 30 degrés. Le contrôleur est sur le point de rappeler le pilote à l'ordre lorsque ce dernier appelle sur la fréquence.

11 h 23 mn et 51 sec (commandant de bord) : *N61EJ, euh... Nous voulons déclarer une* « emergency ».

11 h 23 mn et 53 sec (contrôleur) : *N61EJ quel est votre problème ?*

11 h 24 mn et 01 sec (commandant) : *On a une panne moteur !*

On l'a compris, les réservoirs sont vides. C'est le moteur droit qui vient de s'arrêter en premier. La traction des hélices est maintenant dissymétrique. Cela provoque un couple qui entraîne l'avion vers la droite. Pour le moment, la situation n'est pas encore dramatique. Les deux hommes ont fait plusieurs dizaines d'heures en entraînement avec un moteur en panne. Il suffit de mettre du palonnier pour corriger la dissymétrie et d'incliner légèrement l'avion vers la gauche. Bien évidemment, la panne survenant dans les nuages, la machine est plus difficile à maîtriser, mais en théorie l'avion est contrôlable. Pour l'instant !

Avec des gestes précipités, l'équipage tente de stabiliser l'avion tout en recherchant l'origine de la panne. Il est peu probable que les deux hommes aient compris qu'ils sont en panne de carburant.

11 h 24 mn et 05 sec (contrôleur) : *Est-ce que vous voulez qu'on vous guide vers le* localizer [15] ?

15. L'axe de la finale.

11 h 24 mn et 08 sec (commandant) : *Oui monsieur, on voudrait un guidage.*

11 h 24 mn et 10 sec (contrôleur) : *D'accord, alors virez à gauche au cap 010.*

Mais contrairement à ce que le contrôleur vient de demander, l'avion continue à virer vers la droite. De toute évidence, le pilote ne réussit pas à maîtriser sa trajectoire. Est-ce la présence des nuages, un manque d'entraînement ou une mauvaise interprétation du moteur en panne ? Toujours est-il que quelques secondes plus tard l'avion est à 90 degrés de l'axe de la finale.

Cette fois, le contrôleur s'inquiète.

11 h 24 mn et 18 sec (contrôleur) : *Confirmez, vous êtes en train de virer à gauche vers le cap 010 ?*

11 h 24 mn et 20 sec (commandant) : *On est en train d'essayer, Echo Juliet... On est en train d'essayer...*

Les secondes passent. Longues comme des siècles. Dans la salle de contrôle, le contrôleur a déclenché l'alerte. Quelque chose lui dit que le pilote ne va pas y arriver. La vitesse de l'avion chute. Elle n'est plus maintenant que de 120 nœuds.... 115 nœuds...

Et puis soudain, c'est le drame. Les réservoirs délivrent leurs toutes dernières gouttes de carburant. C'est la panne totale...

Aussitôt, le commandant se met à crier sur la fréquence.

11 h 25 mn et 13 sec (commandant) : *Dis-leur qu'on a perdu les deux moteurs... On a perdu les deux moteurs.*

La voix est aiguë. Cette fois, c'est la panique. Les doigts rivés sur les démarreurs, l'équipage tente de relancer les turbopropulseurs. On peut imaginer la situation. L'avion est dans la couche, les deux moteurs sont arrêtés... Il faut tenir l'assiette... analyser ce qui arrive... tenter un redémarrage... l'altimètre diminue... la vitesse s'écroule... Le rythme cardiaque est à son maximum.

11 h 27 mn et 14 sec (contrôleur) : N61EJ... *Est-ce que vous avez des moteurs ?*

11 h 27 mn et 16 sec (commandant) : *On dirait que le moteur gauche est en train de repartir maintenant...*

Malheureusement, ce n'est qu'un répit provisoire. Aspirant les dernières gouttes de carburant, le turbopropulseur repart. Pendant quelques secondes, l'équipage reprend espoir. Sauvés ! Ils vont pouvoir rejoindre l'aéroport.

À cet instant, l'avion est au cap 285, c'est-à-dire que, depuis le début de la panne, il a effectué un virage de 270 degrés. Avec ce moteur qui reprend vie, le commandant parvient à conserver son altitude, mais la puissance est insuffisante. L'aiguille du torque se met à battre de nouveau. La vitesse chute dramatiquement. Elle n'est plus à présent que de 103 nœuds[16]. C'est trop faible pour le Jetstream.

Le décrochage approche.

11 h 27 mn et 34 sec (commandant) : *Nous sommes à 2 000 pieds... au-dessus des arbres.*

Et puis, douze secondes plus tard, le moteur gauche s'arrête de nouveau. Cette fois, les réservoirs sont à sec. C'est le drame !

11 h 27 mn et 46 sec (commandant) : *On est en train de perdre les deux moteurs !!!*

16. 187 km/h.

À 11 h 27 mn et 48 sec, l'écho du Jetstream disparaît de l'écran du radar. L'avion vient de décrocher et le pilote en a perdu le contrôle. Il est parti en virage engagé par la droite.

Avec un bruit sourd, il percute la forêt située à 20 kilomètres au sud de l'aéroport de Wilkes Barre Scranton. Dans l'impact, le fuselage se désintègre éparpillant des milliers de débris à travers les arbres. Il n'y a pas d'incendie puisqu'il n'y a plus de carburant dans les réservoirs, mais tous les occupants de l'appareil sont tués sur le coup.

Erreurs dramatiques, défaut de communication, négligences impardonnables, les conséquences de cette panne de carburant ont été lourdes en vies humaines.

Ce n'est pas la première fois qu'un avion de ligne tombe en panne sèche. À plusieurs reprises, des appareils se sont trouvés dans ce genre de situation inconfortable. Les circonstances dans lesquelles certains de ces crashs sont arrivés paraissent parfois ahurissantes.

Pour mémoire on peut citer :

- le 3 septembre 1989, au Brésil, un Boeing 737 se trompe de route au-dessus de l'Amazonie parce que l'équipage écoute un match de football de la Coupe du monde. L'avion s'égare et finit par tomber dans la forêt vierge à cours de carburant[17] ;

- le 25 janvier 1990, un Boeing 707 colombien tombe en panne de carburant au-dessus de New York après avoir attendu l'autorisation d'atterrissage pendant près d'une heure et demie[18] ;

17. *Lire* Le secret des boîtes noires – Enregistrement avant le crash du même auteur, *aux éditions Altipresse.*
18. Idem.

- le 23 novembre 1996, un Boeing de la compagnie Ethiopian Airlines s'écrase au bord d'une plage aux Comores à court de pétrole. Il a été détourné par des pirates de l'air qui imaginaient pouvoir atteindre l'Australie sans ravitailler [19] ;

- l'un des plus miraculeux est peut-être le cas de ce Boeing 707 appartenant à une grande compagnie européenne. L'appareil en provenance de Téhéran tombe en panne de carburant alors qu'il est en vue de Paris. Il réussit à se poser *in extremis* sur l'aéroport du Bourget. Sans réacteurs, il reste immobile au milieu de la piste et ne parvient pas à rejoindre le parking [20] !

19. *Lire* Catastrophes aériennes – Les passagers ont le droit de savoir *du même auteur, aux éditions Altipresse.*
20. Idem.

TROP HAUT POUR ATTERRIR

17 juillet 2000.

– Mesdames, messieurs, bonjour... Ici le commandant Sohanpal qui vous parle depuis le poste de pilotage... Tout l'équipage se joint à moi pour vous souhaiter une nouvelle fois la bienvenue à bord de ce vol Alliance Service numéro 7412 à destination de Patna... Comme vous avez pu le remarquer, nous avons décollé avec vingt minutes de retard sur l'horaire prévu et cela est dû à l'arrivée tardive de certains passagers... Voici quelques informations à propos de notre vol : nous sommes actuellement en croisière à 26 000 pieds, ce qui correspond à une altitude de 8 000 mètres. Le vol de Calcutta à Patna durera une heure. La distance entre ces deux villes est de 255 milles nautiques ce qui correspond à 470 kilomètres. La température extérieure à ce niveau est de + 12 degrés centigrades[1]*. Pour votre confort, la tempé-*

1. *On ne peut qu'être surpris par la température extrêmement élevée annoncée par le commandant de bord au niveau 260 puisque à cette altitude la température standard est de l'ordre de – 35 degrés. Ce sont pourtant les mots exacts enregistrés par le* cockpit voice recorder *de l'avion.*

rature à l'intérieur de la cabine est maintenue à + 20 degrés... Et la pression de la cabine est maintenue à une altitude de 5 000 pieds. Notre heure d'arrivée à Patna est estimée à 7 h 35 du matin.... À Patna, la visibilité est de 4 kilomètres avec une température au sol de 26 degrés. Vous avez pu remarquer que nous avons un équipage de cabine tout à fait charmant et aimable. J'espère qu'ils vont prendre bien soin de vous et nous nous réjouissons à l'avance de vous revoir bientôt sur les lignes d'Alliance Service. Merci et bon vol...

C'est par ces mots que le commandant de bord vient de donner quelques informations aux 52 passagers qu'il transporte. La scène se déroule au-dessus de l'Inde... L'avion a décollé de Calcutta à **6 h 51 mm**[2]. Il est maintenant **7 h 11 mm** en heures locales et l'arrivée est prévue dans vingt-quatre minutes[3].

L'appareil qu'il pilote est un Boeing 737-200 « *Advanced* » qui a exactement 20 ans au moment des faits[4]. Il effectue la liaison entre Calcutta et Delhi, une rotation de 1 350 kilomètres en direction du nord-est de l'Inde avec deux escales prévues à Patna et Lucknow.

Le commandant de l'appareil est jeune. Il a 35 ans et totalise relativement peu d'heures de vol. Seulement 4 361 heures... C'est assez rare d'avoir aussi peu d'expérience lorsqu'on occupe un poste à responsabilité aussi important.

L'homme est assis à la place droite du cockpit... C'est surprenant car c'est en contradiction flagrante avec la réglementation de la plupart des compagnies.

En effet, pour pouvoir être assis à droite dans un Boeing 737, le commandant doit impérativement être instructeur ou examinateur et cela ne peut se faire que dans le cadre d'un entraîne-

2. *Le lecteur attentif pourra remarquer certaines incohérences dans les horaires annoncés plus haut. Nous en reparlerons à la fin de ce texte.*
3. *L'heure locale en Inde correspond à l'heure universelle du méridien de Greenwich à laquelle il faut ajouter 5 h 30. Pour une meilleure compréhension du récit, dans les dialogues enregistrés par le CVR qui suivront, ce sera l'heure locale qui sera utilisée.*
4. *L'appareil est immatriculé VT-EGD. Il a 44 087 heures de vol et effectué le chiffre record de 51 278 atterrissages, soit un atterrissage pour moins d'une heure de vol.*

ment ou d'un test en vol [5]. Or, le commandant n'est ni instructeur ni examinateur ! Il devrait donc occuper la place gauche et laisser celle de droite à son copilote.

Il est simple de comprendre pourquoi les places sont définies aussi strictement : la place gauche est la seule à disposer d'un petit volant latéral (le tilt) permettant de diriger l'avion au sol. Dans les procédures, c'est le commandant de bord qui est chargé de cette tâche.

Difficile de savoir pour quelles raisons le *captain* du 737 a abandonné sa place au profit de son copilote.

S'agit-il d'un geste amical vis-à-vis de son adjoint ? Est-il mal réveillé en cette heure matinale ? A-t-il autre chose à faire ? Ou n'a-t-il tout simplement pas envie de diriger lui-même l'avion au sol... Quoi qu'il en soit, il n'est pas installé au bon endroit et ce n'est pas réglementaire.

Le copilote s'appelle A. S. Bagga... Avec 4 085 heures de vol, il totalise pratiquement autant d'heures que son patron. C'est lui qui est aux commandes de l'avion ce 17 juillet 2000, et c'est son commandant qui s'occupe des communications radio avec le contrôle aérien [6].

Enfin, en théorie... Car, en pratique, les choses sont loin d'être aussi claires. Après l'accident, les épouses des deux navigants seront amenées à écouter les bandes magnétiques du *cockpit voice recorder.*

D'un commun accord, elles assureront que c'est presque toujours le copilote qui parle à la radio. À part le message aux passagers reproduit ci-dessus, le commandant de bord semble particulièrement silencieux au cours du vol... Il ne pilote pas et ne semble pas parler davantage.

Les rédacteurs du rapport d'enquête éluderont cette ambi-

5. *Un* proficiency check *tel que celui décrit dans le récit* « Le pilote fait un tonneau ».
6. *C'est quasiment la procédure internationale. Au cours d'un vol, un des membres d'équipage pilote et l'autre parle à la radio. Puis, au vol suivant, les rôles s'inversent. On parle alors de PF (pilote en fonction) et de PNF (pilote non en fonction). Quoi qu'il en soit, c'est toujours le commandant de bord qui décide.*

guïté troublante en évitant à de nombreuses reprises de citer l'auteur des contacts radio.

Ainsi, dans le rapport final, on retrouvera des phrases inhabituelles comme : *« L'avion répond à la tour que... »* ou encore : *« L'avion dit qu'il est au niveau 55. »*

Il est pratiquement acquis que « l'avion », c'est le copilote. Encore une fois, ce n'est pas réglementaire...

Voici ce qui a été enregistré par le *cockpit voice recorder* du vol Allied 7412.

Quelques instants après que le commandant eut parlé à ses passagers, le contrôle aérien de Calcutta appelle pour informer l'équipage qu'il est en train de quitter la zone sous sa responsabilité. Le Boeing arrive en limite du radar de Calcutta dont la portée s'arrête au point Sarek[7].

7 h 12 mn 40 sec (contrôleur de Calcutta) : *Allied 7412, contactez Patna. Pas de trafic signalé pour votre descente... Vous voyez pour la descente avec Patna. Bonne journée, monsieur.*

7 h 12 mn 58 sec (copilote) : *Désolé, monsieur mais votre radio est vraiment inaudible.*

7 h 13 mn 04 sec (contrôleur de Calcutta) : *Alors, je répète : pas de trafic pour votre descente... Coordonnez votre descente avec la tour de Patna. Vous pouvez quitter ma fréquence... Bonne journée.*

7 h 13 mn 08 sec (copilote) : *Vous êtes toujours incompréhensible monsieur. On change de fréquence.*

En gros, on n'a pas compris ce que vous avez dit, mais on a deviné que vous nous disiez au revoir...

7. *Le radar de Calcutta est un* « Monopulse Secondary Surveillance Radar » *assez ancien.*

Quelques secondes plus tard, le copilote appelle la tour de contrôle de Patna.

7 h 13 mn 35 sec (copilote) : *Patna, ici Allied 7412, bonjour messieurs.*

7 h 13 mn 35 sec (tour de Patna) : *Oui Allied 7412. Allez-y, on vous reçoit 5 sur 5.*

7 h 13 mn 38 sec (copilote) : *On vient de passer Namaskar au niveau de vol 260. Notre arrivée est estimée à 7 h 36*[8].

7 h 13 mn 53 sec (tour de Patna) : *Quelle est votre heure estimée pour Sarek ?*

7 h 13 mn 57 sec (copilote plutôt surpris) : *Hein... Répétez ?*

7 h 14 mn (tour de Sarek) : *Votre estimée Sarek ?*

Si le copilote semble étonné par cette question, c'est que le point Sarek[9] se trouve avant Namaskar et qu'il vient d'annoncer être à la verticale de ce point. Très logiquement, le contrôleur devrait comprendre que Sarek est maintenant derrière l'avion.

7 h 14 mn 03 sec (copilote) : *Monsieur, nous avons passé Sarek il y a trois minutes.*

7 h 14 mn 08 sec (tour de Patna) : *Roger Allied 7412... Maintenez le niveau 260 en contact avec Calcutta. Autorisé pour une approche sur l'arc ILS DME pour la piste 25.... Heu... La*

8. *Pour faciliter la compréhension du récit, l'auteur de l'ouvrage a rétabli tous les horaires en heures locales. En réalité, le copilote annonce l'heure d'arrivée de l'avion en heure GMT soit 2 h 06.*
9. *Sarek est un point de report IFR dont les coordonnées géographiques sont : N 24 08 00 et E 086 46 00.*

dernière météo à Patna... Visibilité 4 kilomètres. De la brume, quelques nuages morcelés à 25 000 pieds. La température 29 degrés et le point de rosée 27. Le QNH est de 996 hectopascals[10].

7 h 14 mn 37 sec (copilote) : *Bien reçu 996.*

On ne peut que remarquer que la température extérieure est très proche du « point de rosée » (29 degrés pour 27 degrés). Cela signifie que dans ces conditions l'air est très chargé en humidité. D'où cette visibilité assez faible. Malgré la chaleur, les risques de formation de brouillard sont importants[11]. Il suffirait que la température baisse de seulement deux degrés pour que la visibilité chute encore.

Et c'est exactement la remarque que fait le copilote.

7 h 14 mn 40 sec (copilote) : *Dis donc, c'est drôlement humide par ici...*

7 h 14 mn 40 sec (commandant) : *Oui, il y a beaucoup d'humidité par ici.*

7 h 15 mn 01 sec (tour de Patna) : *Allied 7412, vous me recevez ?*

7 h 15 mn 10 sec (copilote) : *Oui, allez-y.*

7 h 15 mn 14 sec (tour de Patna) : *Rappelez-moi pour commencer la descente. Mais, s'il vous plaît, vous voyez avec Calcutta contrôle s'ils ont des trafics qui pourraient vous gêner pour la descente...*

10. *Pression atmosphérique de l'aérodrome ramenée au niveau de la mer. Ce calage est utilisé pour régler les altimètres au moment de l'atterrissage.*
11. *Le brouillard se forme lorsque la température extérieure est confondue avec le point de rosée.*

Tout cela est un peu confus... De toute évidence, la coordination entre le centre de contrôle de Calcutta et la tour de Patna ne fonctionne pas. Il y a quelques minutes, Calcutta a informé le Boeing qu'il n'y avait pas de trafic dans le secteur et qu'il pouvait descendre sans contrainte. Apparemment, Patna n'est pas au courant et souhaiterait une nouvelle confirmation. En fait, Calcutta dit : « Voyez avec Patna » et Patna réplique : « Voyez avec Calcutta. »

Pendant ce temps-là, les minutes passent et le Boeing s'approche de l'aéroport sans quitter le niveau 260.

7 h 15 mn 27 sec (copilote) : *Heu, Calcutta nous a dit qu'ils n'avaient pas de trafic pour la descente.*

Pas de réponse... Le copilote reste donc dans le vague. Il ne demande pas vraiment l'autorisation de commencer la descente et le contrôleur n'insiste pas. Le résultat est que l'avion continue son approche à 26 000 pieds.

Ce n'est que trois minutes plus tard que le copilote essaie un nouveau contact avec la tour pour pouvoir quitter le niveau 260.

7 h 18 mn 46 sec (copilote) : *Calcutta, Allied 7412, on demande l'autorisation de descendre.*

En fait, le navigant commet une petite erreur... Il n'appelle pas Calcutta mais Patna. Un peu surchargé par le travail qu'il semble accomplir seul, il cafouille un peu. De toutes les façons, cela ne servirait à rien d'essayer de joindre Calcutta. Le contact radio était déjà très mauvais il y a six minutes. Maintenant que le Boeing s'est encore éloigné, ça ne passerait plus du tout[12].

Bien évidemment, ce n'est pas Calcutta qui répond mais Patna.

12. Il n'y a pas d'antenne avancée de Calcutta dans les environs de Patna.

7 h 18 mn 55 sec (tour de Patna) : *Roger Allied 7412, confirmez que Calcutta vous a dit qu'ils n'avaient pas de trafic pour la descente.*

7 h 18 mn 59 sec (copilote) : *Vous pouvez répéter, monsieur ?*

Le Boeing a-t-il une mauvaise réception ou le copilote n'a-t-il pas envie de confirmer une instruction qu'il n'est pas certain d'avoir bien entendu ? Toujours est-il que ce dernier semble hésiter à s'engager.

Du coup, le contrôleur insiste :

7 h 19 mn 02 sec (tour de Patna) : *S'il vous plaît, pouvez-vous confirmer que Calcutta vous a dit qu'ils n'ont pas de trafic pour la descente ?*

7 h 19 mn 03 sec (copilote) : *Affirmatif, monsieur.*

7 h 19 mn 06 sec (tour de Patna) : *Roger, monsieur... Alors descendez au niveau 75* [13]*... Et rappelez-moi à 25 nautiques* [14]*.*

7 h 19 mn 09 sec (copilote) : *Bien reçu, on vous rappelle à 25 nautiques.*

Le copilote procède alors à la lecture de la check-list d'approche. Et il semble étrangement seul alors qu'il énumère les différents items à vérifier. À aucun moment, on n'entend le commandant de bord intervenir.

7 h 19 mn 14 sec (copilote) : *Bon alors... Briefing d'approche. La pressurisation pour l'atterrissage à Patna... L'EPR pour la remise*

13. 7 500 pieds soit environ 2 500 mètres.
14. 45 kilomètres.

des gaz.... Briefing d'approche effectué et... heu... les vérifications pour la descente effectuées...

Seuls quelques bruits inhabituels en provenance de la place droite sont enregistrés par le *cockpit voice recorder*. Ils sont difficiles à interpréter : parasites, crissements de micro, froissements de papier. Par moments, on a l'impression que quelqu'un est en train de lire le journal...

L'avion commence à descendre... Nous l'avons vu, cette mise en descente est tardive et risque d'amener l'avion un peu trop haut lorsqu'il arrivera en vue de l'aéroport de Patna.

Les secondes passent... Le vol se poursuit dans un silence presque lourd. C'est toujours le copilote qui s'occupe des commandes. Quant au commandant de bord, il est de plus en plus probable qu'il lit les dernières nouvelles du jour. Quatre minutes plus tard, on l'entend parler. Difficile d'interpréter clairement ses paroles, sauf que le sujet de la conversation ne semble pas avoir de rapport avec le pilotage :

7 h 23 mn 36 sec (commandant) : *Le journal...*

7 h 23 mn 39 sec (commandant) : *Tu le veux* [15] *?*

Long silence toujours pesant dans le cockpit. Enfin, trois minutes plus tard, le commandant intervient comme pour rappeler à son adjoint qu'ils s'approchent de l'aéroport...

7 h 26 mn 06 sec (commandant) : *25 nautiques !*

Immédiatement, le copilote prend le micro pour indiquer sa position à la tour de Patna.

15. *Ces deux dernières interventions du commandant enregistrées sur la bande du CVR ont été faites en hindi.*

7 h 26 mn 09 sec (copilote) : *Nous sommes à 25 nautiques, Allied 7412.*

7 h 26 mn 15 sec (tour de Patna) : *7412, Roger... Descendez à 4 000 pieds au QNH 996. Le niveau de transition est le 55. Rappelez-moi à 13 milles DME sur l'Arc*[16] *pour une approche piste 25.*

7 h 26 mn 23 sec (copilote) : *Bien reçu... Vers 4 000 pieds 996. On vous rappelle en commençant l'Arc.*

7 h 26 mn 54 sec (tour de Patna) : *Pour votre information, le QNH a changé, il est maintenant de 997 hectopascals.*

7 h 26 mn 58 sec (copilote) : *Bien reçu 997.*

À cet instant, l'examen de la boîte noire montre que la trajectoire suivie par l'avion n'est pas correcte. Au lieu de rester au cap 315 comme il le faudrait, le copilote part légèrement vers la droite au cap 321. Ce n'est pas vraiment une erreur grave, mais elle révèle un certain laisser-aller dans le pilotage. De toute évidence, depuis le début du vol, la rigueur n'est pas le point fort de cet équipage.

Nous allons voir que, dans les minutes qui vont suivre, cette étrange désinvolture va aller en s'amplifiant.

7 h 27 mn 41 sec (copilote) : *Nous sommes en train de passer le niveau 55.*

Au moment même où le copilote transmet ce message, le *cockpit voice recorder* enregistre un sifflement. Une sorte de mélodie plutôt plaisante. C'est le commandant qui se détend en

16. *Lors d'une approche sur un « Arc », l'avion doit décrire une large courbe en restant à une distance constante d'une balise. Dans le cas de Patna, l'Arc est à 11 milles nautiques de la balise (20 kilomètres) au sud-est de l'aéroport.*

sifflotant la dernière chanson à la mode en Inde. Cela dure une vingtaine de secondes puis le sifflement s'arrête et le commandant annonce une nouvelle fois la position de l'avion à l'intention du copilote.

S'intéresserait-il enfin à ce qui se passe dans le cockpit ? Il serait temps, car l'avion n'est plus qu'à 13 milles[17] nautiques de l'aéroport.

La courbe de l'Arc étant elle-même située à 11 milles[18], cela signifie qu'il va falloir commencer le virage dans seulement 2 milles nautiques... À la vitesse de 240 nœuds[19], cela représente exactement trente secondes de vol.

7 h 28 mn (commandant parlant au copilote) : *On arrive à 13 miles, on va rejoindre l'Arc.*

Aussitôt, le copilote appelle la tour de Patna.

7 h 28 mn 02 sec (copilote à la radio) : *On commence l'Arc... Allied 7412. On vous rappelle établi sur le* localizer...

7 h 28 mn 10 sec (tour de Patna) : *Bien reçu Allied 7412... Descendez à 2 000 pieds et rappelez en interceptant le radial 080.*

7 h 28 mn 20 sec (copilote) : *D'accord, monsieur.*

Le radial 080 sert de délimitation à partir de laquelle l'avion va pouvoir virer franchement à gauche afin de se mettre dans l'axe de la piste 25.

Le problème, c'est que le copilote ne respecte absolument pas la trajectoire prévue. Il vient d'annoncer qu'il commençait l'Arc, c'est complètement faux.

17. 24 kilomètres.
18. 20 kilomètres.
19. 444 km/h.

Et il le sait. Ses instruments de navigation sont suffisamment précis pour lui permettre de connaître sa position sans hésitation.

En fait, le navigant annonce n'importe quoi en se disant qu'il est seul dans le secteur et qu'il va pouvoir se débrouiller. Au lieu de décrire un large arc de cercle à 20 kilomètres autour de la balise, il continue pratiquement tout droit au cap 329.

En ce qui concerne l'altitude, c'est aussi mauvais… Le contrôleur vient de lui demander de descendre à 2 000 pieds. C'est l'altitude prévue sur les fiches d'approche Jeppesen. Or, le copilote ne tient absolument pas compte de cette instruction. Il reste à 4 000 pieds comme s'il oubliait de descendre. Il était déjà trop haut, cela ne va rien arranger !

C'est d'autant moins génial qu'il n'y a pas de radar à Patna. Dans la tour, le contrôleur croit que l'avion se trouve effectivement sur l'arc. On peut imaginer ce qui se passerait si une telle « tricherie » survenait avec du trafic dans la zone. Pourquoi le copilote agit-il ainsi ? Volonté d'aller plus vite ? Négligence ? Refus de se creuser les méninges pour suivre une trajectoire un peu complexe ? Nul ne sait, sauf que c'est une attitude aussi affligeante que dangereuse.

Dans le cockpit, on se prépare... Comme l'atterrissage approche, il est temps de demander aux quatre hôtesses de rejoindre leurs strapontins.

7 h 28 mn 49 sec (copilote s'adressant aux hôtesses par l'intermédiaire du « *public adress* ») : *PNC en position pour l'atterrissage.*

Le copilote procède alors à la lecture de la check-list pour l'atterrissage.

Il vérifie la vitesse de référence, braque les volets en position 1, puis en position 5 et sort le train d'atterrissage. Le calage altimétrique est vérifié à 997 hectopascals. Cette fois, le commandant participe aux opérations en répétant les différents items. Le problème, c'est que plus le Boeing se rapproche de l'aéroport et plus sa position est « fantaisiste » !

À cet instant, le copilote devrait être en train de terminer son arc de cercle à 20 kilomètres autour de la balise. Il approcherait du point de virage délimité par le radial 080 et devrait maintenant virer à gauche vers le cap 250.

Malheureusement, nous avons vu qu'au lieu de virer franchement à droite sur l'arc, le copilote a effectué un léger virage jusqu'au cap 321. Puis il a viré à droite au cap 327 avant de revenir de nouveau à gauche au cap 321. Tout cela donne l'impression d'une série de battements d'ailes inutiles. Il n'y a aucune raison valable à ces manœuvres ! Peut-être le copilote cherche-t-il à se repérer visuellement ?

Pendant ce temps, il poursuit sa route en direction de la verticale de l'aéroport, ce qui est particulièrement déconseillé. Lorsqu'on veut se poser rapidement, il vaut mieux commencer par s'éloigner du terrain pour se présenter en finale à basse altitude dans l'axe de la piste.

7 h 31 mn 26 sec (copilote) : *Allied 7412, nous sommes en train d'intercepter le Lead Radial 080 et on arrive sur le* localizer.

7 h 31 mn 30 sec (tour de Patna) : *Bien reçu Allied 7412... Descendez vers 1 700 pieds au QNH 997 et rappelez établi sur le* localizer [20].

7 h 31 mn 37 sec (copilote) : *D'accord, monsieur.*

Nous sommes maintenant à quatre minutes de l'heure estimée d'atterrissage. Le copilote vient d'annoncer qu'il était sur l'arc en train d'intercepter le radial 080. Très logiquement, la tour pense qu'il est à 20 kilomètres et à 2 000 pieds.

20. Un avion est établi sur le localizer *lorsqu'il est dans l'axe de la piste.*

Malheureusement, encore une fois, cela est complètement faux... En réalité, le Boeing 737 se trouve :

- beaucoup trop près de l'aéroport (il est à 5 kilomètres au lieu de 20) ;
- trop haut (il est à 3 800 pieds au lieu de 2 000) ;
- sur une mauvaise trajectoire (il est au cap 329 au lieu du 250) ;
- pas du tout en position pour s'aligner avec le *localizer* puisqu'il le traverse comme un missile avec un cap 329 et passe complètement à droite de l'axe.

Pas vraiment géniale comme approche !

Dans ces conditions, on comprend bien qu'il lui sera impossible d'atterrir rapidement.

N'ayons pas peur des mots... Toutes ces approximations de débutant sont indignes d'un pilote de ligne responsable des passagers qu'il transporte. Elles ne peuvent s'expliquer que par un seul mot : négligence... Étant seul dans le circuit, l'équipage ne se sent pas obligé de respecter les procédures. Il fait n'importe quoi. Et pour ne pas avoir de problèmes avec le contrôleur, il annonce des positions fictives à la radio.

Délirant !

Le problème, c'est qu'il va tout de même falloir atterrir et, évidemment, ça ne se présente pas bien. Apparemment, cela ne semble pas troubler outre mesure le commandant qui se met maintenant à parler pour préparer l'avion pour l'atterrissage.

7 h 31 mn 41 sec (commandant) : *Les volets 40 degrés.*

7 h 32 mn 25 sec (commandant) : *À gauche et on descend.*

Difficile d'être affirmatif sur la signification de cette phrase. En effet, le commandant parle en anglais et ses mots exacts sont : « *Left and down* » qui signifie à gauche et on descend.

Mais cette phrase pourrait également être interprétée par « *Left hand down* » ce qui pourrait signifier qu'il souhaite faire une remise des gaz puis passer dans la branche vent arrière par la gauche.

Quoi qu'il en soit, le copilote interprète l'ordre comme « la piste est à gauche, il faut descendre. On va se poser tout de suite ! »

Alors, il exécute les instructions. Il plonge vers le sol. Très rapidement, l'avion atteint 1 280 pieds... Les volets sont sortis à 40 degrés. L'équipage a les yeux fixés sur la gauche et aperçoit la piste tout juste à 2 kilomètres légèrement sous son aile. Dans un premier temps, le copilote part en virage à gauche jusqu'au cap 240 pour se mettre dans l'axe de la piste.

C'est une gageure...

L'avion est toujours trop haut et surtout beaucoup trop près de l'aéroport. Impossible de piquer plus dans ces conditions. La piste est là devant eux. Le copilote va donc tenter un bricolage de dernière minute.

Ce qu'il va faire ne ressemble à rien. Comme à son habitude depuis le début du vol, le commandant de bord reste incroyablement passif.

7 h 32 mn 26 sec (copilote) : *Patna, Allied 7412 ?*

7 h 32 mn 28 sec (tour de Patna) : *Oui, vol 7412, je vous écoute.*

7 h 32 mn 30 sec (copilote) : *Je voudrais faire un virage de 360... Parce qu'on est trop haut sur l'approche, monsieur.*

7 h 32 mn 34 sec (tour de Patna) : *Confirmez, est-ce que vous avez l'aérodrome en vue ?*

7 h 32 mn 36 sec (copilote) : *Affirmatif monsieur... Nous avons le terrain en vue.*

7 h 32 mn 38 sec (tour de Patna) : *Roger, rappelez en finale pour la piste 25 après avoir effectué un 360.*

7 h 32 mn 44 sec (copilote) : *Roger.*

Le copilote a donc décidé de perdre son excédent d'altitude en effectuant un cercle en descente. Il va faire son virage par la gauche. Cette technique n'est pas reconnue dans les procédures de la plupart des compagnies aériennes, mais elle peut parfois se révéler efficace à conditions d'être effectuée correctement... On va voir que ce n'est pas vraiment ce qui va se passer ! En fait, il ne pourra pas effectuer un 360 complètement et changera de cap en permanence pour effectuer une série de « S » (voir schéma joint). Au moment où l'avion part dans le premier virage, sa vitesse est de 130 nœuds[21] mais dès qu'il s'incline, elle commence à décroître à 125 nœuds[22]. En virage, le facteur de charge et l'incidence augmentent faisant augmenter la traînée, c'est logique...

Logique, mais pas évident pour les deux hommes aux commandes. Occupés à surveiller leur position par rapport à l'aérodrome, aucun d'eux ne se soucie d'une loi essentielle de l'aérodynamique : « Un avion doit avoir une certaine vitesse pour voler, autrement, il tombe comme une pierre. » Dans le rapport d'enquête, les enquêteurs préciseront que le copilote n'est absolument pas concentré sur le pilotage du Boeing. Il semble obsédé par l'axe de la piste toute proche et la perte d'altitude qu'il souhaite obtenir par tous les moyens...

Et cette fois, l'altitude diminue rapidement. Il faut dire que le copilote n'a pas lésiné : les deux réacteurs sont réduits complètement, le train d'atterrissage est sorti et les volets sont braqués à 40 degrés. Si ça ne chute pas dans ces conditions !

21. 241 km/h.
22. 231 km/h.

Le problème, c'est que pendant le virage le copilote tire encore davantage sur le manche. C'est une réaction presque instinctive pour rattraper le nez de l'avion qui a tendance à descendre de manière incontrôlée. Bien évidemment, de ce fait, la vitesse diminue encore...

Puis vient le temps de l'hésitation. Elle survient au cours du virage lorsque la piste se trouve de l'autre côté du pare-brise. Dans ce cas, le copilote ne sait plus trop sur quel cap il doit se stabiliser. Réaction instinctive : il augmente le taux du virage pour retrouver la vue de l'aéroport le plus vite possible. L'incidence augmente... La conséquence est immédiate : la vitesse diminue encore ! Elle passe à 122 nœuds [23].

Où est-elle cette piste ?

Rappelons que la visibilité au sol n'est que de 4 kilomètres. Pour mieux se repérer, le copilote bat des ailes en permanence. L'avion part en virage à gauche (21 degrés d'inclinaison). Puis il enchaîne à droite (47 degrés) puis de nouveau à gauche (30 degrés). En cabine, les malheureux passagers ne doivent pas apprécier ces brusques changements de position... Mais ça continue...

Le nez remonte brusquement jusqu'à 16 degrés d'assiette. En fait, le Boeing décrit une trajectoire complètement désordonnée qui ne correspond à rien. Le copilote n'a qu'une idée en tête : se placer en finale par tous les moyens. Au cours de ces évolutions erratiques, la vitesse chute à 119 nœuds [24], ce qui est terriblement faible pour un appareil de ce type. Un 737 n'est pas un avion de voltige !

À cet instant, l'altimètre indique 400 pieds et l'avion continue à descendre. L'incidence atteint maintenant 19 degrés !

À 7 h 32 mn et 49 sec, l'avertisseur de décrochage se déclenche. C'est un klaxon particulièrement bruyant qui signale

23. 226 km/h.
24. 220 km/h.

que l'angle d'incidence est trop fort. L'avion ne peut pas continuer dans ces conditions.

Il va décrocher… Il faut faire quelque chose ! Pour l'équipage, les solutions sont alors claires : il faudrait cesser de tirer sur le manche, ramener les ailes à l'horizontale et remettre la puissance au maximum sur les deux réacteurs.

Pour éviter le décrochage, les avions sont équipés d'un *stick shaker*, un vibreur de manche. Outre le klaxon d'alerte, le pilote est averti que l'avion va décrocher par un système électrique qui provoque des vibrations très désagréables dans les commandes. Le but est d'inciter le maladroit à relâcher la traction sur le manche. En général, c'est très efficace !

Le *stick shaker* se déclenche donc à son tour…

Cette fois, le copilote comprend que la situation est malsaine… Le manche vibre dans ses mains avec un méchant bruit métallique. Immédiatement, il pousse les deux manettes des gaz vers l'avant jusqu'à 1,84 d'EPR[25]. Cette réaction est bonne, mais elle est malheureusement insuffisante car la puissance ne revient pas immédiatement[26]…

Et puis surtout, pour empêcher le décrochage, il faudrait ramener les ailes à l'horizontale et cesser de tirer sur le manche. Le nez de l'avion devrait revenir impérativement sur l'horizon.

Or le copilote ne fait rien de cela.

Au contraire, il a une réaction incroyable : il agrippe la palette des volets (qui, rappelons-le, sont sortis à 40 degrés) et la ramène sur la position 15 degrés.

C'est une faute très grave !

Une gaffe de débutant ! Dans toutes les écoles de pilotage, les instructeurs répètent à leurs élèves : « On ne rentre jamais

25. Engine Pressure Ratio : *unité mesurant la puissance d'un réacteur (sous la forme d'un rapport de pression).*

26. *Les réacteurs ont été complètement réduits depuis que le Boeing a quitté le niveau 260. Un réacteur n'est pas un moteur à pistons, il ne suffit pas d'appuyer sur l'accélérateur pour disposer immédiatement de la puissance. Il faut compter 7 à 8 secondes pour que la puissance arrive complètement. En situation critique, c'est très long. Dans un premier temps, le geste du pilote n'a donc aucun effet.*

les volets à basse vitesse au niveau du sol. » Cette action crée en effet une forte diminution de portance qui augmente la vitesse de décrochage. Du coup, au lieu d'améliorer la situation, le geste du copilote provoque un enfoncement de l'avion. Ça va très mal !

7 h 32 mn 53 sec (copilote parlant en hindi) : *On rentre le train...*

7 h 32 mn 54 sec (commandant en hindi) : *On rentre le train...*

Le commandant a obéi immédiatement. Le fait de rentrer le train d'atterrissage n'est pas une mauvaise chose en soi. Cela contribue à diminuer un peu la traînée de l'avion, mais cela ne peut en aucun cas compenser la rentrée catastrophique des volets qui auraient dû rester braqués à 40 degrés.

200 pieds... Le sol se rapproche !

En réalisant qu'il perd brusquement de l'altitude, le copilote réagit. Très mal ! Encore une fois, c'est une réaction de jeune stagiaire qui va dans le sens contraire de ce qu'il faudrait faire. Pour tenter d'empêcher le décrochage, il tire fortement sur le manche. C'est évidemment l'erreur à ne pas commettre ! De ce fait, il augmente encore l'angle d'incidence. Celui-ci passe à 26 degrés. C'est considérable. Cette fois, malgré les deux réacteurs hurlant à plein régime, l'avion décroche et la situation devient incontrôlable.

En quelques secondes, le Boeing 737 n'est plus qu'une masse de ferraille de 50 tonnes qui chute vers le sol.

7 h 32 mn 54 sec (voix de synthèse du *ground proximity warning system*[27]) : *Attention remise des gaz... Attention, remise des gaz.*

27. *Avertisseur de proximité du sol. Ce système de sécurité se déclenche automatiquement lorsque l'avion est trop près du sol.*

7 h 32 mn 55 sec (copilote hurlant) : *Noooooon...*

Le CVR enregistre un énorme craquement.

Dans sa tour de contrôle, le contrôleur voit l'avion disparaître derrière une rangée d'arbres qui barre l'entrée de la piste. Quelques secondes plus tard, une épaisse colonne de fumée noire monte dans le ciel vers l'est.

7 h 32 mn 59 sec : *Fin de l'enregistrement.*

Désemparé, l'avion a accroché une rangée d'arbres puis a arraché le toit d'un petit immeuble avant de venir s'écraser dans le quartier résidentiel d'Alneeshabad à un kilomètre du seuil de la piste 25.

Une énorme boule de feu jaillit au milieu des habitations. Des témoins rapportent que les flammes montent à plusieurs dizaines de mètres de hauteur. La fumée noire qui monte dans le ciel est visible à plusieurs kilomètres.

L'alerte est donnée immédiatement.

Les événements qui suivent sont alors stupéfiants et méritent d'être relatés ! On assiste à un cafouillage qui pourrait porter à sourire s'il ne se produisait dans des circonstances aussi dramatiques...

Malgré la proximité du crash avec l'aéroport (à peine un kilomètre), les pompiers mettent près de vingt minutes pour atteindre la carcasse du Boeing. C'est un calvaire pour les conducteurs des véhicules. Les routes sont encombrées de centaines de voitures qui obstruent les voies d'accès au site.

Des curieux !

Lorsqu'ils arrivent enfin sur place, ils sont considérablement gênés par une foule compacte. Dès les premières minutes, des milliers de spectateurs sont accourus sur le lieu de l'accident pour assister à cette distraction inattendue. Une fois sur place, les pompiers ont d'énormes difficultés à déployer leurs lances d'incendie. Les badauds montent sur leur camion car ce sont des sites surélevés très confortables pour observer l'accident... Très rapidement, les choses tournent mal. Des accrochages surviennent entre les pompiers et les spectateurs. À certains endroits, on frise l'émeute. La principale raison de ces heurts vient du fait que dans sa chute l'avion a gravement endommagé certaines habitations et tué cinq personnes au sol. Ivre de colère, la foule s'en prend aux représentants de la loi.

Un premier camion anti-feu réussit tout de même à déployer sa lance pour arroser les débris en flammes. C'est le véhicule numéro 54... Malheureusement, au bout de trois minutes, la pompe cesse de fonctionner. Il doit retourner d'urgence à l'aéroport pour être réparé. Sur la route, le moteur tombe en panne et on doit faire venir un mécanicien depuis la ville pour dépanner le véhicule.

Ce n'est qu'une heure plus tard que ces pompiers pourront revenir sur les lieux du drame...

Les autres camions anti-incendie éprouvent également de grosses difficultés à opérer car le feu a pris dans les arbres. Leurs réserves d'eau sont très insuffisantes et ils doivent sans cesse retourner à l'aéroport pour refaire le plein. Comme cette opération dure environ quarante-cinq minutes par véhicule, l'efficacité de leur action reste très faible.

À **8 h 30 mn**, des véhicules civils appartenant aux casernes de Patna viennent en renfort sur le site du crash. Une fois encore, la progression des secouristes est fortement entravée par la présence des badauds.

Finalement, ce n'est qu'à **10 h 30 mn**, soit... trois heures après le crash, que l'incendie est maîtrisé.

Dans ces conditions de sauvetage très difficiles, personne ne s'attendait à trouver des survivants parmi les passagers. Et pourtant, il y en a ! Ils sont sept en tout. Miracle, l'un d'eux est même *totalement indemne.* L'homme était assis à l'arrière du Boeing et a réussi à s'extirper tout seul de l'épave. Après quelques hésitations, il parvient même à marcher sans assistance jusqu'aux sauveteurs. Il ne souffre que de quelques contusions sans gravité !

Parmi les rescapés, deux autres passagers plus grièvement blessés s'en remettront après quelques semaines de soins.

Il n'y a malheureusement plus rien à faire pour tous les autres occupants de l'appareil Le bilan définitif de la catastrophe fait état de 55 morts à bord de l'avion parmi lesquels se trouvent les six membres d'équipage (les quatre autres passagers rescapés décéderont par la suite des suites de leurs blessures...).

À la suite de ce crash, les enquêteurs examineront avec soin les débris du Boeing 737. Ils seront effarés par l'état de vétusté de l'appareil. Toute la cellule était fatiguée et corrodée. À de nombreux endroits, la corrosion était dissimulée sous plusieurs couches de peinture. Certaines parties vitales présentaient même des fissures.

Il faut dire que l'avion n'en était pas à son premier crash. Il avait déjà été accidenté le 15 janvier 1986 au cours d'une remise de gaz à Tirichurapalli[28]. Suite à une erreur du pilote, le Boeing avait touché la piste de l'aile droite pendant l'atterrissage. Le train d'atterrissage avait cogné très durement le sol. Ce jour-là, il n'y eut aucune victime parmi les 130 occupants de l'appareil. Réparé sur place, le Boeing reprit les vols au sein de la compagnie pendant les quinze années qui ont suivi.

Bien évidemment, ce n'est pas l'état de fatigue de l'avion qui est à l'origine de la catastrophe. Pourtant, ce délabrement est révélateur de l'état d'esprit qui régnait au sein de la compagnie. Une forme de laisser-aller général perceptible à tous les niveaux, y compris chez les navigants.

Imprécision... négligences... approximations... tout était à

28. Ville dans l'État du Tamil Nadu au sud-est de l'Inde.

l'avenant jusque dans les moindres détails. Ainsi, dans son annonce aux passagers au début de ce texte, le commandant annonce que le vol durera une heure. Un simple calcul en fonction de l'heure d'arrivée prévue (7 h 35) permet de se rendre compte que le vol ne durerait pas une heure mais quarante-quatre minutes [29]. De même, la température annoncée comme étant de 12 degrés à 26 000 pieds paraît vraiment très improbable pour ne pas dire impossible [30].

On pourrait multiplier les exemples de négligences :

- les trajectoires suivies par l'avion,
- les altitudes fantaisistes,
- la technique d'approche,
- les différentes tâches effectuées (ou non effectuées) par l'équipage,
- le relâchement de la discipline (on ne sait pas vraiment qui décide dans le cockpit),
- l'improvisation permanente,
- le non-respect des procédures (pour sortir du décrochage, le copilote n'aurait pas dû faire une procédure de remise des gaz, mais une procédure de sortie de décrochage),
- etc.

Tous ces éléments démontrent sans conteste une décontraction inadmissible qui ne pouvait que conduire à la catastrophe.

29. L'avion a décollé de Calcutta à 6 h 51.

30. On estime que dans l'atmosphère, une température supérieure de 20 degrés à la température standard est déjà très élevée. D'après l'annonce du commandant de bord, on serait à + 49 degrés de plus que la « standard » !!!

PARTIE DE PÊCHE EN BOEING 707*

3 février 2000.

Le lac Victoria est situé au centre de l'Afrique entre l'Ouganda, le Kenya et la Tanzanie. Il a été découvert par hasard en 1858 par John Speke, un explorateur britannique qui cherchait les sources du Nil… Des eaux cristallines, un paysage idyllique, une flore extraordinaire, tel a été le tableau décrit par Speke lorsqu'il a découvert ce paradis pour la première fois.

Avec 3 440 kilomètres de rivage, le lac Victoria est la plus importante réserve d'eau douce d'Afrique. Sa superficie représente le quart de la France…

Extraordinaire ! Pourtant, cette merveille de la nature est aujourd'hui à l'agonie. En moins de trente ans, un véritable

* *Photo de couverture.*

désastre écologique s'est abattu sur la région. Le lac est une gigantesque poubelle avec des rives jonchées d'ordures et de boues malodorantes[1]. Les riverains qui vivent près des berges sont malades[2]. Du fait de la pollution, des algues nuisibles[3] se sont développées de manière anarchique. Des espèces de poissons millénaires[4] ont disparu, d'autres terriblement voraces[5] se sont reproduites. Pourtant, malgré cette catastrophe, c'est la pêche qui constitue la principale activité des riverains. Car le poisson se vend bien. Plus de 120 000 tonnes sont extraites annuellement des eaux du lac. C'est une source de devises importante pour les trois États qui exportent la majeure partie de leur production en direction de l'Europe. Chaque soir, plusieurs gros avions cargos décollent de l'aéroport de Mwanza en Tanzanie pour apporter du poisson « frais et sain » aux consommateurs de nos pays. L'espèce la plus prisée est la perche du Nil qui fait l'objet d'un commerce intensif. Sa chair a la réputation d'être « ferme et goûteuse ». Rares sont ceux qui sont conscients qu'elle contient des toxines cancérigènes.

En 1999, devant la détérioration dramatique de la situation sanitaire, la communauté européenne prend des mesures radicales. Elle interdit l'importation de poissons en provenance du lac Victoria. Mais l'embargo ne dure pas longtemps. À peine neuf mois... Amicales pressions diplomatiques et vagues promesses de lutter contre la pollution poussent les Européens à céder. Le 27 janvier 2000, le poisson du lac Victoria est de nouveau autorisé en Europe.

En quelques jours, les affaires reprennent !

1. *Du fait de sa taille gigantesque, il faut vingt-trois ans pour renouveler l'eau du lac en totalité.*
2. *Choléra et typhoïde en particulier.*
3. *La hyacinth aquatique est l'espèce la plus dangereuse qui s'y développe actuellement.*
4. *La population de certaines espèces comme le cichlid a été divisée par 100 en moins de trente ans.*
5. *Le tilapia du Nil* (Oreochromis) *et la perche du Nil* (Lates niloticus) *ont été introduits par les Britanniques et se sont reproduits de manière inquiétante au détriment des autres espèces.*

C'est dans ces conditions qu'une semaine après la levée de l'interdiction d'importation, un Boeing 707 F[6] se prépare à atterrir à Mwanza[7]. Il vient chercher du poisson.

L'appareil appartient à la compagnie soudanaise Trans Arabian Air Transport (TAAT).

Il porte le numéro de vol 310. La TAAT est basée à Khartoum et effectue des rotations entre Mwanza et Bruxelles où elle dispose d'un partenaire commercial sur place. Il s'agit de Vick Fish Processors qui souhaite relancer rapidement le marché en Belgique et en Hollande.

Dans certaines régions du monde, les avions qui font du fret sont peu surveillés. Le fait de ne pas transporter de passagers les met à l'abri de certains contrôles techniques. Et justement, le Soudan n'est pas trop regardant sur l'état des machines immatriculées sur son territoire. Le Boeing est un appareil très ancien.

Il date de 1967. Il a été utilisé pendant trente-trois ans au cours desquels il a effectué 21 660 atterrissages et 51 200 heures de vol. Comme tous les cargos, l'appareil ne comporte aucun siège. La cabine est entièrement vide afin de pouvoir y entreposer un maximum de poissons. Ceux-ci sont généralement embarqués dans des containers adaptés à l'avion, mais il arrive parfois qu'ils soient simplement stockés sur le plancher dans de simples cageots en plastique.

Il est **16 h 58 mn** GMT[8] soit **19 h 58 mn** locales. Il fait nuit… L'avion arrive de Khartoum à vide. Il doit charger 38 tonnes de perches du Nil qui sont déjà en attente dans la tiédeur du parking de l'aéroport. Lorsqu'il aura embarqué sa cargaison, l'appareil repartira pour Bruxelles où il est attendu pour le lendemain en fin de matinée. À bord, il n'y a que cinq membres d'équipage : le commandant de bord, le copilote, un mécanicien

6. *Le sigle F signifie* « Freigther » *pour cargo. C'est un Boeing 707-351F dont le numéro de série est 19412/563.*
7. *L'appareil est immatriculé au Soudan ST-APY.*
8. *Heure Universelle.*

navigant et deux maîtres chargeurs... Ce soir-là, c'est le copilote qui tient le manche et le commandant qui parle à la radio. L'avion est en descente. Le commandant vient d'informer le contrôleur tanzanien qu'il a libéré le niveau de vol 370 [9] pour rejoindre le 250 [10]. Il estime son arrivée à Mwanza dans dix-sept minutes. Tout est calme à bord.

Comme c'est la procédure, le contrôleur transmet alors les derniers paramètres d'atterrissage et la météo locale. Il fait plutôt beau sur les 68 800 km^2 du lac Victoria. La visibilité est de 8 kilomètres. Il fait 25 degrés au sol et il n'y a pas un seul nuage dans le ciel.

C'est la piste 12 en service, mais, comme le vent est calme, le commandant peut choisir la piste qui lui convient. S'il le souhaite, il peut prendre la 30.

Des conditions rêvées pour atterrir ?

Pas vraiment... Nous sommes au cœur du continent africain et il faut toujours s'attendre à quelques difficultés techniques imprévues ! Et justement, ce soir, il y a deux problèmes un peu gênants. D'une part, la balise VOR est en panne [11]. Ce n'est pas très grave car le radiocompas fonctionne. C'est cette balise NDB [12] qui permettra au pilote d'arriver à la verticale l'aéroport malgré l'obscurité.

En revanche, le second problème est beaucoup plus ennuyeux : il n'y a pas de courant sur l'aéroport de Mwanza. La piste reste donc éteinte et, accessoirement, le Papi [13] ne fonctionne pas. C'est surtout la piste qui ne s'allume pas qui pose un problème aux pilotes. Comment se poser « à vue » dans ces conditions.

Le contrôleur fait alors une proposition à l'équipage :

9. *37 000 pieds.*
10. *25 000 pieds.*
11. *Balise* Visual Omni Range *permettant de naviguer aux instruments.*
12. Non Directional Beacon : *balise non directionnelle Elle est située sur l'aéroport même de Mwanza.*
13. *Voir note 24, page 241.*

– Est-ce que vous pouvez tourner un moment à la verticale du terrain en attendant qu'on trouve une solution ? demande-t-il d'une voix blasée.

– Bien reçu TA 310, si on ne peut pas faire autrement, on va patienter... Vous pensez qu'il y en a pour combien de temps ?

– Oh ça ne devrait pas être très long. Une dizaine de minutes au maximum. Il faut juste qu'on récupère quelques litres de carburant pour démarrer le groupe électrogène de secours.

– Bien compris 310.

On pourrait s'étonner de rencontrer de tels problèmes sur un aéroport international recevant des avions de ligne. En fait, sur certains continents, ces difficultés sont plus fréquentes qu'on ne pourrait l'imaginer... Surtout la nuit ! Il arrive que les contrôleurs s'endorment dans leur tour et qu'ils aient du mal à se réveiller au moment des arrivées. Parfois, ils oublient même carrément d'aller travailler et personne ne répond aux pilotes lorsqu'ils se présentent pour l'atterrissage. Pour remédier à ces problèmes à répétition, ce sont les navigants eux-mêmes qui font le contrôle aérien. Dans certaines zones, ils choisissent leurs niveaux de vol et utilisent une fréquence qui leur est propre [14].

Alors, pourquoi s'alarmer parce qu'une piste reste éteinte ou que les balises de navigation ne fonctionnent pas ? Même si ça prend un peu de temps, chacun sait que tout finira par s'arranger.

L'appareil poursuit donc sa descente dans la nuit. Comme prévu, le copilote utilise la balise radio-compas de Mwanza pour

14. *Cette procédure d'autocontrôle se pratique sur la plupart des pays d'Afrique noire. Elle est appelée* « blind broadcast » *et se fait sur la fréquence 126.9. Cette technique ressemble fortement à celle utilisée par les petits avions d'aéro-clubs européens qui font de l'auto-information sur la fréquence 123.5 pour assurer leur sécurité. C'est un système qui fonctionne depuis de longues années et qui ne pose aucun problème.*

arriver à la verticale de l'aéroport. Par chance, celle-ci est alimentée par une source d'électricité indépendante et elle fonctionne normalement.

Pendant ce temps, les trois hommes préparent leur avion pour l'atterrissage. Ils font une check-list rapide. Cela leur permet de constater qu'ils ont, eux aussi, un petit problème à bord : la radio-sonde est en panne. Cet altimètre très précis est utilisé au moment de l'atterrissage lorsque l'avion s'approche du sol. Sans être absolument indispensable, la « sonde » est un instrument qui apporte une sécurité importante pendant les quelques secondes qui précèdent le toucher des roues sur la piste.

Pour tenter de remettre l'instrument en marche, l'équipage effectue plusieurs manipulations. Il recherche les *breakers* défectueux, bricole çà et là quelques interrupteurs, donne des coups légers sur l'instrument. En vain, la sonde ne veut vraiment rien savoir...

Comme ce n'est pas la première fois que l'instrument les lâche dans un moment crucial, le commandant ne s'en fait pas trop. Après tout, avec ce vieil avion, il a l'habitude des mauvaises surprises.

– *Tant pis ! On va se poser sans la sonde,* décrète-t-il

À cause de cette panne, les trois hommes savent que pendant la finale, ils ne vont pas être informés de leur hauteur avec précision. De ce fait, il pourrait sembler normal qu'ils surveillent les autres altimètres avec beaucoup de vigilance. Or, apparemment, ce soir-là, l'équipage du Boeing soudanais a décidé de ne pas s'en faire.

Ainsi, au cours de la check-list d'approche, une faute gravissime est commise...

Personne dans le cockpit ne s'aperçoit que l'altimètre du commandant de bord et celui du copilote ne sont pas calés à la même pression de référence[15]. Les deux instruments affichent une différence de 420 pieds. Une erreur qui n'est pas négligeable puisqu'elle correspond sensiblement à la hauteur du premier étage de la tour Eiffel...

C'est l'altimètre du copilote qui donne la bonne indication. Celui du commandant n'a pas été recalé et il surestime l'altitude réelle de l'avion. C'est une faute très grave qui pourrait être rattrapée en une fraction de seconde. Il suffirait d'un geste simple.

Une petite molette à tourner sur l'altimètre pour afficher la bonne pression et tout rentrerait dans l'ordre... mais l'équipage a l'esprit ailleurs.

Comme prévu, pendant une dizaine de minutes, le Boeing 707 décrit des cercles au-dessus de l'aéroport de Mwanza en attendant que le groupe électrogène soit mis en route. On peut apercevoir les lumières de la ville vers le sud, mais elles sont évidemment insuffisantes pour permettre à l'équipage de trouver la piste.

Personne à bord ne s'inquiète. Au sol non plus !

Pour faire patienter l'équipage, le contrôleur de Mwanza se manifeste de temps en temps :

– *Ne vous inquiétez pas, on est en train de trouver une solution...*

Effectivement, à **17 h 24 mn**, les pilotes ont l'agréable surprise de voir la piste s'allumer.

Aussitôt, le contrôleur les rappelle :

– *C'est bon maintenant TA 310, on a du courant. Vous pouvez venir pour l'atterrissage.*

15. *Un altimètre est en réalité un baromètre qui doit être calé sur une pression de référence. Pour l'atterrissage, l'équipage utilise le QNH qui est la pression atmosphérique ramenée au niveau de la mer. Il est évident que pour avoir la même information le commandant et le copilote doivent afficher le même paramètre. Ce soir-là, la pression était de 1015*

– Bien reçu, Mwanza. Alors, nous allons effectuer une approche à vue sur la piste 12.

Le contrôleur donne son accord et annonce que le vent est toujours calme. En outre, il informe l'équipage qu'il aperçoit distinctement les feux de position de l'avion juste au-dessus de l'aéroport.

Le Boeing 707 passe donc en position « vent arrière » pour la piste 12 et, à **17 h 28 mn**, ses phares d'atterrissage déchirent l'obscurité à l'ouest. À cet instant, il survole le lac Victoria.

Dans la tour de contrôle, les haut-parleurs grésillent :

– Tango Alpha 310, nous sommes en finale pour la piste 12.

– Roger Tango Alpha 310, vous êtes en vue. Autorisé à l'atterrissage. Le vent est toujours calme.

– Bien reçu, TA 310.

Et le gros appareil poursuit son approche sur son plan de descente. Il est seul dans le circuit.

Le contrôleur le suit machinalement des yeux.

Aux commandes, le copilote s'applique pour se mettre dans l'axe et dans le plan d'approche de la piste. On ne sait pas grand-chose de l'expérience aéronautique des trois hommes dans le cockpit. Après l'accident, ils n'ont pas subi d'interrogatoire qui aurait permis de connaître leur nombre d'heures de vol ni leurs différentes qualifications. Pourtant, si l'on suit attentivement ce qui va se passer, on peut se demander s'ils sont vraiment aptes à piloter un Boeing 707 !

Qu'on en juge !

Les volets du Boeing sont en position d'atterrissage, les roues sont sorties, les phares sont allumés.

La piste est maintenant bien visible devant le pare-brise de l'avion. Elle mesure 3 300 mètres de long sur 45 mètres de large. C'est suffisant pour recevoir tous les types d'avions existant dans le monde, même les Jumbo Jet. Apparemment, le groupe électrogène fonctionne sans à-coups. Il n'y a aucune baisse de tension dans l'intensité lumineuse. Quant au Papi, il est correctement allumé. Tout semble se dérouler normalement...

Pourtant, dans l'avion, il va se produire un étrange désaccord entre le commandant et son copilote. Bien évidemment, ce sont les indications contradictoires des altimètres qui sont à l'origine de ce qui va se passer.

– *Tu es trop bas,* lance le commandant. *Il faut que tu grimpes un peu...*[16]

– *D'accord !*

Aussitôt, le copilote rajoute de la puissance sur les quatre réacteurs Pratt & Whitney JTD 3D et remonte sur le plan d'approche. Mais la correction est trop forte. Quelques secondes plus tard, le commandant et le mécanicien navigant discutent à haute voix derrière lui. C'est une critique sans concession :

– *Il est trop haut, hein ?*

– *Ben oui, il est trop haut.*

Se sentant soutenu par le mécanicien, le commandant donne donc un nouvel ordre à son second.

– *Tu es trop haut, maintenant. Descends !!*

16. *Les deux boîtes noires, le* cockpit voice recorder *et le* flight data recorder *n'ont pas encore été exploitées au moment où ces lignes sont écrites. Les paroles reportées dans ce texte sont celles que l'équipage a déclaré avoir prononcées dans un compte rendu d'accident établi auprès des autorités tanzaniennes.*

– *D'accord ! Mais pourtant, j'ai l'impression que...*

– *Descends, je te dis...*

Alors le copilote obéit.

Depuis la tour de contrôle, le contrôleur suit les évolutions de l'avion. Il a remarqué les ondulations inhabituelles du Boeing. Quelques secondes plus tard, il réalise que non seulement celui-ci va se poser beaucoup trop long, mais qu'il est en train d'*« over-shooter »*.

En clair, il déborde largement à droite de l'axe de piste et se trouve aligné avec le taxiway... Il ne peut pas atterrir dans ces conditions.

Dans le poste de pilotage, le commandant commente toujours le travail de son copilote avec son officier mécanicien navigant. Tout se passe comme s'il lui demandait son avis.

– *Il est pas bien placé, hein ?*

L'autre réplique.

– *Oui c'est vrai, il est pas bon...*

Du coup, le commandant intervient une nouvelle fois à l'encontre de son adjoint.

– *C'est trop mal parti,* annonce-t-il. *Remets les gaz !*

Sans attendre, l'officier mécanicien repousse les quatre manettes vers l'avant et le copilote adopte une assiette de montée. Le Boeing est vide, il reprend donc rapidement de l'altitude.

Bien évidemment, en entendant le grondement des réacteurs au-dessus de l'aéroport, le contrôleur saisit son micro et appelle.

– TAAT 310, confirmez... Vous avez remis les gaz ? Est-ce que vous avez un problème ?

– Heu non... Pas de problèmes, réplique le commandant. *Simplement, on n'a pas pu se poser... On semblait un peu haut... Et, heu... C'est pour ça qu'on a remis les gaz.*

– Quelles sont vos intentions 310 ?

– Eh bien... Heu... on va refaire une autre approche.

– Bien reçu 310, alors rappelez-moi en finale piste 12.

Quelques secondes plus tard, le contrôleur rappelle. Visiblement, il veut montrer qu'il fait preuve de bonne volonté.

– Heu 310, le vent est calme... Si vous préférez choisir la piste 30 ? C'est à votre convenance.

– Je vous remercie beaucoup, Mwanza, mais ça va aller comme ça. On préfère conserver la piste 12.

Pendant que le commandant parle à la radio, le copilote termine son virage à gauche pour placer l'avion de nouveau vent arrière au-dessus du lac. Il laisse les volets et le train d'atterrissage en position sortie. En fait, il se prépare à effectuer un large tour de piste rectangulaire pour revenir en finale sur la même piste.

Rapidement, l'avion atteint l'altitude de 5 500 pieds au QNH. L'aéroport de Mwanza étant à 3 763 pieds, cela signifie que l'appareil est à une hauteur de 1 737 pieds par rapport au sol[17].

Bien que la radio-sonde soit toujours en panne, aucune

17. Environ 600 mètres.

nouvelle check-list n'est effectuée pour vérifier le calage des altimètres. Personne dans le cockpit ne remarque que les deux altimètres ne donnent pas la même indication. Pas très sérieux !

Puis l'avion arrive à la fin de la branche « vent arrière » et effectue un nouveau virage de 90 degrés à gauche pour passer dans la position appelée « étape de base ». Il lui reste à effectuer un dernier virage de 90 degrés et il sera en finale avec la piste juste devant lui. Le tour de piste rectangulaire n'est pas une manœuvre très difficile.

C'est un exercice que les instructeurs font exécuter aux débutants dès leurs premières heures de vol.

Et pourtant, le copilote s'y prend mal… Certainement troublé par son premier échec, il serre sa branche « vent arrière » beaucoup trop près de la piste. En clair, le rectangle qu'il décrit est trop étroit. Les conséquences sont faciles à comprendre : lorsque le copilote est sur le point d'entamer son dernier virage à gauche pour s'aligner avec la piste, il comprend qu'il va être trop près. Il risque d'*« overshooter »* une fois de plus. Les mêmes causes produisant les mêmes effets, il va commettre exactement la même erreur que précédemment.

C'est à cet instant que le *captain* décide de reprendre les choses en main.

– *À moi les commandes,* annonce-t-il.

Docilement, le copilote lève les mains pour montrer qu'il ne touche plus à rien.

– *D'accord, c'est vous qui l'avez !*

Maintenant que le Boeing est pris en charge par le patron, on pourrait s'attendre à ce que les erreurs soient gommées et que le pilotage devienne irréprochable. Au lieu de cela, les choses vont empirer…

Pour tenter de remettre l'avion sur la bonne trajectoire, le commandant décide de bricoler un truc à sa façon :

– Je vais faire un 360 degrés vers la droite et te repositionner en finale.

En fait, au lieu de faire un cercle comme il vient de le dire, le commandant prolonge son étape de base. Il traverse l'axe de la finale puis vire à droite et vient se replacer en fin de la branche vent arrière droite.

Soyons clair, une telle manœuvre est totalement fantaisiste. Le commandant fait n'importe quoi... Un élève pilote qui exécuterait ce genre de circuit sur un aéroport international serait sévèrement réprimandé, aussi bien par son instructeur que par les contrôleurs. Dans certaines circonstances, il pourrait même faire l'objet d'une infraction. Quant à ses chances de décrocher sa licence, elles seraient anéanties.

Pas vraiment brillant !

Le commandant fait part de ses intentions au contrôleur, mais il évite de lui donner trop de détails sur la manœuvre qu'il est en train d'exécuter. De toutes les façons, il n'y a pas de radar à Mwanza !

– Heu... C'est TAAT 310. Nous allons faire une étape de base par la droite un peu éloignée et puis... heu revenir en finale.

Le problème, c'est qu'une fois qu'il a passé l'axe de piste et viré à droite, le commandant ne sait plus où il se trouve exactement. Les villages autour du lac n'ont pas l'électricité. Autour de l'avion, tout est sombre.

À gauche, c'est l'embouchure du golfe de Mwanza et il n'y a pas plus de lumières. Le commandant commence donc à battre des ailes pour essayer d'apercevoir les balises lumineuses de la piste mais ça ne sert à rien.

À chaque seconde, celles-ci s'éloignent derrière lui et les choses deviennent de plus en plus difficiles.

Bien évidemment, le contrôleur se pose des questions... Pourquoi cet avion suit-il cette trajectoire inhabituelle ?

– *Vous avez un problème 310 ?*

– *Heu... Non pas de problèmes,* réplique le commandant, d'une voix pourtant étrangement basse.

N'empêche, le contrôleur ne comprend pas. En temps normal, les pilotes cherchent à prendre des raccourcis pour se poser le plus rapidement possible.

Rares sont ceux qui s'éloignent du terrain pour le plaisir. Pourquoi celui-ci part-il se promener aussi loin ? Et puis, il y a autre chose... malgré l'obscurité, on peut voir les feux de position du Boeing qui montent et descendent de manière inhabituelle.

Intrigué, il demande pour la énième fois :

– *Vous avez un problème 310 ?*

C'est toujours le commandant qui répond :

– *Non... non... pas de problèmes Mwanza... Heu... tout est OK...*

– *D'accord 310, alors rappelez-moi en finale.*

– *Roger 310... On vous rappellera en finale 12...*

Deux minutes plus tard, le Boeing exécute son dernier virage par la droite et se place enfin en longue finale pour la piste 12.

Au sol, tous les manutentionnaires commencent à apercevoir les phares de l'avion dans le lointain. C'est comme une grosse étoile qui scintille sur l'horizon. Plusieurs détails frappent alors les différents témoins.

Les lumières semblent étrangement instables. Il est évident que l'avion monte et descend. Il vire à droite puis à gauche comme si le pilote avait des difficultés à se repérer. Pire... À mesure que le Boeing s'approche, chacun peut remarquer qu'il n'est pas vraiment dans l'axe de la piste. En fait, aussi incroyable que cela puisse paraître, il semble se diriger vers les bâtiments du terminal de l'aéroport. Au bout de quelques secondes, on dirait même qu'il est axé en direction de l'agglomération de Mwanza.

Un employé du fret appelle même un de ses collègues pour lancer une plaisanterie :

– S'il continue comme ça, il va se poser dans le Gulf[18] *!*

C'est d'autant plus inquiétant qu'il est très bas... Beaucoup trop bas. Bien sûr, il n'y a aucun obstacle au-dessus du lac mais tout de même ! La ville est située sur un léger promontoire. S'il continue ainsi, ça ne va pas passer !

Dans sa tour, le contrôleur commence lui aussi à s'inquiéter. L'avion est encore très loin du seuil de la piste, mais il est déjà au ras des flots...

Dans le cockpit, c'est toujours le commandant qui tient les commandes et il se débrouille de plus en plus mal. Il a perdu de l'altitude sans s'en rendre compte. À l'issue de son virage d'alignement, il est à 4 200 pieds au QNH, ce qui fait seulement 437 pieds de hauteur par rapport au lac. En fait, il est en « rase-vagues » à 6 kilomètres de la piste.

Les secondes passent... En place droite, le copilote se sent de plus en plus mal à l'aise... Son altimètre indique maintenant 4 100 pieds, cela correspond à 337 pieds au-dessus de l'eau. À

18. Mwanza Gulf à l'ouest de l'aéroport.

peine une centaine de mètres ! Bien évidemment, l'altimètre du commandant n'est pas aussi alarmiste puisqu'il indique 757 pieds (rappelons que cette indication est complètement fausse). Du coup, le copilote ose suggérer un conseil à son chef.

– *Heu... Vous ne devriez pas descendre trop bas,* murmure-t-il d'une voix très inquiète.

Est-ce cette remarque inattendue, ou le fait que le commandant réalise que son copilote a raison, toujours est-il qu'au lieu de reprendre de l'altitude, il décide soudain de rendre les commandes à son subordonné.

– *Alors, tu le reprends...*

– *D'accord, je le re...*

Le copilote n'a pas le temps de terminer sa phrase... Il y a un choc sur l'arrière. Le Boeing vient de toucher la surface de l'eau. L'avion se met à vibrer et se freine brutalement.

Du coup, l'officier mécanicien pousse un cri.

– *Hey !!! What's the...*

Ce n'est qu'un impact léger... Malgré un poids qui approche la centaine de tonnes, l'avion réagit comme une pierre plate ricochant sur la surface. Il rebondit de quelques mètres... parcourt encore quelques centaines de mètres puis redescend lourdement. Instinctivement, le copilote tire le manche mais cela ne sert à rien...

La vitesse chute. Nouvel impact beaucoup plus violent cette fois... À cet instant, les roues avant s'enfoncent dans l'eau. Elles se replient aussitôt vers l'arrière écrasant au passage le compartiment électronique.

Dans la même seconde, l'avion rebondit de nouveau sur quelques mètres. Puis il s'incline à gauche et se cabre encore davantage avant de percuter finalement le lac dans une gigantesque gerbe d'écume.

À cet instant, les quatre réacteurs sont arrachés simultanément.

Puis ce sont les volets qui cèdent.

Les ailes « lisses », l'appareil poursuit alors sa folle navigation en direction du rivage. Avec son nez très relevé, il est en aquaplaning... Le fuselage est quasiment intact et l'avion se comporte comme une gigantesque planche de surf. Il laisse derrière lui un long sillage qui se scinde en deux grosses vagues. Dans la nuit, elles viennent chahuter méchamment les barques des pêcheurs. Finalement, le gros « hydravion » ralentit et s'arrête à une centaine de mètres de la berge.

Et c'est soudain le silence !

Pendant quelques secondes, l'équipage reste totalement hébété devant les commandes. Étrangement, personne ne comprend ce qui vient d'arriver. Il faut préciser que le cockpit est intact et entièrement hors de l'eau. Avec l'obscurité, les trois hommes ne voient rien de ce qui se trouve autour d'eux. Ils ont du mal à imaginer qu'ils sont au milieu du lac dans un avion à moitié immergé. Ils prennent donc le temps de couper l'arrivée du carburant. Avec application, ils percutent les extincteurs sur les quatre réacteurs pour éviter le feu. Rappelons tout de même qu'à cet instant ces mêmes moteurs reposent quelque part au fond du lac, ce qui fait que les risques d'incendie sont assez réduits !

Une fois tous les contacts coupés, les cinq occupants quittent leur siège et se dirigent vers la porte avant gauche. À leur grande surprise, la porte s'ouvre sans difficulté car la carlingue n'a pas été déformée.

C'est seulement en entendant le clapotis de l'eau qui vient frapper contre le fuselage que les navigateurs solitaires réalisent qu'ils ne sont pas posés dans la brousse comme ils le croyaient, mais au beau milieu du lac.

- Qu'est-ce qu'on fait, on saute à l'eau ?

– Ben… Elle est pas très propre…

– On peut peut-être attendre dans l'avion ?

– Et si ça prend feu ? Ça sent fort le kérosène.

– Tu sais avec toute cette eau, il n'y a pas beaucoup de risques.

Ne sachant pas vraiment à quelle distance se trouve le rivage, les cinq hommes décident finalement de rester à bord et d'attendre les secours. Pourquoi se mouiller alors que l'avion semble flotter sans difficulté ? Il est plus simple d'agiter des lampes torches en lançant des SOS en morse…

Quelques minutes plus tard, des barques de pêcheurs accostent près de la porte afin de recueillir les navigants. En dissimulant mal leur envie de rire, les sauveteurs embarquent les cinq hommes qui sont tous sains et saufs.

L'odeur de carburant est de plus en plus forte… Personne ne semble se formaliser que l'épave en ait laissé s'échapper quelques tonnes dans le lac. Le poisson n'en sera que plus goûteux !

Le retour sur la terre ferme est assez rapide puisque l'avion est à moins de 100 mètres du rivage.

Le lendemain, une commission d'enquête tanzanienne est dépêchée sur place afin de rédiger un rapport sur les circonstances de l'accident. Les enquêteurs souhaitent évidemment interroger l'équipage et examiner l'épave du Boeing.

Ils vont avoir deux énormes surprises !

En premier lieu, ils ne trouvent pas les pilotes… Ceux-ci ne les ont pas attendus. Ils ont embarqué le matin même sur un vol à destination de Naïrobi, sans laisser d'adresse, ni de numéro de licence.

C'est tout juste si le commandant a rédigé un vague compte rendu manuscrit de ce qui s'est passé [19].

La seconde surprise est encore plus inattendue. Lorsque les enquêteurs se rendent au bord du lac pour examiner l'épave, ils n'en croient pas leurs yeux : l'avion a disparu. Aucune trace nulle part ! Dans un premier temps, ils pensent que l'appareil a coulé. C'est étonnant car l'eau est peu profonde près des rives.

En fait, l'appareil n'a pas coulé, il est parti… Il a dérivé à plus de 12 kilomètres vers l'ouest [20]. L'impact n'a pas détruit son étanchéité. Un Boeing 707, c'est solide ! L'épave flotte sans difficulté. Le nez en l'air, la dérive émergeant des flots comme on peut le voir sur la photo de couverture de cet ouvrage, l'énorme radeau s'en est allé, au gré du vent…

Cette histoire ne manquera évidemment pas de faire sourire dans les milieux aéronautiques. Les mauvaises langues diront que les navigants venaient chercher du poisson, mais que personne ne leur avait précisé qu'ils n'étaient pas obligés de le pêcher eux-mêmes.

19. C'est à partir de ce compte rendu que ce texte a été élaboré.
20. Il sera exactement retrouvé à 11,6 kilomètres sur le radial 290 du seuil de piste.

SOMMAIRE

Du même auteur

Catastrophes aériennes
Les passagers ont le droit de savoir...

Gangsters du ciel
Histoires de pirateries aériennes...

Le secret des boîtes noires
Enregistrements avant le crash...

Les miraculés du ciel
Histoires de survies extraordinaires...

Les fous du ciel
Que s'est-il vraiment passé dans les avions du 11 septembre ?

Erreurs de pilotage
Ces accidents qu'on aurait pu éviter...

Pilotes dans la tourmente
Secret défense...

Canadair
Ces héros qui nous protègent...

Urgences à bord
illustré par François Bousseau

Carnet de vols
illustré par François Bousseau

Charters
Pour ne plus voyager en mauvaises compagnies

Collection Alti-Polar

Omega point
Le piège

Cet ouvrage a été imprimé en France par

CPI
BUSSIÈRE

à Saint-Amand-Montrond (Cher)
en janvier 2011

N° d'impression : 110130/1
Dépôt légal : novembre 2005